輕鬆學

量子程式設計

從量子位元到量子演算法

$$\frac{1}{\sqrt{2}} | \text{🐱} \rangle + \frac{1}{\sqrt{2}} | \text{🐱} \rangle$$

推薦序一

量子電腦主要利用量子力學中量子疊加（quantum superposition）及量子糾纏（quantum entanglement）的特性來進行運算，因此具有前所未有的強大運算能力。例如，當今使用最廣泛的 RSA 密碼系統，就可以透過量子電腦輕易的破解；又例如，因應新型冠狀病毒的威脅，很多研究團隊也使用量子電腦作為加速研發疫苗以及新藥的工具。有鑑於量子電腦的重要性，國家實驗研究院也積極推動相關的研究，如量子電腦模擬器及後量子密碼學等研究。其中國網中心在量子電腦國家隊裏參與量子虛擬機（quantum simulator）團隊，成員包括清大，交大和台大，目標是利用國網中心的高速計算主機提供量子電腦開發過程中亟需的模擬器。另一方面，資安卓越中心的後量子密碼研究，則是在研究強度能抵禦量子電腦攻擊的新一代加密認證演算法。

本書作者江振瑞教授是我在中央大學資電院服務時的同事，是演算法的專家。他在本書中，引經據典且深入淺出的介紹量子程式設計，從量子位元、量子疊加、量子糾纏、量子閘到量子演算法，循序漸進帶領讀者學習量子程式設計，因此經由這本書你可以透過「做中學」的方式輕鬆學會量子程式設計。若你想了解量子疊加、量子糾纏或量子閘等看似艱澀的概念，只需要依樣畫葫蘆地，在真實量子電腦或是量子電腦模擬器上執行書中的範例量子程式，就可以透過觀察量子程式的執行結果體會到這些概念。

本書中的每一個範例程式都可以在量子電腦模擬器以及真實的量子電腦上執行，可以讓讀者體會量子程式的執行流程與概念。另外，書中也介紹許多量子演算法，包括可以破解 RSA 密碼系統的秀爾演算法。這可以讓讀者體會量子電腦如何破解 RSA 密碼系統，了解為何我們要發展後量子密碼學，設計出即使量子電腦也無法破解的密碼系統。當然，除了破解密碼系統之外，在量子電腦上進行量子程式設計還可以達成許多讓人意想不到的功能，這些在本書中都會提到。因此，我鄭重推薦各位讀者趕快閱讀這本書來一窺量子程式設計的奧妙。

林法正

國家實驗研究院院長 / 國立中央大學電機工程學系講座教授

推薦序二

第一次見到江教授是在量子電腦協會的活動中，他非常積極且興奮量子計算可以實際應用在日常生活中，並希望能夠貢獻過去在計算科學的經驗在這新興領域。江教授告訴我，他的學生都已經開始研究量子計算的應用課題。量子計算是計算機科學、數學和物理學的跨領域新興領域，量子計算利用量子力學的一些不可思議的特性來拓寬計算範疇。江教授這本書依據 IBM 的 Qiskit 使用者的經驗按部就班的由淺入難的介紹，非常適合有意自學量子計算的初學者參考使用。除了基本 Python 介紹，也有最基本的量了演算法及其應用，更重要的是習題解答的完善，讓初學者有良好學習案例。

本書完全由程式撰寫者角度進入，讀者不需要有很多數學或物理背景，只要有計算機科學背景的任何人都應該閱讀本書。江教授特別為計算機人編寫了這本書，所以特別注重編程練習，所提供的主題都是真實動手經驗的方式。本書介紹量子計算中基本操作與重要演算法，量子電腦也需要有量子演算法才能有效發揮量子電腦功能，演算法是由有限序列指令所構成，用來解決特定的問題。

量子計算是通過使用多維計算空間在大量資料中來解決一些在古典電腦中極其複雜問題的方法。量子電腦在搜尋，分配與排程上已經展示優勢，在金融應用的優化問題，量子電腦與超級電腦間的差異甚至比超級電腦與算盤間的差異更大。量子電腦可用來模擬量子多體系統的複雜反應，協助新藥開發的時程，解決產業界所碰到的時效問題。大城市中各種社會複雜現象與數據的優化問題也是量子計算的重要應用方向。相信讀者閱讀完本書後將可依據內容自行在 IBM 量子電腦進行簡單實務操作。

張慶瑞

台灣量子電腦暨資訊科技協會理事長

推薦序三

自 2019 年 Google 利用 54 個量子位元展示了模擬採樣的量子優勢，量子電腦的發展可以說進入了一個新的紀元。事實上，利用量子位元來當成計算的基本單位，最早可以追朔到 1982 年，著名的理論物理學家 -- 理查費曼（Richard Feynman）-- 於一場演講中提到，由於微觀的世界遵循著量子力學的規則，若要有效率的模擬大自然的現象，應該也是要用量子力學的方式，而非是古典物理的原理。儘管在 1980 年代，量子電腦的基礎開始逐漸地被建構出來，這種量子的計算方式卻沒有受到科學界的關注，直到 Peter Shor 於 1994 年所提出之求解整數質因數分解的量子演算法，以及在 1996 年由 Lov Grover 所提出的量子搜尋演算法，人們才開始瞭解到，量子演算法的確有比古典演算法更有優勢的地方。

近幾年來，由於超導量子位元技術的快速進展，利用超導量子位元作為量子電腦的基本架構，被視為是最可能實現的一種方式，許多的商業巨擘也因此投入了以超導量子位元為主的量子競賽，除了 Google 之外，最有名的就屬 IBM 於 2017 年提供了一套開源的量子電腦控制套件（Qiskit），並讓大眾在雲端量子電腦（IBM Quantum Experience）上執行量子運算的權限。

對於沒學過量子力學的人來說，或許會認為量子力學本就已艱深難懂，更遑論用它來編寫量子程式。事實上，末學這幾年於成大前沿量子科技研究中心（QFort）為高中生 / 大學生開設過幾次的量子電腦微課程，只要適當的引入量子力學之規則，其實是可以學習編寫量子程式的。這本書的主要目的，就是讓只有初淺程式設計經驗的讀者，即使在不大懂量子力學的情況下也能夠學習量子程式設計，編寫出可以在真實量子電腦上執行的量子程式。本書的內容淺顯易懂，讓讀者編寫程式，直接在雲端量子電腦上看到執行結果，藉此學習量子力學與量子電腦之概念，末學認為這是一個非常好的學習方式，因此我願意大力推薦此書。

陳岳男

成大前沿量子科技中心主任

推薦序四

還記得以前在高中、大學時期，想要學某一種新的程式語言，通常都會到專門賣電腦相關專業的書局去找教學類的書來看，類似像「輕鬆學 Visual Basic」、「輕鬆學 C++」、「輕鬆學 Java」之類的程式語言教學書，陪伴我度過年少青澀的學生時期，成為我最好的老師，讓我能靠著唸書，無師自通許多重要的程式語言，也幫助我在 Computer Science 相關專業中不斷充實自己，向更高的目標邁進。對於過去這一類程式語言教學參考書（或教科書）的作者，我真的滿懷感激。其實大家都知道，台灣的出版業景氣並不好，這些學有專精的作者，花了很多時間把他們專業的知識寫成淺顯易懂的參考書，並且附上很多精心設計過的範例問題與範例程式碼，逐一解釋細節，對於讀者來說真的像是「撿到寶」，付出不算多的金錢，就獲得一位良師在旁給予詳盡的指導，能夠學會很多程式語言的基本語法與解題的細節，從素人晉升到學有專精的工程師，能提升自己能力朝向更專業的道路邁進。這些教學參考書的作者，真可謂是「佛心來著」，造福蒼生大眾。

江振瑞教授是我在國立中央大學資工系任教時期的前輩與同事。江老師為人謙和，也積極提攜後進，在中央資工期間有幸與江老師共同執行科技部大型計畫，看到江老師對於各種新興科技都有深入研究，並且他指導的學生從事研究的主題分佈很廣，都能夠有亮眼的研究成果，由此可看出江老師對新科技新技術的掌握能力以及運用能力均有過人之處，誠為我們後輩的楷模。在 Computer Science 領域，各種新技術（例如人工智慧、量子科技等等）的發展真可謂日新月異，必須要有一種對新知識新技術的渴求，以及很快速學習新知識的能力，才能常常站在時代的風口浪尖，研究與發展新技術，以解決新時代的問題。江老師就是這樣一位具備自我突破能力的優秀學者，在這個技術不斷推陳出新的時代，不斷地自我要求、精益求精，並且樂意把他所學的分享給大家。

放眼未來，量子計算將成為一個具革命性的新技術，其強大的計算能力，將會顛覆目前傳統計算科學以及建築在其上的許多應用。身為台灣製造業的龍頭，鴻海率先投入量子電腦的研發，我目前所任職的鴻海研究院，已經於 2021 年 12 月 12 日宣告成立「離子阱實驗室」，由鴻海研究院量子計算研究所主導開發量子編譯器，投入離子阱量子電腦的開發規劃，預計 5 年內推出 5 到 10 位元開源、可編碼離子阱量子電腦，作為中、長期可擴展量子電腦的平台原型。其實，此舉乃是拋磚引玉，希望藉由鴻海研究院的投入，激發起台灣產官學界對於量子計算的重視，廣邀各界相關領域的先進們，共同關心這個領域的發展，並且投身其中，盼望在量子計算的領域，台灣也能不輸其他大國，打造出屬於我們自己的量子電腦及其相關產業鏈。在此量子科技在台灣方興未艾之際，非常高興看到江老師出版這一本「輕鬆學量子程式設計」教學用書，裡面用非常詳盡的說明，好像一位非常有耐心的老師，一步一步教導讀者，從零開始，走向量子程式設計之未來大道。 期盼對本書有興趣的各位，藉由此書的幫助，了解量子程式設計並不是那麼的高不可攀，能夠輕鬆的入門，並且從其中的每個範例逐漸了解量子程式設計的基本概念與其特別之處，以奠定未來對於量子計算相關研究或者系統開發之基礎。相信各位用心研讀之後必定會有豐盛的收穫。鼓勵你現在就捲起袖子，按照此書的引導，打造人生第一個量子程式吧！

栗永徽

鴻海研究院人工智慧研究所所長

前言

量了程式（quantum program）指的是可以在量子電腦（quantum computer）上執行的程式。我們正在使用的電腦以位元（bit）為基礎進行計算，而量子電腦則以量子位元（qubit）為基礎進行計算。一個位元不是 0 就是 1，但是一個量子位元則以同時是 0 又是 1 的狀態存在，只有在測量時會明確的呈現 0 或 1 的狀態。由於量子電腦的計算能力隨著量子位元數目呈現指數成長，具有目前電腦無法超越的量子霸權（quantum supremacy）特性。因而許多公司都積極致力於發展量子電腦，典型的例子有 IBM Q、Google Sycamore 以及 Rigetti 公司和 IonQ 等公司開發的量子電腦。近年來，量子電腦的量子位元數目不斷提升，這意味著量子電腦已逐漸接近實用階段。預期在不久的將來，在量子電腦上執行量子程式會成為許多人的日常。

量子電腦主要依賴量子力學中的量子疊加以及量子糾纏等現象建造，量子力學雖然發展已經超過百年，但是對於許多人而言還是一門艱澀難懂的學問。因此，許多人會認為學習量子程式設計是相當困難的。本書希望打破這個刻板印象，希望讓只有初淺程式設計經驗的讀者，即使在不懂量子力學的情況下也能夠輕鬆學習量子程式設計，寫出可以在真實量子電腦上執行的量子程式。

本書的特點是以大量的範例程式示範，讓讀者觀察執行結果。然後詳細說明每一行程式碼的設計細節與對應功能，再引導讀者學習量子電腦的計算原理與概念；並設計與實作各種著名的量子演算法，包括多伊奇 - 喬薩（Deutsch–Jozsa）演算法、格羅弗（Grover）演算法以及秀爾（Shor）演算法等。這些量子演算法都具有相當大的影響力，例如，秀爾演算法可以在量子電腦上執行，能夠在極短的時間內進行大數質因數分解，藉以破解目前使用最廣的 RSA 密碼系統。當量子電腦可用的量子位元數量足夠大而且錯誤率足夠低時，依賴 RSA 密碼系統的機制，包括線上信用卡購物、機密資料儲存與傳輸、數位簽章以及加密貨幣等將隨之瓦解，人們因而必須發展更先進的密碼系統來因應。

本書以 IBM Qiskit 為基礎，透過 IBM Quantum Lab 引導讀者輕鬆學習量子程式設計，無須安裝任何軟體，就可以直接在 IBM Q 量子電腦上執行量子程式。書中所有的原始程式碼都放置在本書專屬網頁上提供讀者下載，讓讀者可以一邊實際執行量子程式，一邊閱讀程式設計過程指引及執行結果的說明，達到「做中學」的效果。

歡迎各位讀者加入我們的行列，開始輕鬆地學習量子程式設計。

江振瑞

壬寅年于雙連坡

程式碼下載說明：

本書的範例程式碼請至書籍專屬網頁下載：*https://staff.csie.ncu.edu.tw/jrjiang/qbook/*，其內容僅供合法持有本書的讀者使用，未經授權不得抄襲、轉載或任意散佈。

目錄

編寫第一個量子程式

量子程式（quantum program）指的是可以在量子電腦（quantum computer）上執行的程式。我們正在使用的電腦，相對的稱為古典電腦（classical computer），以位元（bit）為基礎進行計算；而量子電腦則以量子位元（qubit）為基礎進行計算。一個位元不是 0 就是 1，但是一個量子位元則以同時是 0 又是 1 的狀態存在，只有在測量時會明確地呈現 0 或 1 的狀態。由於量子電腦的計算能力隨著量子位元數目呈現指數成長，具有古典電腦計算能力無法超越的量子霸權（quantum supremacy）特性，因此世界各國都致力於發展量子電腦，嘗試利用量子電腦執行量子程式解決各種古典電腦難以解決的複雜問題。

本章以 IBM Qiskit 為基礎，透過 IBM Quantum Lab 引導讀者輕鬆學習及編寫量子程式，並在 IBM Q 量子電腦或量子電腦模擬器上執行量子程式。Qiskit 是 IBM 公司開發的量子軟體開發工具組（software development kits, SDK），提供許多工具讓使用者方便地開發量子程式。由於 Qiskit 是以 Python 程式語言為基礎而發展的套件，透過編寫 Python 程式可以非常方便地使用，因此本書預設讀者已經具有 Python 語言程式設計的基礎。不過，若讀者不熟悉 Python 語言甚至於尚未接觸過 Python 語言也沒有關係，建議讀者可以先閱讀附錄一，以獲得 Python 程式語言最基本的資訊，快速從頭學習或複習 Python 語言。

1.1 開始編寫量子程式

我們正在使用的古典電腦發展已經相當成熟，可以很有效率的處理我們日常生活的各種事務及應用，包括文書編輯、上網瀏覽、觀看影片等。實際上，古典電腦也可以協助我們編輯量子程式送到量子電腦上執行，然後取得量子電腦的執行結果並顯示出來。以下我們引導讀者在古典電腦上使用瀏覽器取得 IBM Quantum Lab 提供的雲端服務，獲取伺服器虛擬機（virtual machine）的計算資源，然後使用 Python 語言一步一步編寫可以在 IBM 量子電腦或是量子電腦模擬器上執行的量子程式。

IBM Quantum Lab 提供類似著名的 Jupyter Notebook 介面，讓使用者透過瀏覽器即可編寫及執行 Python 程式。因此，讀者只要在瀏覽器上開啟 IBM Quantum Lab 網頁（網址：*https://quantum-computing.ibm.com/lab*），就能夠使用 Python 語言，以 IBM Qiskit 為基礎進行量子程式設計。建議讀者註冊一個 IBMid 帳號，這樣所有在 Quantum Lab 編寫的程式可以隨時自動儲存在 IBM 雲端系統中，而且所編寫的量子程式也可以透過這個帳號很容易地在真正的 IBM 量子電腦上執行。

以下的範例程式是一個以 Python 語言編寫的量子程式，可以顯示 "Hello, Qubit!"，建構並顯示一個具有一個量子位元（quantum bit or qubit）以及一個傳統古典位元（classical bit）的量子線路（quantum circuit）。這個程式還不需要使用到量子電腦，它只是透過古典電腦，例如桌機、筆電或是 IBM Quantum Lab 提供的古典電腦虛擬機，執行顯示出量子線路的動作而已。除了 IBM Quantum Lab 的雲端服務之外，你也可以透過其他方式，例如 Google Colab 雲端服務或是你自己個人電腦的 Python 語言執行環境來執行這個程式。只是 IBM Quantum Lab 執行環境已經事先包含 IBM Qiskit 及相關套件，若讀者使用其他執行環境則需要另外安裝 IBM Qiskit 及相關套件。在本章最後將說明如何在 IBM Quantum Lab 以外的環境下安裝 IBM Qiskit 及相關套件。

In [1]:

```
1 #Program 1.1 The first quantum program
2 from qiskit import QuantumCircuit
3 print("Hello, Qubit!")
4 qc = QuantumCircuit(1,1)
5 qc.measure([0], [0])
6 print("This is a quantum circuit of 1 qubit and 1 bit:")
7 qc.draw('mpl')
```

```
Hello, Qubit!
This is a quantum circuit of 1 qubit and 1 bit:
```

Out[1]:

上列的程式碼說明如下：

- 第 1 行為程式編號及註解。

- 第 2 行使用 import 敘述引入 qiskit 套件中的 QuantumCircuit 類別。

- 第 3 行使用 print 函數顯示 "Hello, Qubit!" 字串。

- 第 4 行使用 QuantumCircuit(1,1) 建構一個包含 1 個量子位元及一個古典位元
  的量子線路物件，儲存於 qc 變數中。

- 第 5 行使用 QuantumCircuit 類別的 measure 方法在量子線路中加入測量單元，
  傳入兩個串列參數 [0] 及 [0]，以測量索引值為 0 的量子位元，並將測量結果
  儲存於索引值為 0 的古典位元。

- 第 6 行使用 print 函數顯示 "This is a quantum circuit of 1 qubit and 1 bit:"
  字串。

- 第 7 行使用 qc.draw('mpl') 呼叫 QuantumCircuit 類別的 draw 方法，並帶入參
  數 'mpl'，代表透過 matplotlib 套件顯示 qc 量子線路物件對應的量子線路。
  請注意，qc 量子線路物件對應的量子線路簡稱 "qc 量子線路 " 或 " 量子線路
  qc"，若在程式中只有唯一一個量子線路，則也直接簡稱為 " 量子線路 "。另外
  請注意，Python 語言中可以使用成對的雙引號表示字串，也可以使用成對的
  單引號表示字串，本書則依照不同狀況混合採用兩種方式表示字串。在這個
  量子線路中，q 代表量子位元，c 代表古典位元，1 代表古典位元的數目，而 0
  代表量子位元的測量結果將儲存到索引值為 0 的古典位元。

1.2　設計量子線路

上一節的範例程式建構並顯示一個具有一個量子位元以及一個傳統古典位元的量
子線路，並加入測量單元以測量量子位元的狀態儲存於古典位元中。實際上，我們
可以建置具有任意數目量子位元及傳統位元的量子線路，並可針對其中特定的量

子位元進行測量儲存於指定的古典位元。這些量子線路後續都可以在量子電腦或量子電腦模擬器上執行。以下的範例程式建構並顯示一個具有 5 個量子位元以及 2 個古典位元的量子線路,其中 2 個量子位元另加上測量單元。

In [2]:

```
1  #Program 1.2 Design a quantum circuit with 5 qubits and 3 classical bits
2  from qiskit import QuantumCircuit
3  print("This is a quantum circuit of 5 qubits and 2 bits:")
4  qc = QuantumCircuit(5, 2)
5  qc.measure([1,3], [0,1])
6  qc.draw('mpl')
```

This is a quantum circuit of 5 qubits and 2 bits:

Out[2]:

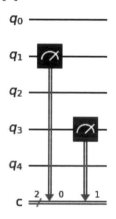

上列的程式碼說明如下:

- 第 1 行為程式編號及註解。

- 第 2 行使用 import 敘述引入 qiskit 套件中的 QuantumCircuit 類別。

- 第 3 行使用 print 函數顯示 "This is a quantum circuit of 5 qubits and 2 bits:" 字串。

- 第 4 行使用 QuantumCircuit(5,2) 建構一個包含 5 個量子位元及 2 個古典位元的量子線路物件,儲存於 qc 變數中。

- 第 5 行使用 QuantumCircuit 類別的 measure 方法在量子線路中加入測量單元，傳入兩個串列參數 [1,3] 及 [0,1]，以測量索引值為 1 及 3 的量子位元，並分別將測量結果儲存於索引值為 0 及 1 的古典位元。
- 第 6 行使用 qc.draw('mpl') 呼叫 QuantumCircuit 類別的 draw 方法，並帶入參數 'mpl'，代表透過 matplotlib 套件顯示 qc 量子線路。量子線路中的 $q_0...q_4$ 代表索引值為 0 到 4 的量子位元，c 代表古典位元，2 代表古典位元的數目，而 0 與 1 則代表測量結果儲存到索引值為 0 與 1 的古典位元。

以下的範例程式，可以替量子線路中的量子位元以及古典位元分別命名，並加上不同的顯示標籤，讓量子線路更容易被了解。

In [3]:

```
 1  #Program 1.3 Name and label quantum bits and classical bits
 2  from qiskit import QuantumRegister,ClassicalRegister,QuantumCircuit
 3  qrx = QuantumRegister(3,'x')
 4  qry = QuantumRegister(2,'y')
 5  qrz = QuantumRegister(1,'z')
 6  cr = ClassicalRegister(4,'c')
 7  qc = QuantumCircuit(qrx,qry,qrz,cr)
 8  qc.measure([qrx[1],qrx[2]], [cr[0],cr[1]])
 9  qc.measure([4,5], [2,3])
10  qc draw('mpl')
```

Out[3]:

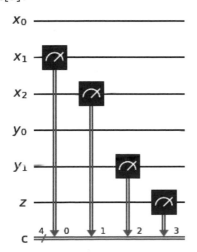

上列的程式碼說明如下：

- 第 1 行為程式編號及註解。

- 第 2 行 使 用 import 敘 述 引 入 qiskit 套 件 中 的 QuantumRegister、ClassicalRegister 與 QuantumCircuit 類別。

- 第 3 行使用 qrx=QuantumRegister(3,'x') 建構一個包含 3 個量子位元的量子暫存器物件，顯示標籤為 'x'，儲存於 qrx 變數中，這 3 個位元在 qrx 的區域索引值為 0、1、2，全域索引值為 0、1、2。

- 第 4 行使用 qry=QuantumRegister(2,'y') 建構一個包含 2 個量子位元的量子暫存器物件，顯示標籤為 'y'，儲存於 qry 變數中，這 2 個位元在 qry 的區域索引值為 0、1，全域索引值為 3、4。

- 第 5 行使用 qry=QuantumRegister(1,'z') 建構一個包含 1 個量子位元的量子暫存器物件，顯示標籤為 'z'，儲存於 qrz 變數中，這 1 個位元在 qrz 的區域索引值為 0，全域索引值為 5。

- 第 6 行使用 cr=ClassicalRegister(4,'c') 建構一個包含 4 個古典位元的古典暫存器物件，顯示標籤為 'c' 以代表儲存量子位元測量的古典位元，儲存於 cr 變數中，這 4 個位元在 cr 的區域索引值為 0、1、2、3，全域索引值為 0、1、2、3。

- 第 7 行使用 qc=QuantumCircuit(qrx,qry,qrz,cr) 建構一個包含量子暫存器物件 qrx 的 3 個量子位元、量子暫存器物件 qry 的 2 個量子位元、量子暫存器物件 qrz 的 1 個量子位元，以及古典暫存器物件 cr 的 4 個古典位元的量子線路物件，儲存於 qc 變數中。

- 第 8 行使用 qc.measure([qrx[1],qrx[2]],[cr[0],cr[1]]) 呼叫 QuantumCircuit 類別的 measure 方法，測量量子暫存器物件 qrx 的 qrx 區域索引值為 1 與 2 的量子位元，並將測量結果儲存於古典暫存器物件 cr 的 cr 區域索引值為 0 與 1 的古典位元。

- 第 9 行使用 qc.measure([4,5],[2,3]) 呼叫 QuantumCircuit 類別的 measure 方法，測量量子暫存器中全域索引值為 4 與 5 的量子位元，並將測量結果儲存於古典暫存器中全域索引值為 2 與 3 的古典位元。

- 第 10 行使用 qc.draw('mpl') 呼叫 QuantumCircuit 類別的 draw 方法，並帶入參數 'mpl'，代表透過 matplotlib 套件顯示量子線路。

目前我們編寫的程式都只是在古典電腦上建構並顯示量子線路而已，在下一節中，我們展示如何在 IBM 量子電腦模擬器 AerSimulator 上執行量子程式中的量子線路，也簡稱執行量子線路或執行量子程式。我們需要用到 transpile 函數將量子線路轉譯（transpile）為 OpenQASM 碼，然後藉以在後端（backend）量子電腦模擬器（對應 AerSimulator 類別）上執行，得到測量結果並儲存於古典位元上，最後再以古典電腦計算並顯示多次執行的統計結果。OpenQASM 是開放量子組合語言（Open Quantum Assembly Language），是一種量子指令的中間型式表示（intermediate representation）語言。該語言在 2017 年 7 月首度發表並使用在 IBM 的 Qiskit 套件中，在 Qiskit 套件中也簡稱為 QASM。

1.3　使用量子電腦模擬器執行量子程式

本節說明如何使用量子電腦模擬器執行量子程式。首先，以下的範例程式展示透過轉譯（transpile）的方式在量子電腦模擬器上執行量子程式：

In [4]:

```
 1  #Program 1.4 Transpile and execute quantum circuit on simulator
 2  from qiskit import QuantumCircuit, transpile, execute
 3  from qiskit.providers.aer import AerSimulator
 4  sim = AerSimulator()
 5  qc = QuantumCircuit(1, 1)
 6  qc.measure([0], [0])
 7  print(qc)
 8  cqc = transpile(qc, sim)
 9  job=execute(cqc, backend=sim, shots=1000)
10  result = job.result()
11  counts = result.get_counts(qc)
12  print("Total counts for qubit states are:",counts)
```

```
q: ┤M├
c: 1/╥
     0
Total counts for qubit states are: {'0': 1000}
```

上列的程式碼說明如下：

- 第 1 行為程式編號及註解。

- 第 2 行使用 import 敘述引入 qiskit 套件中的 QuantumCircuit 類別、transpile 函數以及 execute 函數。

- 第 3 行使用 import 敘述引入 qiskit.providers.aer 中的 AerSimulator 類別。

- 第 4 行使用 AerSimulator() 建構 IBM QASM 量子電腦模擬器物件，儲存於 sim 變數中。

- 第 5 行使用 QuantumCircuit(1,1) 建構一個包含 1 個量子位元及一個古典位元的量子線路物件，儲存於 qc 變數中。

- 第 6 行使用 QuantumCircuit 類別的 measure 方法在量子線路中加入測量單元，傳入兩個串列參數 [0] 及 [0]，以測量索引值為 0 的量子位元，並將測量結果儲存於索引值為 0 的古典位元。

- 第 7 行使用 print(qc) 呼叫 print 函數以文字模式顯示 qc 量子線路。請注意，此處我們不使用 qc.draw('mpl') 顯示量子線路，這是因為在這行之後還有呼叫 print 函數顯示文字內容的敘述，這會造成 qc.draw('mpl') 敘述無法正確顯示量子線路，因此我們改用 print(qc) 敘述顯示量子線路。請注意，若使用 Jupyter Notebook 執行環境所提供的 display 函數，可以解決這個問題。具體的說，在本行可以使用 display(qc.draw('mpl')) 正確的以 matplotlib 模式顯示量子線路，我們在本章後面的其他章節中有時後會採取這種作法。

- 第 8 行使用 transpile 函數將 qc 量子線路轉譯（transpile）為量子電腦模擬器可以執行的 OpenQASM 指令，儲存於 cqc 變數中。

- 第 9 行呼叫 execute 函數建立一個工作，儲存於 job 變數中，其中傳入參數 cqc 表示要執行的 OpenQASM 指令區塊，backend=sim 設定在後端使用 sim 物件所指定的量子電腦模擬器，shots=1000 設定在後端量子電腦模擬器上執行 OpenQASM 指令區塊 1000 次（請注意，若 shots 參數未指定則其預設值為 1024），而每次執行都測量量子位元並將測量結果儲存於古典位元中。

- 第 10 行使用 job 物件的 result 方法取得 job 物件的執行相關資訊，儲存於物件變數 result 中。執行相關資訊除了執行環境之外，也包括執行結果，也就是量子線路在量子電腦模擬器上的執行結果。

- 第 11 行使用 result 物件的 get_counts(qc) 方法取出有關 qc 量子線路測量結果的計數（counts），並以字典（dict）型別儲存於變數 counts 中。
- 第 12 行使用 print 函數顯示 "Total counts for qubit states are :" 字串及字典型別變數 counts 的值，在這個程式中 counts 變數的值為 {'0': 1000}，也就是測量結果為 '0' 的計數為 1000 次。

上列範例程式將量子線路轉譯為 OpenQASM 碼，然後在後端量子電腦模擬器上執行這個量子線路 1000 次，最後測量子線路中唯一一個量子位元的狀態並儲存於古典位元上。由於量子位元的預設初始狀態為狀態 '0'，因此執行量子線路 1000 次的測量結果都是狀態 '0'。請注意，在 Qiskit 套件中使用包含一個或多個字元 '0' 與字元 '1' 的字串代表量子位元狀態，這是一個非常方便表示量子位元狀態的表示法。

前一個範例程式將量子線路轉譯之後在量子電腦模擬器上執行。實際上，我們不需要執行轉譯動作也可以在電腦模擬器上執行量子線路。這是因為即使我們在量子程式中沒有明確列出轉譯步驟，系統還是會自動進行轉譯之後才執行量子線路。以下的範例程式就是不轉譯量子線路，而是以量子電腦模擬器直接執行量子線路。這個範例程式與前一個範例程式非常相似，它與前一個範例程式相比，只是少了轉譯步驟而已，也就是少了 cqc=transpile(qc,sim) 敘述，然後在呼叫 execute 函數時傳入參數 qc，而不是參數 cqc，表示要執行的就是原始的 qc 量子線路本身。

In [5]:

```
1  #Program 1.5 Execute quantum circuit (program) on simulator
2  from qiskit import QuantumCircuit, execute
3  from qiskit.providers.aer import AerSimulator
4  sim = AerSimulator()
5  qc = QuantumCircuit(1, 1)
6  qc.measure([0], [0])
7  print(qc)
8  job=execute(qc, backend=sim, shots=1000)
9  result = job.result()
10 counts = result.get_counts(qc)
11 print("Total counts for qubit states are:",counts)
```

```
q: ┤M├
      
c: 1/╫
     0
```

9

```
Total counts for qubit states are: {'0': 1000}
```

上列的程式碼說明如下：

- 第 1 行為程式編號及註解。

- 第 2 行使用 import 敘述引入 qiskit 套件中的 QuantumCircuit 類別以及 execute 函數。

- 第 3 行使用 import 敘述引入 qiskit.providers.aer 中的 AerSimulator 類別。

- 第 4 行使用 AerSimulator() 建構 IBM QASM 量子電腦模擬器物件，儲存於 sim 變數中。

- 第 5 行使用 QuantumCircuit(1,1) 建構一個包含 1 個量子位元及一個古典位元 的量子線路物件，儲存於 qc 變數中。

- 第 6 行使用 QuantumCircuit 類別的 measure 方法在量子線路中加入測量單元， 傳入兩個串列參數 [0] 及 [0]，以測量索引值為 0 的量子位元，並將測量結果 儲存於索引值為 0 的古典位元。

- 第 7 行使用 print(qc) 呼叫 print 函數以文字模式顯示量子線路。

- 第 8 行呼叫 execute 函數建立一個工作，儲存於 job 變數中，其中傳入參數 qc 表示要執行的量子線路，backend=sim 設定在後端使用 sim 物件所指定的量 子電腦模擬器，shots=1000 設定在後端量子電腦模擬器上執行量子線路 qc 共 1000 次，而每次執行都測量量子位元並將測量結果儲存於古典位元中。

- 第 9 行使用 job 物件的 result 方法取得 job 物件的執行相關資訊，儲存於物件 變數 result 中。執行相關資訊除了執行環境之外，也包括執行結果，也就是量 子線路在量子電腦模擬器上的執行結果。

- 第 10 行使用 result 物件的 get_counts(qc) 方法取出有關 qc 量子線路量測結果 的計數（counts），並以字典（dict）型別儲存於變數 counts 中。

- 第 11 行使用 print 函數顯示 "Total counts for qubit states are :" 字串及字典型別 變數 counts 的值，在這個程式中 counts 變數的值為 {'0': 1000}，也就是測量 結果為 '0' 的計數為 1000 次。

上列兩個範例程式透過量子電腦模擬器執行量子程式，在下節中，我們展示如何 透過網路連線到真實的 IBM Q 量子電腦執行量子程式。

1.4 使用量子電腦執行量子程式

本節介紹如何在 IBM Q 量子電腦上執行量子程式。首先，讀者要取得存取 IBM Q
系統的 token，然後進行儲存 token 與載入 token 的動作，說明如下：

- 登入 IBM Quantum 系統（簡稱 IBM Q 系統）：

使用原有帳號登入 IBM Q 系統（網址：*https://quantum-computing.ibm.com/
login*），或註冊一個新帳號後登入系統，其網頁畫面如下所示：

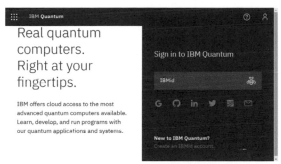

（圖片來源：IBM Quantum 網站畫面）

- 取得 IBM Q 系統 token：

登入 IBM Q 系統之後就可以取得 IBM Q 系統的 token。如下圖所示，按下右
下方正方形區域內的複製圖標就可以將 IBM Q 系統的 token 複製到剪貼簿中。
實際上，token 是一個包含 128 字元的字串。

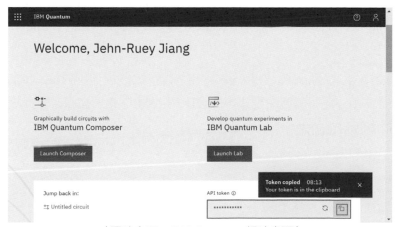

（圖片來源：IBM Quantum 網站畫面）

- 儲存 IBM Q 系統 token：

    在量子程式中使用 qiskit 套件 IBMQ 類別的 save_account 方法將 token 儲存在本地儲存空間中。若讀者使用 IBM Quatum Lab，則 token 是儲存在 Quatum Lab 執行環境中，其用法為：

    > IBMQ.save_account('......')，其中 ...... 代表填入在上一個步驟取得的 IBM Q 系統的 token，也就是 128 個字元的字串。

    請注意，儲存 IBM Q 系統 token 的動作只需要進行一次即可。但是，若讀者重新產生新的 token，則必須再重新執行儲存 IBM Q 系統 toke 的動作一次。這時要使用的方法為：

    > IBMQ.save_account('......',overwrite=True)，其中 ...... 代表填入重新產生的 IBM Q 系統 token，而 overwrite=True 代表要覆蓋原來儲存的舊 token 內容。

- 載入 IBM Q 系統 token：

    在量子程式中使用 IBMQ 類別 load_account 方法將前一個步驟儲存的 token 載入，就可以開始使用真實的 IBM Q 量子電腦執行量子程式。其用法為：

    > IBMQ.load_account()

    請注意，每次重新連線到 IBM Quantum Lab 環境中，都需要進行 IBM Q 系統 token 的載入動作一次，也就是執行 IBMQ.load_account() 一次。但是連線之後在第二次執行 IBMQ.load_account() 敘述時會引發 "Credentials are already in use. The existing account in the session will be replaced." 的警告訊息，此時可以不用理會這個訊息。

在完成 IBM Q 系統 token 的取得、儲存及載入之後，就可以在 IBM Q 量子電腦上執行量子程式了。以下的範例程式可以連線到 IBM Q 量子電腦，在實際的量子電腦上執行：

In [6]:

```
1 #Program 1.6 Execute quantum circuit (program) on least busy quantum computer
2 from qiskit import QuantumCircuit, IBMQ, execute
3 from qiskit.providers.ibmq import least_busy
4 from qiskit.tools.monitor import job_monitor
5 qc = QuantumCircuit(1, 1)
```

```
 6  qc.measure([0], [0])
 7  print(qc)
 8  #IBMQ.save_account('......',overwrite=True)
 9  IBMQ.load_account()
10  provider=IBMQ.get_provider(group='open')
11  print(provider)
12  qcomp = least_busy(provider.backends(simulator=False))
13  print("The least busy quantum computer is:",qcomp)
14  job=execute(qc, backend=qcomp, shots=1000)
15  job_monitor(job)
16  result = job.result()
17  counts = result.get_counts(qc)
18  print("Total counts for qubit states are:",counts)
```

```
q: ─┤M├─
c: 1/═╩═
      0
```

ibmqfactory.load_account:WARNING:2022-06-08 01:22:00,786: Credentials are already
in use. The existing account in the session will be replaced.

<AccountProvider for IBMQ(hub='ibm-q', group='open', project='main')>
The least busy quantum computer is: ibmq_armonk
Job Status: job has successfully run
Total counts for qubit states are: {'0': 984, '1': 16}

上列的程式碼說明如下：

- 第 1 行為程式編號及註解。

- 第 2 行使用 import 敘述引入 qiskit 套件中的 QuantumCircuit 及 IBMQ 類別以
  及 execute 函數。

- 第 3 行使用 import 敘述引入 qiskit.providers.ibmq 中的 least_busy 函數。

- 第 4 行使用 import 敘述引入 qiskit.tools.monitor 中的 job_monitor 函數。

- 第 5 行使用 QuantumCircuit(1,1) 建構一個包含 1 個量子位元及一個古典位元
  的量子線路物件，儲存於 qc 變數中。

- 第 6 行使用 QuantumCircuit 類別的 measure 方法在量子線路中加入測量單元，
  傳入兩個串列參數 [0] 及 [0]，以測量索引值為 0 的量子位元，並將測量結果
  儲存於索引值為 0 的古典位元。

- 第 7 行使用 print(qc) 呼叫 print 函數以文字模式顯示量子線路。

- 第 8 行使用 IBMQ.save_account('......',overwrite=True) 方法,將 token 存到區域檔案系統中,其中 ...... 代表 token 字串,而 overwrite=True 代表要覆蓋原來儲存的舊 token 內容。請注意,token 儲存的動作只要執行一次,在 token 已經儲存之後只要載入這個 token 就可以使用 token 的權限執行量子程式。同樣的,若讀者使用 IBM Quantum Lab,也只要執行一次儲存 token 字串的動作一次,IBM Quantum Lab 會自動將 token 儲存在環境設定檔案 qiskitrc 中,提供後續載入使用。請注意,此行被標註為註解是因為 token 儲存只需要進行一次,而且其中包含 128 字元的 token 因為保密的關係已經以 ...... 取代了。

- 第 9 行使用 IBMQ.load_account() 方法載入儲存在區域檔案系統或是 IBM Quantum Lab 系統中環境設定檔案的 token。與 token 儲存不同的是,token 載入的動作在每一次重新連線至 IBM Quantum Lab 系統時都需要再執行一次。

- 第 10 行使用 IBMQ.get_provider(group='open') 方法以 group 名稱為 'open' 的條件取得 IBM Q 的設備提供服務物件,儲存於物件變數 provider 中。

- 第 11 行使用 print 函數顯示 IBM Q 的設備提供服務物件變數 provider 的相關資訊。

- 第 12 行使用 qcomp=least_busy(provider.backends(simulator=False)) 先呼叫 provider 物件的 backends 方法,設定 simulator=False 條件,以取得後端實際的量子電腦。然後呼叫 least_busy 函數選出負載最小最不忙碌(least busy)的量子電腦,儲存在物件變數 qcomp 中。

- 第 13 行使用 print 函數顯示 "The least busy quantum computer is:" 訊息,並在訊息之後顯示 qcomp 變數所儲存的實際量子電腦資訊。

- 第 14 行使用 execute(qc, backend=qcomp, shots=1000) 函數建立一個工作,儲存於 job 變數中。backend=qcomp 設定在後端使用 qcom 物件所指定的實際量子電腦執行工作,並透過 shots=1000 設定工作一共執行 1000 次(shot),每次都測量量子位元並將測量結果儲存於古典位元中保存下來。請注意,目前 IBM 量子電腦支援的 shots 數量預設為 1024,而最高為 20000。

- 第 15 行使用 job_monitor(job) 函數監督 job 的執行狀態。可能出現的訊息為：

  Job Status: job is being validated

  Job Status: job is queued (123)

  （上列的數字會漸次減少，表示在 queue 中的工作正一一完成中）

  Job Status: job is actively running

  Job Status: job has successfully run

- 第 16 行使用 job 物件的 result 方法取得 job 物件的執行相關資訊，儲存於變數 result 中。執行相關資訊包括執行結果，也就是量子線路在量子電腦模擬器上的執行結果。

- 第 17 行使用 get_counts(qc) 函數取出量子線路各種量測結果的計數（counts），並以字典（dict）型別儲存於變數 counts 中。

- 第 18 行使用 print 函數顯示 "Total counts for qubit states are :" 字串及字典型別變數 counts 的值，在這個程式中 counts 變數的值為 {'0': 984, '1': 16}，也就是測量結果為 '0' 的計數為 984 次，機率為 98.4%；而測量結果為 '1' 的計數為 16 次，機率為 1.6%。

上列範例程式先呼叫 least_busy 方法選出 IBM 可提供外界使用，且負載最小最不忙碌（least busy）的量子電腦，然後在這個量子電腦上執行量子程式，儲存在物件變數 qcomp 中。如上列範例程式執行結果中所顯示，這個範例程式是在名稱代號為 'ibmq_armonk' 的量子電腦上執行的。這是自動挑選出來負載最小的，但是僅具有 1 個量子位元的量子電腦。因為上列範例程式的量子線路恰好只包含 1 個量子位元，因此量子程式可以正確執行。但是，若量子程式的量子線路包含 1 個以上的量子位元，則量子程式就無法執行了。因此建議讀者參考以下的範例程式以及 IBM 網站（網址：*https://quantum-computing.ibm.com/services?services=systems&view=table*），選擇負載不大且位元數量足夠的量子電腦來執行量子程式。

In [7]:

```
1 #Program 1.7 Execute quantum circuit (program) on proper quantum computer
2 from qiskit import QuantumCircuit, IBMQ, execute
3 from qiskit.tools.monitor import job_monitor
4 qc = QuantumCircuit(1, 1)
5 qc.measure([0], [0])
```

```
 6  print(qc)
 7  #IBMQ.save_account('......',overwrite=True)
 8  #IBMQ.load_account()
 9  provider = IBMQ.get_provider(group='open')
10  qcomp = provider.get_backend('ibmq_lima')
11  job=execute(qc, backend=qcomp, shots=1000)
12  job_monitor(job)
13  result = job.result()
14  counts = result.get_counts(qc)
15  print("Total counts for qubit states are:",counts)
```

```
q: ┤M├
c: 1/╩
     0
Job Status: job has successfully run
Total counts for qubit states are: {'0': 995, '1': 5}
```

上列的程式碼說明如下：

- 第 1 行為程式編號及註解。

- 第 2 行使用 import 敘述引入 qiskit 套件中的 QuantumCircuit 及 IBMQ 類別以及 execute 函數。

- 第 3 行使用 import 敘述引入 qiskit.tools.monitor 中的 job_monitor 函數。

- 第 4 行使用 QuantumCircuit(1,1) 建構一個包含 1 個量子位元及一個古典位元的量子線路物件，儲存於 qc 變數中。

- 第 5 行使用 QuantumCircuit 類別的 measure 方法在量子線路中加入測量單元，傳入兩個串列參數 [0] 及 [0]，以測量索引值為 0 的量子位元，並將測量結果儲存於索引值為 0 的古典位元。

- 第 6 行使用 print(qc) 呼叫 print 函數以文字模式顯示量子線路。

- 第 7 行使用 IBMQ.save_account('......',overwrite=True) 方法，將 token 存到區域檔案系統中，其中 ...... 代表 token 字串，而 overwrite=True 代表要覆蓋原來儲存的舊 token 資訊。

- 第 8 行使用 IBMQ.load_account() 方法載入儲存在區域檔案系統或是 IBM Quantum Lab 系統中的 token。

- 第 9 行使用 IBMQ.get_provider(group='open') 方法以 group 名稱為 'open' 的條件取得 IBM Q 的設備提供服務物件，儲存於物件變數 provider 中。

- 第 10 行使用 provider.get_backend('ibmq_lima') 方法選取真正運行量子程式的量子電腦為具有 5 量子位元，名稱代號為 'ibmq_lima' 的量子電腦，儲存在 qcomp 變數中。

- 第 11 行使用 execute(qc, backend=qcomp, shots=1000) 函數建立一個工作，儲存於 job 變數中。backend=qcomp 設定在後端使用 qcom 物件所指定的實際量子電腦執行工作，並透過 shots=1000 設定工作一共執行 1000 次（shot），每次都測量量子位元並將測量結果儲存於古典位元中保存下來。請注意，目前 IBM 量子電腦支援的 shots 數量預設為 1024，而最高為 20000。

- 第 12 行使用 job_monitor(job) 函數監督 job 的執行狀態。

- 第 13 行使用 job 物件的 result 方法取得 job 物件的執行相關資訊，儲存於變數 result 中。執行相關資訊包括執行結果，也就是量子線路在量子電腦模擬器上的執行結果。

- 第 14 行使用 get_counts(qc) 函數取出量子線路各種量測結果的計數（counts），並以字典（dict）型別儲存於變數 counts 中。

- 第 15 行使用 print 函數顯示 "Total counts for qubit states are :" 字串及字典型別變數 counts 的值，在這個程式中 counts 變數的值為 {'0': 995, '1': 5}，也就是測量結果為 '0' 的計數結果為 995 次，機率為 99.5%；而測量結果為 '1' 的計數結果為 5 次，機率為 0.5%。

上列範例程式在真實 IBM 量子電腦上執行單一量子位元的量子線路 1000 次，測量量子位元的狀態並儲存於古典位元上。雖然量子位元的預設狀態為狀態 '0'，理論上 1000 次的量子位元測量結果應該都是狀態 '0'。但是在真實量子電腦上執行量子線路 1000 次的測量結果都是並不是全部都是狀態 '0'，而是有 995 次測量為 '0', 有 5 次測量為 '1'。這是因為目前量子電腦控制技術尚未完全成熟，因而量子位元的狀態還很容易受到外界環境的干擾產生雜訊（noise）或是產生退相干（decoherence），也就是失去量子狀態，所以目前真實量子電腦的執行結果與理論上的結果會有些許的偏差。事實上，量子電腦模擬器是透過量子力學理論模擬量子線路的執行結果，因此量子電腦模擬器的執行結果與理論上的結果相同或是非常接近理論上的結果。但是,真實量子電腦的執行結果往往與理論上的結果有些不同。量子電腦的執行結果接近理論值的程度稱為保真度(fidelity),顯然的,量子電腦的保真度必須越高越好。所以,如何提高量子電腦的保真度一直是建置量子電腦最重要的研究議題之一。

1.5　IBM Q 量子電腦簡介

IBM 公司的量子電腦採用超導體(superconductor)技術,透過微波脈衝序列操控量子位元,是一種基於量子線路的通用型量子電腦(universal quantum computer)。以下介紹 IBM 公司量子電腦的發展歷史及其未來展望:

- 2016 年 IBM 公司推出 5 量子位元量子電腦。
- 2017 年 IBM 公司推出 20 量子位元量子電腦。
- 2019 年 1 月 IBM 公司推出世界上第一台基於量子線路的商用量子電腦——IBM Q System One。這是一部 20 量子位元量子電腦,部署於 IBM 公司紐約總部,可供簽約客戶透過網路連線使用,IBM 公司並在不久之後推出 53 量子位元的量子電腦。
- 2020 年 IBM 公司推出 65 量子位元量子電腦,其處理器命名為 Hummingbird。
- 2021 年 IBM 公司推出 127 量子位元量子電腦,其處理器命名為 Eagle。
- 2022 年 IBM 公司推出 433 量子位元量子電腦,其處理器命名為 Osprey。
- 2023 年 IBM 公司推出 1121 量子位元量子電腦,其處理器命名為 Condor。
- 2024 年以後 IBM 公司推出百萬量子位元量子電腦。

目前世界各國政府、各大公司及研究單位均積極投入投入建造量子電腦的研究,採用不同技術實現量子位元,現有的量子位元製作技術包括超導體(superconductor)、離子阱(trapped ion)、拓樸量子位元(topological bit)、光子(photon)、量子點(quantum dot)、奈米鑽石氮空缺(nano-diamond nitrogen vacancy)以及核磁共振(NMR)等技術。其中超導體及離子阱技術目前發展較為領先,拓樸量子位元及光子技術則緊追在後。IBM 及 Google 公司採用超導體技術;IonQ、Quantinuum(之前為 Honeywell)及鴻海(Foxconn)公司採用離子阱技術；Microsoft 公司採用拓樸量子位元技術；國立中央大學（NCU）團隊則採用光子技術。

上述採用量子線路為基礎的量子電腦都是通用型量子電腦，可以解決各式各樣的問題。而除了以量子線路為基礎的量子電腦之外，還有一類量子電腦採用量子退火（quantum annealing）技術，利用量子穿隧（quantum tunneling）概念解決特殊的最佳化（optimization）問題。最典型採用量子退火技術的量子電腦為 D-Wave 公司的量子電腦，例如具有 2000 量子位元的 D-Wave 2000 量子電腦及具有 5000 量子位元的 D-Wave Advantage 量子電腦。

量子電腦的量子態十分容易受雜訊（noise）的干擾，如振動、電磁場或是熱擾動等都是可以干擾量子態甚至於使量子態消失的雜訊。現在的量子電腦通常在接近絕對零度（-273.15℃ 或是 0K）的超低溫度下操作，用以延長相干時間（coherence time），也就是延長穩定量子態的時間；或換句話說，就是延後退相干時間（decoherence time），也就是量子態開始出現極度不穩定的時間。舉例而言，53 位元 IBM Q 量子電腦在極低溫 20mK（milli-K）=0.02K=-273.13℃ 的環境下操作，其退相干時間約為 $600\mu s$。

IBM 公司除了推出 IBM Q 量子電腦的硬體設備之外，也推出 IBM Qiskit 套件。如前所述，這是一個量了程式 SDK（軟體開發工具組），提供許多工具讓使用者透過 Python 語言編寫可以在 IBM 實體量子電腦或量子電腦模擬器上執行的量子程式。

Qiskit 包含 5 個主要的應用程式介面（application programming interface, API），包括透過雲端連接 IBM 量子電腦的 Qiskit IBM Quantum Provider，以及另外 4 個以拉丁單字命名的 API: Terra、Aer、Ignis、Aqua，分別代表土、空氣、火、水等傳統元素，以下說明這四個 API。

- Qiskit Terra（土）：Terra 建立整個 Qiskit 套件的基本架構，提供工具讓使用者產生量子線路，並轉換為量子電腦機器代碼或接近量子電腦機器代碼級別的代碼。它也提供工具可以針對特定設備進行量子線路最佳化。
- Qiskit Aer（空氣）：Aer 提供量子電腦模擬器可以在使用者的電腦上模擬量子程式的執行過程，並且可以在模擬時加入模擬的雜訊。

- Qiskit Ignis（火）：Ignis 用於驗證、分類及降低量子電腦因為不同的熱，振盪及電磁波所引起的雜訊和誤差，從而改進量子閘的運作效率，並提供量子錯誤糾正（quantum error correction, QEC）的功能。

- Qiskit Aqua（水）：Aqua 提供許多量子演算法應用的函式庫，如變分量子本徵求解器（variational quantum eigensolver, VQE）、量子相位估計（quantum phase estimation, QPE）等，可以在量子電腦上進行化學、人工智慧、組合最佳化和金融分析的快速運算。

如前所述，IBM Quantum Lab 已經事先安裝好 IBM Qiskit 及相關套件，因此讀者可以直接在 IBM Quantum Lab 中使用 IBM Qiskit 及相關套件。若讀者不是使用 IBM Quantum Lab 編寫量子程式，則需要透過以下方式之一安裝 IBM Qiskit 及相關套件。

- 搭配 Python 語言安裝環境在作業系統命令列（command line）介面或殼層（shell）介面執行以下命令：

  pip install qiskit

  pip install qiskit[visualization]

- 在 Jupyter notebook 程式碼單元（code cell）中執行以下命令：

  !pip install qiskit

  !pip install qiskit[visualization]

1.6　結語

本章引導讀者透過 Python 語言編寫量子程式，使用 IBM Qiskit 套件設計包含許多量子位元的量子線路，測量量子位元的狀態並儲存於古典位元中，最後說明如何在量子電腦模擬器上以及真實的量子電腦上執行量子程式。量子電腦模擬器是依照量子計算理論而設計的，因此其執行結果接近理論上的推導結果，可以直接應用在不同的領域解決問題。讀者應該已經注意到，量子程式在實際量子電腦上的執行結果與在量子電腦模擬器上的執行結果會有一些偏差。這是因為目前量子電腦的發展正處於「有雜訊中等尺度量子」（noisy intermediate-scale quantum, NISQ）世代。在一方面表示目前的量子電腦還是具有雜訊的（noisy），很容易受到外界環境的影響產生退相干（decoherence）失去量子狀態而產生偏差；在另一方面則表示目前的量子電腦擁有的量子位元數量還不夠多，只能稱為中等尺度量子電腦。

幸運的是，現在有許多研究人員正在積極解決量子電腦的雜訊問題，努力研究各種方法以提高量子電腦的保真度（fidelity），也就是提高量子位元狀態在各種測量結果出現的機率上接近理論值的程度。另外也有一些研究人員提出透過量子糾錯（quantum error correction, QEC）等容錯（fault-tolerant）技術來解決量子電腦保真度不夠高的問題。相信在不久，量子電腦的保真度會逐漸提高，其擁有的量子位元數量也會快速增加，而各種高效率的容錯技術也會減輕量子電腦因為雜訊所受到的影響。屆時，量子霸權的時代就正式來臨，量子電腦將遠遠超越傳統的古典電腦，具有古典電腦無法匹敵的計算能力。

練習

練習 1.1

請寫出量子程式用以建構並顯示一個包含 5 個量子位元及 5 個古典位元的量子線路物件，其中每個量子位元均進行測量並儲存於古典位元中。

練習 1.2

請寫出量子程式用以建構並顯示一個包含 3 個量子位元及 3 個古典位元的量子線路物件。其中量子位元顯示標籤分別為 qx、qy、qz，而古典位元顯示標籤分別為 cx、cy、cz；量子位元 qx、qy 與 qz 均進行測量並儲存於古典位元 cx、cy、cz 中。

練習 1.3

請寫出量子程式用以建構並顯示一個包含 10 個量子位元及 10 個古典位元的量子線路物件。其中量子位元顯示標籤分別為 $qr_0, ..., qr_9$，而古典位元顯示標籤分別為 $even_0, ..., even_4, odd_0, ..., odd_4$。量子位元均進行測量，其中具偶數索引值量子位元之測量結果儲存於 $even_0, ..., even_4$，而具奇數索引值量子位元之測量結果則儲存於 $odd_0, ..., odd_4$。

練習 1.4

請寫出量子程式用以建構一個包含 3 個量子位元及 3 個古典位元的量子線路物件，其中量子位元均進行測量並儲存於古典位元中。以文字模式顯示量子線路，然後使用量子電腦模擬器執行這個量子線路 1000 次，最後顯示所有量子位元測量出的量子狀態的計數次數。

練習 1.5

請寫出量子程式用以建構一個包含 3 個量子位元及 3 個古典位元的量子線路物件，其中量子位元均進行測量並儲存於古典位元中。以文字模式顯示量子線路，然後任意選擇一部 IBM Q 量子電腦執行這個量子線路 1000 次，最後顯示所有量子位元測量出的量子狀態的計數次數。

量子位元疊加態程式設計

本章介紹量子位元的疊加（superposition）態。有別於不是 0 就是 1 的古典位元（bit），量子位元（qubit）可以處於既是 0 也是 1 的疊加狀態。以下本章先說明量子位元與古典位元的不同。為了方便解釋量子位元的疊加狀態，本章也介紹狄拉克記號（Dirac notation）、量子位元狀態向量（state vector）以及量子位元布洛赫球面（Bloch sphere）。然後，本章也介紹量子位元狀態向量的相關操作，如內積（inner product）與外積（outer product），最後則說明如何編寫量子程式進行量子位元狀態的測量。

2.1 古典位元與量子位元

古典計算模式以位元（bit, or binary digit）為基礎進行計算。一個位元在邏輯上不是 1 就是 0，在實體上則是以電晶體（transistor）的開或關的狀態來表示。現今我們所經常使用具有計算能力的設備，如超級電腦、伺服主機、桌機、筆電、平板、手機及微處理器等，都是使用這種計算模式的設備。

量子計算模式以量子位元（qubit, or quantum bit）為基礎進行計算。一個量子位元在邏輯上是 1 和 0 同時存在，可以被同時處理的疊加（superposition）狀態，在實體上則是以雙態（two-state）量子系統（quantum system）來實現，常見的範例包括使用電子自旋（electron spin）的上自旋（spin up）及下自旋（spin down），或是使用單光子偏振（photon polarization）的垂直偏振（vertical polarization）和水平偏振（horizontal polarization）來實現量子位元又是 1 也是 0 的疊加狀態。

一個量子系統中的量子實體（quantum entity）具有波粒二象性（wave-particle duality），同時具有波動形式以及粒子形式。波動形式具有振幅與頻率屬性可以描述空間方面與時間方面的性質；而粒子形式則表示量子實體總是可以被觀測到在一個特定時間與特定空間具有明確位置與動量。

我們可以使用薛丁格方程（Schrodinger equation）來描述量子實體波動形式的波函數（wave function）。波函數一般使用複數（complex number）的形式定義，用於描述量子實體在特定時間與特定空間出現的機率振幅（probability amplitude）以及其變動頻率，而機率振幅的平方為機率密度（probability density）。一個量子實體在被觀察或測量之前會以波的形式存在，但是在被觀察或測量時會產生波函數坍縮（collapse），而量子實體則成為具有本徵態（eigenstate）的粒子形式。我們可以將量子實體的疊加態視為波的形式，而將其本徵態視為粒子形式。

以上的敘述說明量子位元既是 0 及又是 1 的疊加狀態，以及量子位元測量之後可以得到不是 0 就是 1 的現象。量子位元測量的結果很明確的是本徵態 0 或是本徵態 1，而測量為 0 或是 1 的機率可由波函數機率振幅的平方求得。當我們測量的次數很多的時候，就可以得到這個機率的近似值。

為了表現量子位元的疊加狀態，我們可以使用狄拉克記號（Dirac notation）來表示量子位元。狄拉克記號由狄拉克於 1939 年提出，是複數希爾伯特空間（complex Hilbert space）的向量表示法。狄拉克將括號（bracket）這個字拆成包量或左向量（bra），與括量或右向量（ket），可以用來將量子態描述為希爾伯特空間中的向量。希爾伯特空間是有限維度歐幾里得向量空間的拓展，在維度方面由有限維度拓展到無限且連續維度，而在向量方面則由常實數向量拓展到複數向量，非常適合用在使用複數形式波函數描述粒子狀態的量子系統。

2.2　狄拉克記號

本節介紹狄拉克記號（Dirac notation）中的右向量以及左向量記號。右向量（ket）也稱為括量或右矢，可以表示希爾伯特空間的行向量（column vector），定義如下：

- **右向量（ket）**：

$$|\psi\rangle = \begin{pmatrix} \psi_1 \\ \psi_2 \\ \vdots \\ \psi_n \end{pmatrix}$$

其中 n 為維度（dimension），$\psi_1, \psi_2, \cdots, \psi_n \in \mathbb{C}$ 為複數。

右向量（ket）也可以表示為 $(\psi_1, \psi_2, \cdots \psi_n)^T$，其中 T 代表轉置（transposition）操作，而 $\psi_1, \psi_2, \cdots \psi_n$ 是複數，但也可以是實數（複數中虛部為 0）。

以下是右向量 ket 的範例：

$$|\psi\rangle = (1, 2, 3, 4)^T = \begin{pmatrix} 1 \\ 2 \\ 3 \\ 4 \end{pmatrix}$$

$$|\psi\rangle = (1 + 2i, 3 - 4i)^T = \begin{pmatrix} 1 + 2i \\ 3 - 4i \end{pmatrix}$$

$$|\psi\rangle = (1, -2i, 3, 4i)^T = \begin{pmatrix} 1 \\ -2i \\ 3 \\ 4i \end{pmatrix}$$

另一方面,左向量（bra）也稱為包量或左矢,可以用來表示希爾伯特空間的列向量（row vector）,定義如下:

- **左向量（bra）**：

$$\langle\psi| = (\psi_1, \psi_2, \cdots, \psi_n)^* = (\psi_1^*, \psi_2^*, \cdots, \psi_n^*)$$

其中 n 為維度（dimension），$\psi_1, \psi_2, \cdots, \psi_n \in \mathbb{C}$ 為複數,星號代表共軛（conjugate）複數操作。

以下是左向量 bra 的範例:

$$\langle\psi| = (1, 2, 3, 4)^* = (1, 2, 3, 4)$$

$$\langle\psi| = (1 + 2i, 3 - 4i)^* = (1 - 2i, 3 + 4i)$$

$$\langle\psi| = (1, -2i, 3, 4i)^* = (1, 2i, 3, -4i)$$

左向量（bra）也稱為右向量（ket）的伴隨向量（co-vector），而左向量與右向量的
關係如下：

$$|\psi\rangle^\dagger = \langle\psi|$$

或是

$$\langle\psi|^\dagger = |\psi\rangle$$

其中†代表共軛轉置（conjugate transpose）操作，也稱為赫米特共軛（Hermitian
conjugate）操作。請注意，†為 dagger 符號，為隨身匕首的意思。

以下是更具體的左向量與右向量的關係描述：

$$|\psi\rangle^\dagger = \begin{pmatrix} \psi_1 \\ \psi_2 \\ \vdots \\ \psi_n \end{pmatrix}^\dagger = (\psi_1^*, \psi_2^*, \cdots, \psi_n^*) = \langle\psi|$$

或是

$$\langle\psi|^\dagger = (\psi_1^*, \psi_2^*, \cdots, \psi_n^*)^\dagger = \begin{pmatrix} \psi_1 \\ \psi_2 \\ \vdots \\ \psi_n \end{pmatrix} = |\psi\rangle$$

以下是右向量（ket）及其對應的左向量（bra）（或對應的伴隨向量）的範例：

右向量（ket）：
$$\begin{pmatrix} 1+i \\ 1-i \end{pmatrix} \qquad \frac{1}{\sqrt{2}}\begin{pmatrix} 1 \\ 0 \end{pmatrix} \qquad \begin{pmatrix} 1 \\ 0 \\ 0 \\ 0 \end{pmatrix}$$

左向量（bra）：
$$(1-i, 1+i) \qquad \frac{1}{\sqrt{2}}(1, 0) \qquad (1, 0, 0, 0)$$

有了狄拉克記號，我們就可以很方便的表示量子位元的狀態了。量子位元的兩個本徵態為 $|0\rangle$ 以及 $|1\rangle$，它們分別對應希爾伯特空間的兩個行向量，或是狀態向量（state vector）：$\begin{pmatrix} 1 \\ 0 \end{pmatrix}$ 及 $\begin{pmatrix} 0 \\ 1 \end{pmatrix}$。實際上，它們是一組希爾伯特空間的正交基底（orthogonal basis）或正範基底（orthonormal basis），而其他的量子位元狀態則可以表示為這組正交基底的複數線性組合，說明如下。

針對 一個任意的量子位元，其量子態 $|\psi\rangle$ 可以表示為：

$$|\psi\rangle = \alpha|0\rangle + \beta|1\rangle$$

在以上的式子中，$\alpha, \beta \in \mathbb{C}$ 是兩個複數係數，可以用狀態向量表示為 $\begin{pmatrix} \alpha \\ \beta \end{pmatrix}$，用來表現量子疊加狀態的波動形式。

例如，以下是一個量子態的例子：

$$\frac{1}{\sqrt{2}}|0\rangle + \frac{1}{\sqrt{2}}|1\rangle = \frac{1}{\sqrt{2}}\begin{pmatrix} 1 \\ 0 \end{pmatrix} + \frac{1}{\sqrt{2}}\begin{pmatrix} 0 \\ 1 \end{pmatrix} = \begin{pmatrix} \frac{1}{\sqrt{2}} \\ \frac{1}{\sqrt{2}} \end{pmatrix}$$

稍後我們會知道，這是一個非常特殊的量子態，它一般以狄拉克記號表示為 $|+\rangle$，或是以狀態向量表示為 $\begin{pmatrix} \frac{1}{\sqrt{2}} \\ \frac{1}{\sqrt{2}} \end{pmatrix}$。

以下是另一個量子態的例子：

$$\frac{1}{\sqrt{2}}|0\rangle + \frac{-1}{\sqrt{2}}|1\rangle = \frac{1}{\sqrt{2}}\begin{pmatrix} 1 \\ 0 \end{pmatrix} + \frac{-1}{\sqrt{2}}\begin{pmatrix} 0 \\ 1 \end{pmatrix} = \begin{pmatrix} \frac{1}{\sqrt{2}} \\ \frac{-1}{\sqrt{2}} \end{pmatrix}$$

這也是一個非常特殊的量子態，它一般以狄拉克記號表示為 $|-\rangle$，或是以狀態向量表示為 $\begin{pmatrix} \frac{1}{\sqrt{2}} \\ \frac{-1}{\sqrt{2}} \end{pmatrix}$。

實際上，上述的兩個特殊量子態 $|+\rangle$ 及 $|-\rangle$，也是一組常用的希爾伯特空間正交基底，分別稱為加（plus）基底與減（minus）基底。

以下我們再舉兩個特殊的量子態，也能構成一組正交基底。它們是順時針（clockwise）與逆時針（counter-clockwise）基底，分別以狄拉克記號表示為 $| \circlearrowright \rangle$ 及 $| \circlearrowleft \rangle$，或是以狀態向量表示為 $\begin{pmatrix} \frac{1}{\sqrt{2}} \\ \frac{i}{\sqrt{2}} \end{pmatrix}$ 及 $\begin{pmatrix} \frac{1}{\sqrt{2}} \\ \frac{-i}{\sqrt{2}} \end{pmatrix}$，定義如下：

$$| \circlearrowright \rangle = \frac{1}{\sqrt{2}}|0\rangle + \frac{i}{\sqrt{2}}|1\rangle = \frac{1}{\sqrt{2}}\begin{pmatrix} 1 \\ 0 \end{pmatrix} + \frac{i}{\sqrt{2}}\begin{pmatrix} 0 \\ 1 \end{pmatrix} = \begin{pmatrix} \frac{1}{\sqrt{2}} \\ \frac{i}{\sqrt{2}} \end{pmatrix}$$

$$| \circlearrowleft \rangle = \frac{1}{\sqrt{2}}|0\rangle + \frac{-i}{\sqrt{2}}|1\rangle = \frac{1}{\sqrt{2}}\begin{pmatrix} 1 \\ 0 \end{pmatrix} + \frac{-i}{\sqrt{2}}\begin{pmatrix} 0 \\ 1 \end{pmatrix} = \begin{pmatrix} \frac{1}{\sqrt{2}} \\ \frac{-i}{\sqrt{2}} \end{pmatrix}$$

處於疊加狀態的量子位元具有一個又是 $|0\rangle$ 也是 $|1\rangle$ 的狀態，我們需要進一步測量才能知道量子位元處於什麼狀態。但是如前所述，當我們針對量子位元進行測量時，量子位元的疊加狀態就會消失而坍縮為本徵態。因而，測量的結果必定為本徵態中的一個，也就是不是 $|0\rangle$ 就是 $|1\rangle$。因此，我們需要針對量子位元進行測量並將測量的結果儲存在傳統的古典位元中。當我們針對相同疊加狀態的量子位元進行測量的次數足夠多時，我們就可以根據儲存在古典位元中的測量結果進行後續計算，進而可以得到精準的測量統計機率了。

根據波函數理論，針對一個量子態為 $|\psi\rangle = \alpha|0\rangle + \beta|1\rangle$ 的量子位元進行測量時，測量到 $|0\rangle$ 的機率為 $|\alpha|^2$，而測量到 $|1\rangle$ 的機率為 $|\beta|^2$。而顯然的，因為機率的總和為 1，因此以下式子必定成立：

$$|\alpha|^2 + |\beta|^2 = 1$$

請注意，上式中 $|z|$ 代表求出複數 z 的範（norm）。若複數 $z = a + bi$，則 z 的範為 $\sqrt{a^2 + b^2}$。

2.3　量子位元狀態初始化

在說明古典位元與量子位元的不同，並介紹如何使用狄拉克記號表示量子位元的疊加狀態之後，以下我們展示如何設計量子程式來設定量子位元的初始狀態。在量子程式中，一個量子位元的預設初始狀態為 $|0\rangle$，以下的範例程式，可以建構一個具有多個量子位元的量子線路，並使用量子位元的狀態向量來設定這多個量子位元的不同初始狀態：

In [1]:

```
1  #Program 2.1 Initialize qubit state
2  from qiskit import QuantumCircuit
3  import math
4  qc = QuantumCircuit(4)
5  qc.initialize([1,0],0)
6  qc.initialize([0,1],1)
7  qc.initialize([1/math.sqrt(2), 1/math.sqrt(2)],2)
8  qc.initialize([1/math.sqrt(2), -1/math.sqrt(2)],3)
9  qc.draw('mpl')
```

Out[1]:

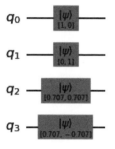

上列的程式碼說明如下：

- 第 1 行為程式編號及註解。

- 第 2 行使用 import 敘述引入 qiskit 套件中的 QuantumCircuit 類別。

- 第 3 行使用 import 敘述引入 math 模組。

- 第 4 行使用 QuantumCircuit(4,4) 建構一個包含 4 個量子位元的量子線路物件，儲存於 qc 變數中。

- 第 5 行使用 qc.initialize([1,0],0) 呼叫 QuantumCircuit 類別的 initialize 方法，將量子線路中索引值為 0 的量子位元的狀態設為狀態向量 $\begin{pmatrix} 1 \\ 0 \end{pmatrix}$，以狄拉克記號記為 $|0\rangle$。

- 第 6 行使用 qc.initialize([0,1],1) 呼叫 QuantumCircuit 類別的 initialize 方法，將量子線路中索引值為 1 的量子位元的狀態設為狀態向量 $\begin{pmatrix} 0 \\ 1 \end{pmatrix}$，以狄拉克記號記為 $|1\rangle$。

- 第 7 行使用 qc.initialize([1/math.sqrt(2), 1/math.sqrt(2)],2) 呼叫 QuantumCircuit 類別的 initialize 方法，將量子線路中索引值為 2 的量子位元的狀態設為狀態 向量 $\begin{pmatrix} \frac{1}{\sqrt{2}} \\ \frac{1}{\sqrt{2}} \end{pmatrix}$，以狄拉克記號記為 $|+\rangle$。

- 第 8 行使用 qc.initialize([1/math.sqrt(2), -1/math.sqrt(2)],3) 呼叫 QuantumCircuit 類別的 initialize 方法，將量子線路中索引值為 3 的量子位元的狀態設為狀態 向量 $\begin{pmatrix} \frac{1}{\sqrt{2}} \\ -\frac{1}{\sqrt{2}} \end{pmatrix}$，以狄拉克記號記為 $|-\rangle$。

- 第 9 行使用 qc.draw('mpl') 呼叫 QuantumCircuit 類別的 draw 方法，帶入呼叫 參數為 'mpl'，代表透過 matplotlib 套件顯示量子線路。請注意，量子線路圖中 將 $\frac{1}{\sqrt{2}}$ 以浮點數表示為 0.707。

以上的範例程式展示如何設定量子位元的初始狀態，並且顯示量子線路來呈現程 式所做的量子位元狀態設定。但是因為在量子線路中使用帶有許多數值的狀態向 量來表示量子位元狀態，這樣的表示方式雖然方便，但是讓人們比較難以直覺理 解量子位元狀態。下一節將介紹量子位元狀態的布洛赫球面（Bloch sphere）表示 法，可以幫助讀者直覺理解量子位元的狀態，以及不同量子位元狀態之間的關係。

2.4　布洛赫球面

布洛赫球面（Bloch sphere）表示法由瑞士物理學家費利克斯·布洛赫（Felix Bloch）提出，它是單量子位元的幾何表示法。一個量子位元的量子狀態 $|\psi\rangle$ 可以表 示為單位球面上的一個點。另外，許多對單個量子位元的操作都可以在布洛赫球 面上簡潔的表示出來，我們在稍後會針對這個面向進一步說明。

如前所述，一個單一量子位元的量子狀態可以使用狄拉克記號描述為：

$$|\psi\rangle = \alpha|0\rangle + \beta|1\rangle$$

在以上的式子中，$\alpha, \beta \in \mathbb{C}$ 是兩個複數係數，用來表現量子疊加狀態的波動形式。 在進行量子測量時，測量到 $|0\rangle$ 的機率為 $|\alpha|^2$，而測量到 $|1\rangle$ 的機率為 $|\beta|^2$，很顯然 的，$|\alpha|^2 + |\beta|^2 = 1$。

以上的式子有兩個複數係數，因此一共有四個項目需要表達，它們是 α 的實部、α 的虛部、β 的實部及 β 的虛部。但是因為必須滿足 $|\alpha|^2 + |\beta|^2 = 1$ 的限制，因此恰好可以在一個單位球的球面上同時表達這四個項目以及其限制。

使用布洛赫球面表示法，一個單一的量子位元狀態 $|\psi\rangle$ 可以描述為：

$$|\psi\rangle = e^{i\lambda}\left(\cos\frac{\theta}{2}|0\rangle + e^{i\phi}\sin\frac{\theta}{2}|1\rangle\right)$$

在上式中，θ、ϕ 以及 λ 均為實數，而 $0 \le \theta \le \pi$，$0 \le \phi < 2\pi$。

請注意，$e^{i\lambda}$ 關聯於共同相位（glo 且 bal phase），而 $e^{i\phi}$ 則關聯於相對相位（relative phase）。稍後我們會展示，$e^{i\lambda}$ 不會對量子位元的測量結果有任何影響。因此，一個單一的量子位元狀態 $|\psi\rangle$ 可以更簡潔的描述為：

$$|\psi\rangle = \cos\frac{\theta}{2}|0\rangle + e^{i\phi}\sin\frac{\theta}{2}|1\rangle$$

將 $\theta(0 \le \theta \le \pi)$ 與 $\phi(0 \le \phi < 2\pi)$ 的所有可能分佈在三維空間顯示出來，我們可以得到一個球面，這就是布洛赫球面。如圖 2.1 所示，一個量子位元 $|\psi\rangle = \alpha|0\rangle + \beta|1\rangle$ 可以視為布洛赫球面上的任意一個點，呈現出 $|0\rangle$ 與 $|1\rangle$ 的疊加狀態。

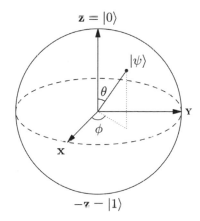

圖 2.1 單一量子位元 $|\psi\rangle = \alpha|0\rangle + \beta|1\rangle$ 相對的布洛赫球面（Bloch sphere），其中 α 與 β 為複數，簡化為 $\alpha = \cos\frac{\theta}{2}$ 與 $\beta = e^{i\phi}\sin\frac{\theta}{2}$，$0 \le \theta \le \pi$，$0 \le \phi < 2\pi$（修改自圖片來源：*https://commons.wikimedia.org/w/index.php?curid=5829358*, by Smite-Meister - Own work, CC BY-SA 3.0）。

量子位元 $|\psi\rangle = e^{i\lambda}(\cos\frac{\theta}{2}|0\rangle + e^{i\phi}\sin\frac{\theta}{2}|1\rangle)$ 中關聯於共同相位的 $e^{i\lambda}$ 項目，不會對量子位元的測量結果有任何影響，因此可以略去不計，以下說明其原因。我們可以將對量子位元的測量動作視為是將布洛赫球面的量子位元對 Z 軸進行投影，當我們對量子位元進行測量時，它會坍縮為（被測量為）兩個可能的本徵態之一：有 $|\alpha|^2 = \cos^2\frac{\theta}{2}$ 的機率坍縮為 Z 軸正向 Z=1 的 $|0\rangle$，而有 $|\beta|^2 = e^{i2\phi}\sin^2\frac{\theta}{2}$ 的機率坍縮為 Z 軸負向 Z=-1 的 $|1\rangle$。下列兩個式子驗證 $|\psi\rangle = e^{i\lambda}(\cos\frac{\theta}{2}|0\rangle + e^{i\phi}\sin\frac{\theta}{2}|1\rangle)$ 中的 $e^{i\lambda}$ 不會影響量子位元在測量時坍縮在 $|0\rangle$ 或 $|1\rangle$ 的機率：

$$|e^{i\lambda}\alpha|^2 = (e^{i\lambda}\alpha)^*(e^{i\lambda}\alpha) = (e^{-i\lambda}\alpha^*)(e^{i\lambda}\alpha) = \alpha^*\alpha = |\alpha|^2$$

$$|e^{i\lambda}\beta|^2 = (e^{i\lambda}\beta)^*(e^{i\lambda}\beta) = (e^{-i\lambda}\beta^*)(e^{i\lambda}\beta) = \beta^*\beta = |\beta|^2$$

以下的範例程式展示如何以布洛赫球面來顯示量子位元的狀態：

In [2]:

```
1  #Program 2.2 Initialize qubit state and show Bloch sphere
2  from qiskit import QuantumCircuit
3  from qiskit.quantum_info import Statevector
4  import math
5  qc = QuantumCircuit(4)
6  qc.initialize([1,0],0)
7  qc.initialize([0,1],1)
8  qc.initialize([1/math.sqrt(2), 1/math.sqrt(2)],2)
9  qc.initialize([1/math.sqrt(2), -1/math.sqrt(2)],3)
10 state = Statevector.from_instruction(qc)
11 display(qc.draw('mpl'))
12 display(state.draw('bloch'))
```

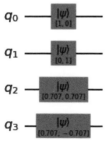

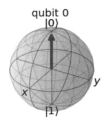
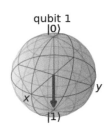
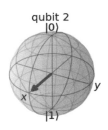
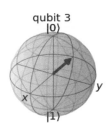

上列的程式碼說明如下：

- 第 1 行為程式編號及註解。

- 第 2 行使用 import 敘述引入 qiskit 套件中的 QuantumCircuit 類別。

- 第 3 使用 import 敘述引入 qiskit.quantum_info 中的 Statevector 類別。

- 第 4 使用 import 敘述引入 math 模組。

- 第 5 使用 QuantumCircuit(4,4) 建構一個包含 4 個量子位元的量子線路物件，儲存於 qc 變數中。

- 第 6 使用 qc.initialize([1,0],0) 呼叫 QuantumCircuit 類別的 initialize 方法，將量子線路中索引值為 0 的量子位元的狀態設為狀態向量 $\begin{pmatrix} 1 \\ 0 \end{pmatrix}$，以狄拉克記號記為 $|0\rangle$。

- 第 7 使用 qc.initialize([0,1],1) 呼叫 QuantumCircuit 類別的 initialize 方法，將量子線路中索引值為 1 的量子位元的狀態設為狀態向量 $\begin{pmatrix} 0 \\ 1 \end{pmatrix}$，以狄拉克記號記為 $|1\rangle$。

- 第 8 使用 qc.initialize([1/math.sqrt(2), 1/math.sqrt(2)],2) 呼叫 QuantumCircuit 類別的 initialize 方法，將量子線路中索引值為 2 的量子位元的狀態設為狀態向量 $\begin{pmatrix} \frac{1}{\sqrt{2}} \\ \frac{1}{\sqrt{2}} \end{pmatrix}$，以狄拉克記號記為 $|+\rangle$。

- 第 9 使用 qc.initialize([1/math.sqrt(2), -1/math.sqrt(2)],3) 呼叫 QuantumCircuit 類別的 initialize 方法，將量子線路中索引值為 3 的量子位元的狀態設為狀態向量 $\begin{pmatrix} \frac{1}{\sqrt{2}} \\ -\frac{1}{\sqrt{2}} \end{pmatrix}$，以狄拉克記號記為 $|-\rangle$。

- 第 10 行呼叫 Statevector 類別的 from_instruction() 方法，輸入 qc 為參數以取得 qc 量子線路中所有量子位元的量子狀態，並存在變數 state 中。

- 第 11 行使用 display(qc.draw('mpl')) 透過 Jupyter Notebook 提供的 display 函數顯示 QuantumCircuit 類別 draw 方法的執行結果，呼叫 draw 方法帶入的參數為 'mpl'，代表透過 matplotlib 套件顯示量子線路。請注意，量子線路圖中將 $\frac{1}{\sqrt{2}}$ 以浮點數表示為 0.707。

- 第 12 行使 display(state.draw('bloch')) 透過 Jupyter Notebook 提供的 display 函數顯示以下內容：呼叫屬於 Statevector 類別的 state 物件的 draw 方法，繪製顯示出所有對應 state 物件量子位元狀態的布洛赫球面。

除了使用 Statevector 類別的 draw 方法之外，我們還可以使用 plot_bloch_multivector 函數來繪製顯示出屬於 Statevector 類別的物件的所有量子位元狀態的布洛赫球面。如以下的範例程式：

In [3]:

```
1  #Program 2.3 Show Bloch sphere
2  from qiskit.quantum_info import Statevector
3  from qiskit.visualization import plot_bloch_multivector
4  state = Statevector.from_instruction(qc)
5  plot_bloch_multivector(state)
```

Out[3]:

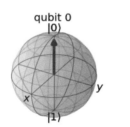 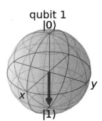 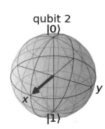 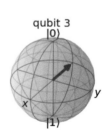

上列的程式碼說明如下：

- 第 1 行為程式編號及註解。本程式應該接續在上一個程式之後執行。

- 第 2 行使用 import 敘述引入 qiskit.quantum_info 中的 Statevector 類別

- 第 3 行使用 import 敘述引入 qiskit.visualization 中的 plot_bloch_multivector 函數

- 第 4 行呼叫 Statevector 類別的 from_instruction() 方法，輸入 qc 為參數以取得 qc 量子線路中所有量子位元的量子狀態，並存在變數 state 中。

- 第 5 行使 plot_bloch_multivector(state) 呼叫 plot_bloch_multivector 函數繪製顯示出所有對應 state 物件量子位元狀態的布洛赫球面。

2.5 量子位元內積與外積

令量子位元狀態 $|\psi\rangle = \alpha|0\rangle + \beta|1\rangle = \begin{pmatrix} \alpha \\ \beta \end{pmatrix}$，量子位元狀態 $|\phi\rangle = \gamma|0\rangle + \delta|1\rangle = \begin{pmatrix} \gamma \\ \delta \end{pmatrix}$。

$|\psi\rangle$ 與 $|\phi\rangle$ 的內積（inner product）或點積（dot product）記為 $\langle\psi| \cdot |\phi\rangle$ 或簡化記為 $\langle\psi|\phi\rangle$，其定義如下：

$$\langle\psi|\phi\rangle = \begin{pmatrix} \alpha^* & \beta^* \end{pmatrix} \begin{pmatrix} \gamma \\ \delta \end{pmatrix} = \alpha^* \gamma + \beta^* \delta$$

請注意，如本章之前所描述的，星號代表共軛（conjugate）複數操作。

另外，$|\psi\rangle$ 與 $|\phi\rangle$ 的外積（outer product）記為 $|\psi\rangle \cdot \langle\phi|$ 或簡化記為 $|\psi\rangle\langle\phi|$，其定義如下：

$$|\psi\rangle\langle\phi| = \begin{pmatrix} \alpha \\ \beta \end{pmatrix} \begin{pmatrix} \gamma^* & \delta^* \end{pmatrix} = \begin{pmatrix} \alpha\gamma^* & \alpha\delta^* \\ \beta\gamma^* & \beta\delta^* \end{pmatrix}$$

我們將在本書所介紹的演算法中使用到外積。

根據內積的定義可得 $\langle\psi|\phi\rangle = \langle\phi|\psi\rangle^*$，不過為了簡化的緣故，在此省略證明。

另外，兩個正交量子態的內積為 0，例如：

$|0\rangle$ 與 $|1\rangle$ 的內積為 $\begin{pmatrix} 1 & 0 \end{pmatrix} \begin{pmatrix} 0 \\ 1 \end{pmatrix} = 0$

$|1\rangle$ 與 $|0\rangle$ 的內積為 $\begin{pmatrix} 0 & 1 \end{pmatrix} \begin{pmatrix} 1 \\ 0 \end{pmatrix} = 0$

$|+\rangle$ 與 $|-\rangle$ 的內積為 $\begin{pmatrix} \frac{1}{\sqrt{2}} & \frac{1}{\sqrt{2}} \end{pmatrix} \begin{pmatrix} \frac{1}{\sqrt{2}} \\ \frac{-1}{\sqrt{2}} \end{pmatrix} = 0$

$|-\rangle$ 與 $|+\rangle$ 的內積為 $\begin{pmatrix} \frac{1}{\sqrt{2}} & \frac{-1}{\sqrt{2}} \end{pmatrix} \begin{pmatrix} \frac{1}{\sqrt{2}} \\ \frac{1}{\sqrt{2}} \end{pmatrix} = 0$

$|\circlearrowleft\rangle$ 與 $|\circlearrowright\rangle$ 的內積為 $\begin{pmatrix} \frac{1}{\sqrt{2}} & \frac{-i}{\sqrt{2}} \end{pmatrix} \begin{pmatrix} \frac{1}{\sqrt{2}} \\ \frac{-i}{\sqrt{2}} \end{pmatrix} = 0$

$|\circlearrowright\rangle$ 與 $|\circlearrowleft\rangle$ 的內積為 $\begin{pmatrix} \frac{1}{\sqrt{2}} & \frac{i}{\sqrt{2}} \end{pmatrix} \begin{pmatrix} \frac{1}{\sqrt{2}} \\ \frac{i}{\sqrt{2}} \end{pmatrix} = 0$

還值得注意的是，任何量子態與本身的內積為 1，例如：

$|0\rangle$ 與 $|0\rangle$ 的內積為 $\begin{pmatrix} 1 & 0 \end{pmatrix} \begin{pmatrix} 1 \\ 0 \end{pmatrix} = 1$

$|1\rangle$ 與 $|1\rangle$ 的內積為 $\begin{pmatrix} 0 & 1 \end{pmatrix} \begin{pmatrix} 0 \\ 1 \end{pmatrix} = 1$

$|+\rangle$ 與 $|+\rangle$ 的內積為 $\begin{pmatrix} \frac{1}{\sqrt{2}} & \frac{1}{\sqrt{2}} \end{pmatrix} \begin{pmatrix} \frac{1}{\sqrt{2}} \\ \frac{1}{\sqrt{2}} \end{pmatrix} = 1$

$|-\rangle$ 與 $|-\rangle$ 的內積為 $\begin{pmatrix} \frac{1}{\sqrt{2}} & \frac{-1}{\sqrt{2}} \end{pmatrix} \begin{pmatrix} \frac{1}{\sqrt{2}} \\ \frac{-1}{\sqrt{2}} \end{pmatrix} = 1$

$|\circlearrowleft\rangle$ 與 $|\circlearrowleft\rangle$ 的內積為 $\begin{pmatrix} \frac{1}{\sqrt{2}} & \frac{-i}{\sqrt{2}} \end{pmatrix} \begin{pmatrix} \frac{1}{\sqrt{2}} \\ \frac{i}{\sqrt{2}} \end{pmatrix} = 1$

$|\circlearrowright\rangle$ 與 $|\circlearrowright\rangle$ 的內積為 $\begin{pmatrix} \frac{1}{\sqrt{2}} & \frac{i}{\sqrt{2}} \end{pmatrix} \begin{pmatrix} \frac{1}{\sqrt{2}} \\ \frac{-i}{\sqrt{2}} \end{pmatrix} = 1$

2.6　量子位元測量

處於疊加狀態量子位元的狀態是無法得知的，我們必須經由測量才能推估量子位元的可能狀態，而且一旦經過測量，則量子位元的疊加狀態就馬上坍縮為本徵態。事實上，我們可以將量子位元的測量動作，視為是將量子位元狀態對本徵態進行

內積操作,也就是進行投影操作。例如,以布洛赫球面來想像,量子位元測量就是將布洛赫球面上的量子位元對 Z 軸進行投影,而投影的位置就代表測量為本徵態 |0⟩ 及本徵態 |1⟩ 的機率了。

以下我們展示兩個範例程式,每個程式都可以建構一個具有 4 個量子位元的量子線路,並使用量子位元的狀態向量來設定這 4 個量子位元的不同初始值(狀態),最後針對這 4 個量子位元進行測量之後儲存於 4 個古典的位元中。然後我們將這個量子線路透過量子電腦模擬器執行 1000 次,並繪製出這 1000 次的模擬結果,來看出不同量子位元測量結果為 '0'(即狀態為 |0⟩)或是 '1'(即狀態為 |1⟩)的機率。

In [4]:

```
 1  #Program 2.4 Measure qubit state
 2  from qiskit import QuantumCircuit,execute
 3  from qiskit.providers.aer import AerSimulator
 4  from qiskit.visualization import plot_histogram
 5  qc = QuantumCircuit(4,4)
 6  qc.initialize([1,0],0)
 7  qc.initialize([1,0],1)
 8  qc.initialize([0,1],2)
 9  qc.initialize([0,1],3)
10  qc.measure([0,1,2,3],[0,1,2,3])
11  print(qc)
12  sim=AerSimulator()
13  job=execute(qc, backend=sim, shots=1000)
14  result=job.result()
15  counts=result.get_counts(qc)
16  print("Counts:",counts)
17  plot_histogram(counts)
```

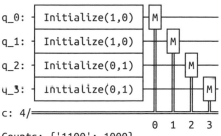

```
q_0: ─ Initialize(1,0) ─M─────────
q_1: ─ Initialize(1,0) ───M───────
q_2: ─ Initialize(0,1) ─────M─────
q_3: ─ Initialize(0,1) ───────M───
c: 4/═══════════════════╪══╪══╪══╪═
                        0  1  2  3
```

Counts: {'1100': 1000}

Out[4]:

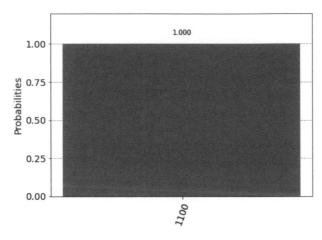

上列的程式碼說明如下：

- 第 1 行為程式編號及註解。

- 第 2 行使用 import 敘述引入 qiskit 套件中的 QuantumCircuit 類別及 execute 函數。

- 第 3 行使用 import 敘述由 qiskit.provider.aer 引入 AerSimulator 類別。

- 第 4 行使用 import 敘述由 qiskit.visualization 引入 plot_histogram 函數。

- 第 5 行使用 QuantumCircuit(4,4) 建構一個包含 4 個量子位元及 4 個古典位元的量子線路物件，儲存於 qc 變數中。

- 第 6 行使用 qc.initialize([1,0],0) 呼叫 QuantumCircuit 類別的 initialize 方法，將量子線路中索引值為 0 的量子位元的狀態設為狀態向量 $\begin{pmatrix} 1 \\ 0 \end{pmatrix}$，以狄拉克記號記為 $|0\rangle$。

- 第 7 行使用 qc.initialize([1,0],1) 呼叫 QuantumCircuit 類別的 initialize 方法，將量子線路中索引值為 1 的量子位元的狀態設為狀態向量 $\begin{pmatrix} 1 \\ 0 \end{pmatrix}$，以狄拉克記號記為 $|0\rangle$。

- 第 8 行使用 qc.initialize([0,1],2) 呼叫 QuantumCircuit 類別的 initialize 方法，將量子線路中索引值為 2 的量子位元的狀態設為狀態向量 $\begin{pmatrix} 0 \\ 1 \end{pmatrix}$，以狄拉克記號記為 $|1\rangle$。

- 第 9 行使用 qc.initialize([0,1],3) 呼叫 QuantumCircuit 類別的 initialize 方法，將量子線路中索引值為 3 的量子位元的狀態設為狀態向量 $\begin{pmatrix} 0 \\ 1 \end{pmatrix}$，以狄拉克記號記為 |1⟩。

- 第 10 行使用 QuantumCircuit 類別的 measure 方法在量子線路中加入測量單元，傳入兩個串列參數 [0,1,2,3] 及 [0,1,2,3]，以測量索引值為 0、1、2 及 3 的量子位元，並分別將測量結果儲存於索引值為 0、1、2 及 3 的古典位元。

- 第 11 行使用 print(qc) 函數顯示變數 qc 所對應的量子線路。

- 第 12 行使用 AerSimulator() 建構量子電腦模擬器物件，儲存於 sim 變數中。

- 第 13 行呼叫 execute 函數建立一個工作，儲存於 job 變數中，其中傳入參數 qc 表示要執行 qc 所對應的量子線路，backend=sim 設定在後端使用 sim 物件所指定的量子電腦模擬器，shots=1000 設定在後端量子電腦模擬器上執行量子線路 1000 次，而每次執行都測量量子位元並將測量結果儲存於古典位元中保存下來。

- 第 14 行使用 job 物件的 result 方法取得 job 物件的執行相關資訊，儲存於物件變數 result 中。執行相關資訊除了執行環境之外，也包括執行結果，也就是量子線路在量子電腦模擬器上的執行結果。

- 第 15 行使用 result 物件的 get_counts(qc) 方法取出有關量子線路各種測量結果的計數（counts），並以字典（dict）型別儲存於變數 counts 中。

- 第 16 行使用 print 函數顯示 "Counts:" 字串及字典型別變數 counts 的值，在這個程式中 counts 變數的值為 {'1100': 1000}，也就是四個量子位元的測量結果只有一種，就是 '1100'，而且其計數結果為 1000 次。請注意，qiskit 套件中有時以字串形式表示一連串的量子位元，其中索引值高的量子位元先列出（也就列在左方），而索引值低的量子位元後列出（也就列在右方）。

- 第 17 行呼叫 plot_histogram(counts) 函數，將字典型別變數 counts 中所有鍵出現的機率繪製為直方圖（histogram）。因為 counts 的鍵只有一個（也就是 '1100'），而其對應的機率為 1.0，因此直方圖中就只出現這個唯一的鍵與其對應的機率。

以上程式的 4 個量子位元的初始狀態設為本徵態 |0⟩ 或 |1⟩，基本上這兩個狀態不具有量子疊加現象，因此進行量子位元測量時都明確呈現為穩定的 |0⟩ 或 |1⟩ 狀態。以下我們展示另一個具有 4 個量子位元的量子程式：

In [5]:

```
1  #Program 2.5 Measure qubit state again
2  from qiskit import QuantumCircuit,execute
3  from qiskit.providers.aer import AerSimulator
4  from qiskit.visualization import plot_histogram
5  import math
6  qc = QuantumCircuit(4,4)
7  qc.initialize([1/math.sqrt(2), 1/math.sqrt(2)],0)
8  qc.initialize([1/math.sqrt(2), -1/math.sqrt(2)],1)
9  qc.initialize([1/math.sqrt(2), 1j/math.sqrt(2)],2)
10 qc.initialize([1/math.sqrt(2), -1j/math.sqrt(2)],3)
11 qc.measure([0,1,2,3],[0,1,2,3])
12 print(qc)
13 sim=AerSimulator()
14 job=execute(qc, backend=sim, shots=1000)
15 result=job.result()
16 counts=result.get_counts(qc)
17 print("Counts:",counts)
18 plot_histogram(counts)
```

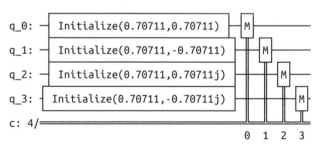

Counts: {'1001': 66, '1000': 62, '1011': 76, '0101': 61, '1100': 63, '0001': 54, '1110': 69, '0010': 69, '0111': 61, '0011': 67, '0000': 61, '1101': 57, '1010': 58, '1111': 51, '0110': 54, '0100': 71}

Out[5]:

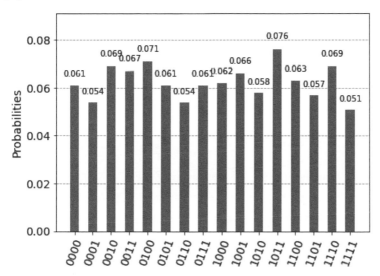

上列的程式碼說明如下：

- 第 1 行為程式編號及註解。

- 第 2 行使用 import 敘述引入 qiskit 套件中的 QuantumCircuit 類別以及 execute 函數。

- 第 3 行使用 import 敘述由 qiskit.provider.aer 引入 AerSimulator 類別。

- 第 4 行使用 import 敘述由 qiskit.visualization 引入 plot_histogram 函數。

- 第 5 行使用 import 敘述引入 math 模組。

- 第 6 行使用 QuantumCircuit(4,4) 建構一個包含 4 個量子位元及 4 個古典位元的量子線路物件，儲存於 qc 變數中。

- 第 7 行使用 qc.initialize([1/math.sqrt(2), 1/math.sqrt(2)],0) 呼叫 QuantumCircuit 類別的 initialize 方法，將量子線路中索引值為 0 的量子位元的狀態設為狀態向量 $\begin{pmatrix} \frac{1}{\sqrt{2}} \\ \frac{1}{\sqrt{2}} \end{pmatrix}$，以狄拉克記號記為 $|+\rangle$。

- 第 8 行使用 qc.initialize([1/math.sqrt(2), -1/math.sqrt(2)],1) 呼叫 QuantumCircuit 類別的 initialize 方法，將量子線路中索引值為 1 的量子位元的狀態設為狀態向量 $\begin{pmatrix} \frac{1}{\sqrt{2}} \\ \frac{-1}{\sqrt{2}} \end{pmatrix}$，以狄拉克記號記為 $|-\rangle$。

- 第 9 行使用 qc.initialize([1/math.sqrt(2), 1j/math.sqrt(2)],2) 呼叫 QuantumCircuit 類別的 initialize 方法，將量子線路中索引值為 2 的量子位元的狀態設為狀態向量 $\begin{pmatrix} \frac{1}{\sqrt{2}} \\ \frac{i}{\sqrt{2}} \end{pmatrix}$，以狄拉克記號記為 $|\circlearrowleft\rangle$。

- 第 10 行使用 qc.initialize([1/math.sqrt(2), -1j/math.sqrt(2)],3) 呼叫 QuantumCircuit 類別的 initialize 方法，將量子線路中索引值為 3 的量子位元的狀態設為狀態向量 $\begin{pmatrix} \frac{1}{\sqrt{2}} \\ \frac{-i}{\sqrt{2}} \end{pmatrix}$，以狄拉克記號記為 $|\circlearrowright\rangle$。

- 第 11 行使用 QuantumCircuit 類別的 measure 方法在量子線路中加入測量單元，傳入兩個串列參數 [0,1,2,3] 及 [0,1,2,3]，以測量索引值為 0、1、2 及 3 的量子位元，並分別將測量結果儲存於索引值為 0、1、2 及 3 的古典位元。

- 第 12 行使用 print(qc) 函數顯示變數 qc 所對應的量子線路。

- 第 13 行使用 AerSimulator() 建構量子電腦模擬器物件，儲存於 sim 變數中。

- 第 14 行呼叫 execute 函數建立一個工作，儲存於 job 變數中，其中傳入參數 qc 表示要執行 qc 所對應的量子線路，backend=sim 設定在後端使用 sim 物件所指定的量子電腦模擬器，shots=1000 設定在後端量子電腦模擬器上執行量子線路 1000 次，而每次執行都測量量子位元並將測量結果儲存於古典位元中保存下來。

- 第 15 行使用 job 物件的 result 方法取得 job 物件的執行相關資訊，儲存於物件變數 result 中。執行相關資訊除了執行環境之外，也包括執行結果，也就是量子線路在量子電腦模擬器上的執行結果。

- 第 16 行使用 result 物件的 get_counts(qc) 方法取出有關量子線路各種測量結果的計數（counts），並以字典（dict）型別儲存於變數 counts 中。

- 第 17 行使用 print 函數顯示 "Counts:" 字串及字典型別變數 counts 的值，在這個程式中 counts 變數一共有 16 個鍵，分別為四個位元的 16 種組合，而每個鍵所對應的值都不同。這些鍵在理論上應該都對應到非常接近的值，應該都很接近 1000/16，我們稍後再解釋為什麼理論上每個鍵對應的值都非常接近 1000/16。然而，因為量子態本身就帶有隨機性，而量子電腦模擬器也模擬出這個隨機性，因此這些鍵所對應的值都有一些明顯的差異，但是這個差異會隨著量子線路執行的次數的增加而逐漸減小。

- 第 18 行呼叫 plot_histogram(counts) 函數，將字典型別變數 counts 中所有鍵出現的機率繪製為直方圖（histogram）。直方圖的 X 軸依序顯示所有的鍵（最左為最小的 0000，一直到最右方為最大的 1111），而 Y 軸則是每個鍵出現的機率。

以上的量子程式中的 4 個量子位元分別以狀態向量 $\begin{pmatrix} \frac{1}{\sqrt{2}} \\ \frac{1}{\sqrt{2}} \end{pmatrix}$、$\begin{pmatrix} \frac{1}{\sqrt{2}} \\ \frac{-1}{\sqrt{2}} \end{pmatrix}$、$\begin{pmatrix} \frac{1}{\sqrt{2}} \\ \frac{i}{\sqrt{2}} \end{pmatrix}$、$\begin{pmatrix} \frac{1}{\sqrt{2}} \\ \frac{-i}{\sqrt{2}} \end{pmatrix}$ 設定其初始狀態。根據之前的理論說明，當進行量子位元測量時，這 4 個量子位元中的每一個量子位元被測量為 $|0\rangle$（為簡單起見以下記為 '0'）與 $|1\rangle$（為簡單起見以下記為 '1'）的機率都是 $(\frac{1}{\sqrt{2}})^2 = \frac{1}{2}$，也就是說都是一半的機率為 '0'，一半的機率為 '1'，所以 4 個量子位元一起被測量為 '0000'、'0001'、'0010'、...、'1111' 的機率都是 $\frac{1}{16}$。然而，因為量子態本身就帶有隨機性，因此被測量為上述任一個位元組合的機率都不是剛好是 $\frac{1}{16}$。事實上，當量子程式中的量子線路被執行的次數越多時，我們會發現上述位元組合測量結果的機率就會越接近 $\frac{1}{16}$。

2.7 結語

本章介紹量子位元的疊加態、方便表達量子位元疊加態的狄拉克記號、量子位元狀態向量、量子位元狀態測量以及量子位元布洛赫球面。為介紹上述的觀念，本章展示幾個範例程式，設計出具有多個量子位元的量子線路，而且設定這些量子位元的初始狀態，並顯示出它們對應的布洛赫球面。處於疊加狀態的量子位元的狀態是無法得知的，因為一旦我們開始觀察或測量量子位元，它的疊加狀態就馬上坍縮為本徵態了。本章也展示範例程式說明如何透過量子位元測量來獲知量子位元最可能的疊加狀態。事實上，我們可以將對量子位元的測量動作視為是將布洛赫球面上的量子位元對 Z 軸進行投影，而投影的位置就代表測量為本徵態 $|0\rangle$ 及本徵態 $|1\rangle$ 的機率了。

若我們能夠操作量子位元的疊加態，或可以想像成若我們可以控制量子位元在布洛赫球面上的位置，那我們就可以控制量子位元在測量時坍縮為（被測量為）$|0\rangle$ 或是 $|1\rangle$ 的機率了。我們稍後會說明，這樣的控制其實是可以構成計算能力的；實際上，這些控制均以量子閘（quantum gate）的方式呈現。在下一章，我們就開始

介紹一些作用在單一量子位元的常見量子閘,並展示範例程式說明如何將量子閘加入量子線路中。

練習

練習 2.1

考慮一個包含 4 個量子位元的量子線路,假設其量子位元的初始狀態為 $|\psi\rangle = |+-\circlearrowleft\circlearrowright\rangle$。請寫出量子程式以文字模式顯示量子線路,然後以布洛赫球面顯示量子線路中 4 個量子位元的狀態。

練習 2.2

考慮一個包含 4 個量子位元的量子線路,假設其量子位元初始狀態 $|\psi_1\psi_2\psi_3\psi_4\rangle$,其中 $|\psi_1\rangle = \begin{pmatrix} -\frac{1}{2} \\ -\frac{\sqrt{3}}{2}i \end{pmatrix}$、$|\psi_2\rangle = \begin{pmatrix} \frac{2}{3}i \\ \frac{\sqrt{5}}{3} \end{pmatrix}$、$|\psi_3\rangle = \begin{pmatrix} \frac{1}{4} \\ -\frac{\sqrt{15}}{4} \end{pmatrix}$、$|\psi_4\rangle = \begin{pmatrix} -\frac{3}{4}i \\ \frac{\sqrt{7}}{4}i \end{pmatrix}$。
請寫出量子程式以文字模式顯示量子線路,然後以布洛赫球面的方式顯示量子線路中 4 個量子位元的狀態。

練習 2.3

考慮一個包含 2 個量子位元的量子線路,假設其量子位元的初始狀態為 $|\psi_1\psi_2\rangle$,其中 $|\psi_1\rangle = \begin{pmatrix} \frac{1}{3} + \frac{2}{3}i \\ \frac{\sqrt{3}}{3} + \frac{1}{3}i \end{pmatrix}$、$|\psi_2\rangle = \begin{pmatrix} \frac{1}{5} - \frac{2}{5}i \\ \frac{-2}{5} - \frac{4}{5}i \end{pmatrix}$。
請寫出量子程式以文字模式顯示量子線路,然後以布洛赫球面顯示量子線路中 2 個量子位元的狀態。

練習 2.4

考慮一個包含 1 個量子位元及 1 個古典位元的量子線路,假設其量子位元的初始狀態為 $|\psi\rangle = \begin{pmatrix} \frac{1}{3} + \frac{2}{3}i \\ \frac{\sqrt{3}}{3} + \frac{1}{3}i \end{pmatrix}$。

請寫出量子程式測量量子位元的狀態儲存於古典位元，以文字模式顯示量子線路，然後以量子電腦模擬器執行量子線路 1000 次，最後顯示量子位元狀態出現的次數。請仔細觀察出現狀態 $|0\rangle$ 的機率是否接近 $\dfrac{5}{9}$，而出現狀態 $|1\rangle$ 的機率是否接近 $\dfrac{4}{9}$。

練習 2.5

考慮一個包含 1 個量子位元及 1 個古典位元的量子線路，假設其量子位元的初始狀態 1 為 $|\psi\rangle = \begin{pmatrix} \frac{1}{3} + \frac{2}{3}i \\ \frac{\sqrt{3}}{3} + \frac{1}{3}i \end{pmatrix}$。

請寫出量子程式測量量子位元的狀態儲存於古典位元，以文字模式顯示量子線路，然後任意選擇一部 IBM Q 量子電腦執行這個量子線路 1000 次，最後顯示量子位元狀態出現的次數。請仔細觀察出現狀態 $|0\rangle$ 的機率是否接近 $\dfrac{5}{9}$，而出現狀態 $|1\rangle$ 的機率是否接近 $\dfrac{4}{9}$。

3 量子閘程式設計

前一章中介紹如何直接設定量子位元的初始狀態，本章則開始介紹如何使用量子閘改變量子位元的狀態。當我們能夠以各種不同方式控制量子位元的狀態時，就能夠以量子位元為基礎達成不同型式的計算。量子閘可以分為單量子位元量子閘以及多量子位元量子閘（包括雙量子位元量子閘、三量子位元量子閘、...），本章將先介紹重要的單量子位元量子閘，包括 X 閘、H 閘、Y 閘、Z 閘、Rx 閘、Ry 閘、Rz 閘、P 閘、S 閘、T 閘、I 閘及 U 閘。另外，本章也介紹與量子閘相關的么正矩陣（unitary matrix）概念，以及可以表達多個並聯量子位元狀態的張量積（tensor product）操作。

3.1　單量子位元反閘

本節介紹一個最簡單的單量子位元量子閘——X 閘。X 閘又稱為反閘（NOT 閘），相當於古典的邏輯反閘，有時也被稱為位元反轉（bit-flip）閘，其記號為 ⊕。X 閘針對一個量子位元進行操作，映射 |0⟩ 至 |1⟩ 並且映射 |1⟩ 至 |0⟩，也就是說，可以將量子位元狀態 |0⟩ 翻轉為 |1⟩ 以及將量子位元狀態 |1⟩ 翻轉為 |0⟩。稍後我們會說明，X 閘作用的結果會將量子位元測量為 |0⟩ 與測量為 |1⟩ 的機率對調。

以下的範例程式說明 X 閘的用：

In [1]:

```
1 #Program 3.1a Apply X-gate to qubit
2 from qiskit import QuantumCircuit
3 qc = QuantumCircuit(2)
4 qc.x(1)
5 qc.draw('mpl')
```

Out[1]:

q_0 ————————

q_1 — X —

上列的程式碼說明如下：

- 第 1 行為程式編號及註解。

- 第 2 行使用 import 敘述引入 qiskit 套件中的 QuantumCircuit 類別。

- 第 3 行使用 QuantumCircuit(2) 建構一個包含 2 個量子位元的量子線路物件，
  儲存於 qc 變數中。

- 第 4 行使用 qc.x(1) 呼叫 QuantumCircuit 類別的 x 方法，將量子線路中索引值
  為 1 的量子位元進行 X 閘運算（或操作）。

- 第 5 行使用 qc.draw('mpl') 呼叫 QuantumCircuit 類別的 draw 方法，並帶入參
  數 'mpl'，代表透過 matplotlib 套件顯示量子線路。

我們再透過以下的程式碼，將兩個量子位元的布洛赫球面顯示出來，以方便讀者
看出量子 X 閘的作用。

In [2]:

```
1 #Program 3.1b Show Bloch sphere of qubit w/wo X-gate
2 from qiskit.quantum_info import Statevector
3 state = Statevector.from_instruction(qc)
4 state.draw('bloch')
```

Out[2]:

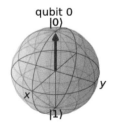
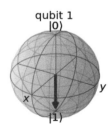

上列的程式碼說明如下：

- 第 1 行為程式編號及註解，程式編號為 3.1b 代表這段程式碼是接續編號為 3.1a 的程式碼之後執行的。

- 第 2 行使用 import 敘述引入 qiskit.quantum_info 中的 Statevector 類別

- 第 3 行呼叫 Statevector 類別的 from_instruction() 方法，輸入 qc 為參數以取得 qc 量子線路中所有量子位元的量子狀態，並存在變數 state 中。

- 第 4 行使 state.draw('bloch') 呼叫屬於 Statevector 類別的 state 物件的 draw 方法，繪製顯示出所有對應 state 物件量子位元狀態的布洛赫球面。

透過布洛赫球面，我們可以很容易看清楚：量子位元 qubit 0（索引值為 0 的量子位元）的初始狀態為 |0⟩，因為沒有經過任何量子閘的操作，因此它的狀態仍然是 |0⟩；雖然量子位元 qubit 1（索引值為 1 的量子位元）的初始狀態也是 |0⟩，但是經過量子 X 閘的操作，因此量子位元 qubit 1 的狀態成為 |1⟩。透過布洛赫球面我們可以很清楚看出，透過量子 X 閘的操作就是將量子位元在布洛赫球面上的對應向量對 X 軸進行翻轉，也就是旋轉 180 度或 π 弳，這個操作會將量子位元的對應向量由 |0⟩ 轉向 |1⟩，當然也會將量子位元的對應向量由 |1⟩ 轉向 |0⟩。

如前所述，X 閘也可以視為是將量子位元測量為 |0⟩ 與測量為 |1⟩ 的機率對調。以下我們再透過兩個範例程式來看出量子位元經過 X 閘之後，其測量為 |0⟩ 與測量為 |1⟩ 的機率對調現象。

In [3]:

```
1  #Program 3.2a Measure state of qubit w/o X-gate
2  from qiskit import QuantumCircuit,execute
3  from qiskit.providers.aer import AerSimulator
4  from qiskit.visualization import plot_histogram
5  import math
6  qc = QuantumCircuit(1,1)
7  qc.initialize([math.sqrt(1/3), math.sqrt(2/3)],0)
8  qc.measure([0],[0])
9  print(qc)
10 sim=AerSimulator()
11 job=execute(qc, backend=sim, shots=1000)
12 result=job.result()
13 counts=result.get_counts(qc)
```

```
14 print("Counts:",counts)
15 plot_histogram(counts)
```

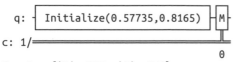

```
Counts: {'0': 325, '1': 675}
```

Out[3]:

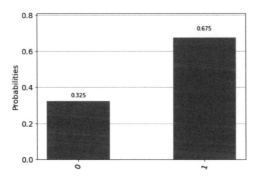

上列的程式碼說明如下：

- 第 1 行為程式編號及註解。

- 第 2 行使用 import 敘述引入 qiskit 套件中的 QuantumCircuit 類別以及 execute 函數。

- 第 3 行使用 import 敘述由 qiskit.provider.aer 引入 AerSimulator 類別。

- 第 4 行使用 import 敘述由 qiskit.visualization 引入 plot_histogram 函數。

- 第 5 行使用 import 敘述引入 math 模組。

- 第 6 行使用 QuantumCircuit(1,1) 建構一個包含 1 個量子位元及 1 個古典位元的量子線路物件，儲存於 qc 變數中。

- 第 7 行 使 用 qc.initialize([1/math.sqrt(1/3), 1/math.sqrt(2/3)],0) 呼 叫 QuantumCircuit 類別的 initialize 方法，將量子線路中索引值為 0 的量子位元的狀態設為狀態向量 $\begin{pmatrix} \sqrt{\frac{1}{3}} \\ \sqrt{\frac{2}{3}} \end{pmatrix}$，以狄拉克記號記為 $\sqrt{\frac{1}{3}}|0\rangle + \sqrt{\frac{2}{3}}|1\rangle$。

- 第 8 行使用 QuantumCircuit 類別的 measure 方法在量子線路中加入測量單元，傳入兩個串列參數 [0] 及 [0]，以測量索引值為 0 的量子位元，並將測量結果儲存於索引值為 0 的古典位元。

- 第 9 行使用 print(qc) 函數顯示變數 qc 所對應的量子線路。請注意，$\sqrt{\dfrac{1}{3}}$ 以浮點數 0.57735 表示，而 $\sqrt{\dfrac{2}{3}}$ 以浮點數 0.8165 表示。

- 第 10 行使用 AerSimulator() 建構量子電腦模擬器物件，儲存於 sim 變數中。

- 第 11 行呼叫 execute 函數建立一個工作，儲存於 job 變數中，其中傳入參數 qc 表示要執行 qc 所對應的量子線路，backend=sim 設定在後端使用 sim 物件所指定的量子電腦模擬器，shots=1000 設定在後端量子電腦模擬器上執行量子線路 1000 次，而每次執行都測量量子位元並將測量結果儲存於古典位元中保存下來。

- 第 12 行使用 job 物件的 result 方法取得 job 物件的執行相關資訊，儲存於物件變數 result 中。執行相關資訊除了執行環境之外，也包括執行結果，也就是量子線路在量子電腦模擬器上的執行結果。

- 第 13 行使用 result 物件的 get_counts(qc) 方法取出有關量子線路各種測量結果的計數（counts），並以字典（dict）型別儲存於變數 counts 中。

- 第 14 行使用 print 函數顯示 "Counts:" 字串及字典型別變數 counts 的值，在這個程式中 counts 變數一共有 2 個鍵，代表 1 個量子位元的 2 種可能測量結果，一個鍵是 '0'（也就是代表測量為 |0⟩），其對應的值為 325，接近 1000/3；而另一個鍵是 '1'（也就是代表測量為 |1⟩），其對應的值為 675，接近 1000×2/3。這些鍵在理論上應該都對應到非常接近 1000/3 與 1000×2/3 的值。然而，因為量子態本身就帶有隨機性，而量子電腦模擬器也模擬出這個隨機性，因此這些鍵所對應的值都有一些明顯的差異，但是這個差異會隨著量子線路執行的次數的增加而逐漸減小。

- 第 15 行呼叫 plot_histogram(counts) 函數，將字典型別變數 counts 中所有鍵出現的機率繪製為直方圖（histogram）。直方圖的 X 軸依序顯示所有的鍵（左方為 0，右方為 1），而 Y 軸則是每個鍵出現的機率。

In [4]:

```
1  #Program 3.2b Measure state of qubit w/ X-gate
2  from qiskit import QuantumCircuit,execute
3  from qiskit.providers.aer import AerSimulator
4  from qiskit.visualization import plot_histogram
5  import math
6  qc = QuantumCircuit(1,1)
7  qc.initialize([math.sqrt(1/3), math.sqrt(2/3)],0)
8  qc.x(0)
9  qc.measure([0],[0])
10 print(qc)
11 sim=AerSimulator()
12 job=execute(qc, backend=sim, shots=1000)
13 result=job.result()
14 counts=result.get_counts(qc)
15 print("Counts:",counts)
16 plot_histogram(counts)
```

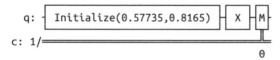

Counts: {'1': 308, '0': 692}

Out[4]:

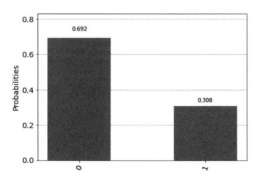

上列的程式碼說明如下：

- 第 1 行為程式編號及註解。程式 3.2a 與程式 3.2b 執行的先後次序沒有限制，
  它們的編號只是呈現它們是對照用的兩個程式。

- 第 2 行使用 import 敘述引入 qiskit 套件中的 QuantumCircuit 類別以及 execute 函數。

- 第 3 行使用 import 敘述由 qiskit.provider.aer 引入 AerSimulator 類別。

- 第 4 行使用 import 敘述由 qiskit.visualization 引入 plot_histogram 函數。

- 第 5 行使用 import 敘述引入 math 模組。

- 第 6 行使用 QuantumCircuit(1,1) 建構一個包含 1 個量子位元及 1 個古典位元的量子線路物件，儲存於 qc 變數中。

- 第 7 行使用 qc.initialize([math.sqrt(1/3), math.sqrt(2/3)],0) 呼叫 QuantumCircuit 類別的 initialize 方法，將量子線路中索引值為 0 的量子位元的狀態設為狀態向量 $\begin{pmatrix} \sqrt{\frac{1}{3}} \\ \sqrt{\frac{2}{3}} \end{pmatrix}$，以狄拉克記號記為 $\sqrt{\frac{1}{3}}|0\rangle + \sqrt{\frac{2}{3}}|1\rangle$。

- 第 8 行使用 qc.x(0) 呼叫 QuantumCircuit 類別的 x 方法，將量子線路中索引值為 0 的量子位元進行 X 閘運算。

- 第 9 行使用 QuantumCircuit 類別的 measure 方法在量子線路中加入測量單元，傳入兩個串列參數 [0] 及 [0]，以測量索引值為 0 的量子位元，並將測量結果儲存於索引值為 0 的古典位元。

- 第 10 行使用 print(qc) 函數顯示變數 qc 所對應的量子線路。請注意，$\sqrt{\frac{1}{3}}$ 以浮點數 0.57735 表示，而 $\sqrt{\frac{2}{3}}$ 以浮點數 0.8165 表示。

- 第 11 行使用 AerSimulator() 建構量子電腦模擬器物件，儲存於 sim 變數中。

- 第 12 行呼叫 execute 函數建立一個工作，儲存於 job 變數中，其中傳入參數 qc 表示要執行 qc 所對應的量子線路，backend=sim 設定在後端使用 sim 物件所指定的量子電腦模擬器，shots=1000 設定在後端量子電腦模擬器上執行量子線路 1000 次，而每次執行都測量量子位元並將測量結果儲存於古典位元中保存下來。

- 第 13 行使用 job 物件的 result 方法取得 job 物件的執行相關資訊，儲存於物件變數 result 中。執行相關資訊除了執行環境之外，也包括執行結果，也就是量子線路在量子電腦模擬器上的執行結果。

- 第 14 行使用 result 物件的 get_counts(qc) 方法取出有關量子線路各種量測結果的計數（counts），並以字典（dict）型別儲存於變數 counts 中。

- 第 15 行使用 print 函數顯示 "Counts:" 字串及字典型別變數 counts 的值，在這個程式中 counts 變數一共有 2 個鍵，代表 1 個量子位元的 2 種可能測量結果，一個鍵是 '0'（也就是代表測量為 |0⟩），其對應的值為 692，接近 1000×2/3；而另一個鍵是 '1'（也就是代表測量為 |1⟩），其對應的值為 308，接近 1000/3。這些鍵在理論上應該對應到非常接近 1000×2/3 與 1000/3 的值。然而，因為量子態本身就帶有隨機性，而量子電腦模擬器也模擬出這個隨機性，因此這些量子位元測量的統計次數與理論數值有些微差異，但是這差異會隨著量子線路執行的次數的增加而逐漸減小。撇開因為量子態的機率性所造成的量子位元測量統計次數與理論數值的差異不談，讀者應該可以注意到，以上兩個範例程式執行結果中測量為 '0' 與測量為 '1' 的次數已經對調了。

- 第 18 行呼叫 plot_histogram(counts) 函數，將字典型別變數 counts 中所有鍵出現的機率繪製為直方圖（histogram）。透過直方圖，我們就更容易看清楚量子 X 閘的操作可以將量子位元測量為 '0' 與測量為 '1' 的機率對調。

以上已經介紹量子 X 閘以及如何針對量子 X 閘進行程式設計。如前所述，因為 X 閘的操作，可以將量子位元狀態 |0⟩ 翻轉為 |1⟩，以及將量子位元狀態 |1⟩ 翻轉為 |0⟩，或是更一般性的說，可以將量子位元測量為 '0' 與測量為 '1' 的機率對調，因此 X 閘也稱為 NOT 閘。實際上，X 閘也稱為包立 X(Pauli-X) 閘，因為這個閘的操作與奧地利物理學家沃夫岡·包立（德語：Wolfgang Pauli）有關。以下本章將再介紹更多的量子閘，包括包立 -Y 閘（簡稱 Y 閘）、包立 -Z 閘（簡稱 Z 閘）、旋轉 X 閘（簡稱 Rx 閘）、旋轉 Y 閘（簡稱 Ry 閘）、旋轉 Z 閘（簡稱 Rz 閘）、H 閘、P 閘、S 閘、T 閘、I 閘及 U 閘。在介紹這些不同的量子閘之前，我們要先介紹一個重要的概念——么正矩陣，藉以幫助讀者充分了解量子閘的運作。

3.2 么正矩陣

量子閘的運作可以使用么正矩陣（unitary matrix）來明確表示，以下介紹么正矩陣的基本概念。

么正矩陣又音譯為酉矩陣，是一個複數矩陣，由實數空間的正交矩陣（orthogonal matrix）推廣而來的。以下是么正矩陣的定義：

一個複數 $n \times n$ 方塊（square）矩陣 $\mathbb{U}$ 為么正矩陣，若且唯若

$$\mathbb{U}^\dagger \mathbb{U} = \mathbb{U}\mathbb{U}^\dagger = \mathbb{I}_n$$

其中 $\mathbb{U}^\dagger$ 代表 $\mathbb{U}$ 的共軛轉置（conjugate transpose）矩陣，而 $\mathbb{I}_n$ 為 $n \times n$ 單位矩陣（identity matrix），也就是主對角線（main diagonal）元素為 1，其餘元素為 0 的方塊矩陣。

根據以上的定義，么正矩陣亦必定可逆，且其逆矩陣等於其共軛轉置矩陣。也就是說：

$$\mathbb{U}^{-1} = \mathbb{U}^\dagger$$

以下是一個么正矩陣的範例：

$$\mathbb{U} = \begin{pmatrix} -\frac{i}{\sqrt{2}} & \frac{1}{\sqrt{2}} \\ \frac{i}{\sqrt{2}} & \frac{1}{\sqrt{2}} \end{pmatrix}$$

以下驗證 $\mathbb{U}$ 確實為一個么正矩陣：

$$\mathbb{U}^\dagger \mathbb{U} = \begin{pmatrix} \frac{i}{\sqrt{2}} & \frac{i}{\sqrt{2}} \\ \frac{1}{\sqrt{2}} & \frac{1}{\sqrt{2}} \end{pmatrix}\begin{pmatrix} -\frac{i}{\sqrt{2}} & \frac{1}{\sqrt{2}} \\ \frac{i}{\sqrt{2}} & \frac{1}{\sqrt{2}} \end{pmatrix} = \begin{pmatrix} 1 & 0 \\ 0 & 1 \end{pmatrix}$$

$$\mathbb{U}\mathbb{U}^\dagger = \begin{pmatrix} -\frac{i}{\sqrt{2}} & \frac{1}{\sqrt{2}} \\ \frac{i}{\sqrt{2}} & \frac{1}{\sqrt{2}} \end{pmatrix}\begin{pmatrix} \frac{i}{\sqrt{2}} & -\frac{i}{\sqrt{2}} \\ \frac{1}{\sqrt{2}} & \frac{1}{\sqrt{2}} \end{pmatrix} = \begin{pmatrix} 1 & 0 \\ 0 & 1 \end{pmatrix}$$

常見的傳統古典邏輯閘，如且閘（AND gate）、或閘（OR gate）及反閘（NOT gate），是針對一個或兩個位元進行操作；而常見的量子閘也是針對一個、兩個或數個量子位元進行操作。大多數的古典邏輯閘不可逆，其輸入與輸出的位元數量通常不同；而量子閘可逆，因此其輸入與輸出的量子位元數一定相同。如前所述，量子閘可以使用么正矩陣表示，么正矩陣為可逆的。操作 k 個量子位元的量子閘可以用 $2^k \times 2^k$ 的么正矩陣表示。一個量子閘輸入跟輸出的量子位元數量必須相等，而其運算操作可以透過代表量子閘的么正矩陣與代表量子位元狀態的狀態向量的乘積來表示。

圖 3.1 顯示常見的量子閘、其對應的線路圖形以及對應的么正矩陣：

Operator	Gate(s)	Matrix
Pauli-X (X)	X $\oplus$	$\begin{bmatrix} 0 & 1 \\ 1 & 0 \end{bmatrix}$
Pauli-Y (Y)	Y	$\begin{bmatrix} 0 & -i \\ i & 0 \end{bmatrix}$
Pauli-Z (Z)	Z	$\begin{bmatrix} 1 & 0 \\ 0 & -1 \end{bmatrix}$
Hadamard (H)	H	$\frac{1}{\sqrt{2}}\begin{bmatrix} 1 & 1 \\ 1 & -1 \end{bmatrix}$
Phase (S, P)	S	$\begin{bmatrix} 1 & 0 \\ 0 & i \end{bmatrix}$
$\pi/8$ (T)	T	$\begin{bmatrix} 1 & 0 \\ 0 & e^{i\pi/4} \end{bmatrix}$
Controlled Not (CNOT, CX)		$\begin{bmatrix} 1 & 0 & 0 & 0 \\ 0 & 1 & 0 & 0 \\ 0 & 0 & 0 & 1 \\ 0 & 0 & 1 & 0 \end{bmatrix}$
Controlled Z (CZ)	Z	$\begin{bmatrix} 1 & 0 & 0 & 0 \\ 0 & 1 & 0 & 0 \\ 0 & 0 & 1 & 0 \\ 0 & 0 & 0 & -1 \end{bmatrix}$
SWAP		$\begin{bmatrix} 1 & 0 & 0 & 0 \\ 0 & 0 & 1 & 0 \\ 0 & 1 & 0 & 0 \\ 0 & 0 & 0 & 1 \end{bmatrix}$
Toffoli (CCNOT, CCX, TOFF)		$\begin{bmatrix} 1 & 0 & 0 & 0 & 0 & 0 & 0 & 0 \\ 0 & 1 & 0 & 0 & 0 & 0 & 0 & 0 \\ 0 & 0 & 1 & 0 & 0 & 0 & 0 & 0 \\ 0 & 0 & 0 & 1 & 0 & 0 & 0 & 0 \\ 0 & 0 & 0 & 0 & 1 & 0 & 0 & 0 \\ 0 & 0 & 0 & 0 & 0 & 1 & 0 & 0 \\ 0 & 0 & 0 & 0 & 0 & 0 & 0 & 1 \\ 0 & 0 & 0 & 0 & 0 & 0 & 1 & 0 \end{bmatrix}$

圖 3.1 常見的量子閘、其對應的線路圖形以及對應的么正矩陣（圖片來源：
*https://upload.wikimedia.org/wikipedia/commons/e/e0/Quantum_Logic_
Gates.png*, by Rxtreme, CC BY-SA 4.0）

3.3 重要單量子位元量子閘

以下詳細介紹兩個列在圖 3.1 中重要的單量子位元量子閘，包括剛剛介紹過的 X 閘與另一個重要的單量子位元量子 H 閘。

比照古典計算模式下的古典邏輯閘真值表（truth table），我們也可以列出 X 閘的真值表，如下所列：

Input	Output
0	1
1	0

不過真值表僅由量子位元本徵態的角度表達量子位元狀態的改變，對於處於疊加狀態的量子位元則無法明確表示其狀態的改變情形。相反的，不管量子位元是處於本徵態還是處於疊加態，我們都可以透過量子閘的么正矩陣來明確描述量子位元的狀態經過量子閘操作的改變情形。一般而言，我們幾乎都使用么正矩陣來描述量子閘，而較少使用或不使用真值表來描述量子閘。

以下透過么正矩陣再一次描述 X 閘，X 閘的么正矩陣如下所示：

$$X = \begin{pmatrix} 0 & 1 \\ 1 & 0 \end{pmatrix}$$

一個處於疊加狀態的量子位元 $\alpha|0\rangle + \beta|1\rangle$，在經過 X 閘操作（或運算）後變成 $\beta|0\rangle + \alpha|1\rangle$，驗證如下：

$$X \begin{pmatrix} \alpha \\ \beta \end{pmatrix} = \begin{pmatrix} 0 & 1 \\ 1 & 0 \end{pmatrix} \begin{pmatrix} \alpha \\ \beta \end{pmatrix} = \begin{pmatrix} \beta \\ \alpha \end{pmatrix}$$

透過么正矩陣的解釋，我們很容易理解為什麼 X 閘作用的結果會將量子位元測量為 $|0\rangle$ 與測量為 $|1\rangle$ 的機率對調。這也是使用么正矩陣可以清楚明確描述量子閘的一個例證。

以下再介紹一個重要的量子閘——H 閘,也就是哈達馬閘(Hadamard gate)。這是一個可以將量子位元由本徵態轉變為疊加態的重要量子閘。我們先透過以下幾個範例程式展示 H 閘的應用。

In [5]:

```
1  #Program 3.3a Apply X-gate and H-gate to qubit
2  from qiskit import QuantumCircuit
3  import math
4  qc = QuantumCircuit(4)
5  qc.initialize([1/math.sqrt(2), 1/math.sqrt(2)],0)
6  qc.initialize([1/math.sqrt(2), -1/math.sqrt(2)],1)
7  qc.h(2)
8  qc.x(3)
9  qc.h(3)
10 qc.draw('mpl')
```

Out[5]:

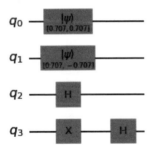

上列的程式碼說明如下:

- 第 1 行為程式編號及註解。

- 第 2 行使用 import 敘述引入 qiskit 套件中的 QuantumCircuit 類別。

- 第 3 行使用 import 敘述引入 math 模組。

- 第 4 行使用 QuantumCircuit(4) 建構一個包含 4 個量子位元的量子線路物件,儲存於 qc 變數中。

- 第 5 行使用 qc.initialize([1/math.sqrt(2), 1/math.sqrt(2)],0) 呼叫 QuantumCircuit 類別的 initialize 方法,將量子線路中索引值為 0 的量子位元的狀態設為狀態向量 $\begin{pmatrix} \frac{1}{\sqrt{2}} \\ \frac{1}{\sqrt{2}} \end{pmatrix}$,以狄拉克記號記為 $|+\rangle$。

- 第 6 行使用 qc.initialize([1/math.sqrt(2), -1/math.sqrt(2)],1) 呼叫 QuantumCircuit 類別的 initialize 方法，將量子線路中索引值為 1 的量子位元的狀態設為狀態向量 $\begin{pmatrix} \frac{1}{\sqrt{2}} \\ -\frac{1}{\sqrt{2}} \end{pmatrix}$，以狄拉克記號記為 $|-\rangle$。

- 第 7 行使用 qc.h(2) 呼叫 QuantumCircuit 類別的 h 方法，針對量子線路中索引值為 2 的量子位元進行 H 閘操作。

- 第 8 行使用 qc.x(3) 呼叫 QuantumCircuit 類別的 x 方法，針對量子線路中索引值為 3 的量子位元進行 X 閘操作。

- 第 9 行使用 qc.h(3) 呼叫 QuantumCircuit 類別的 h 方法，針對量子線路中索引值為 3 的量子位元進行 H 閘操作。

- 第 10 行使用 qc.draw('mpl') 呼叫 QuantumCircuit 類別的 draw 方法，並帶入參數 'mpl'，代表透過 matplotlib 套件顯示量子線路。請注意，量子線路圖中將 $\frac{1}{\sqrt{2}}$ 以浮點數表示為 0.707。

以下範例程式顯示 4 個量子位元的布洛赫球面：

In [6]:

```
1 #Program 3.3b Show Bloch sphere of qubit w/ X-gate and H-gate
2 from qiskit.quantum_info import Statevector
3 state = Statevector.from_instruction(qc)
4 state.draw('bloch')
```

Out[6]:

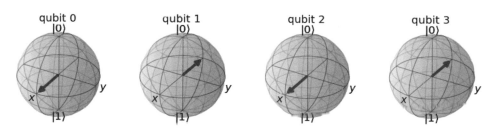

上列的程式碼說明如下：

- 第 1 行為程式編號及註解，程式編號為 3.3b 代表這段程式碼是接續編號為 3.3a 的程式碼之後執行的。

- 第 2 行使用 import 敘述引入 qiskit.quantum_info 中的 Statevector 類別

- 第 3 行呼叫 Statevector 類別的 from_instruction() 方法，輸入 qc 為參數以取得量子線路 qc 中所有量子位元的量子狀態，並存在變數 state 中。

- 第 4 行使 state.draw('bloch') 呼叫屬於 Statevector 類別的 state 物件的 draw 方法，繪製顯示出所有對應 state 物件量子位元狀態的布洛赫球面。

由上列的程式碼所顯示的 4 個量子位元布洛赫球面可以發現，量子位元 q_0 與量子位元 q_2 的狀態完全相同，而量子位元 q_1 則與量子位元 q_3 的狀態完全相同。以下我們深入介紹 H 閘的運作細節，如此讀者就很容易了解以下道理：

量子位元 q_0 處於狀態 $|+\rangle = \dfrac{|0\rangle + |1\rangle}{\sqrt{2}}$，可以由 $|0\rangle$ 透過 H 閘轉變而來，也就相當於是量子位元 q_2 的狀態；而量子位元 q_1 處於狀態 $|-\rangle = \dfrac{|0\rangle - |1\rangle}{\sqrt{2}}$，可以由 $|1\rangle$ 透過 H 閘轉變而來，也就相當於是量子位元 q_3 的狀態。

哈達馬閘（Hadamard gate）簡稱 H 閘（H gate）。H 閘也針對一個量子位元進行操作，將本徵態 $|0\rangle$ 轉變為 $|+\rangle = \dfrac{|0\rangle + |1\rangle}{\sqrt{2}}$，並且將本徵態 $|1\rangle$ 轉變為 $|-\rangle = \dfrac{|0\rangle - |1\rangle}{\sqrt{2}}$。另一方面，H 閘也可將 $|+\rangle$ 轉變回 $|0\rangle$，將 $|-\rangle$ 轉變回 $|1\rangle$。請注意，量子位元 $|+\rangle$ 狀態與量子位元 $|-\rangle$ 狀態在進行量子狀態測量時，它們被測量為 $|0\rangle$ 與被測量為 $|1\rangle$ 的機率都是 $(\dfrac{1}{\sqrt{2}})^2 = \dfrac{1}{2} = 0.5$。

H 閘的么正矩陣如下所示：

$$H = \frac{1}{\sqrt{2}}\begin{pmatrix} 1 & 1 \\ 1 & -1 \end{pmatrix}$$

H 閘可以用來產生量子位元的均勻疊加狀態，其作法如下：假設有 n 個量子位元，則只要在每個量子位元加上一個 H 閘就可以產生量子位元的均勻疊加狀態，如下圖所示：

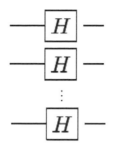

n 個量子位元並聯進行 H 閘操作的情形，可以透過矩陣張量積的形式來表示如下：

$$H \otimes \cdots \otimes H = \bigotimes_{1}^{n} = H^{\otimes n}$$

以雙量子位元 $|00\rangle$ 為例，我們可得：

$$H \otimes H |00\rangle = H^{\otimes 2}|00\rangle = \left(\frac{1}{\sqrt{2}} \begin{pmatrix} 1 & 1 \\ 1 & -1 \end{pmatrix} \right) \otimes \left(\frac{1}{\sqrt{2}} \begin{pmatrix} 1 & 1 \\ 1 & -1 \end{pmatrix} \right) |00\rangle$$

$$= \frac{1}{2} \begin{pmatrix} 1 & 1 & 1 & 1 \\ 1 & -1 & 1 & -1 \\ 1 & 1 & -1 & -1 \\ 1 & -1 & -1 & 1 \end{pmatrix} \begin{pmatrix} 1 \\ 0 \\ 0 \\ 0 \end{pmatrix} = \frac{1}{2} \begin{pmatrix} 1 \\ 1 \\ 1 \\ 1 \end{pmatrix} = \frac{1}{2} (|00\rangle + |01\rangle + |10\rangle + |11\rangle)$$

在以上的說明中使用到多量子位元狄拉克記號表示法以及張量積，以下我們先說明多量子位元的狄拉克記號表示法，然後再說明張量積。

針對 1 個量子位元、2 個量子位元以及 n 個量子位元的標準基底，可以透過狄拉克記號表示，如下所示：

- 單量子位元：

  狄拉克記號表示法（二進位）：$|0\rangle$、$|1\rangle$
  狄拉克記號表示法（十進位）：$|0\rangle$、$|1\rangle$

- 雙量子位元：

  狄拉克記號表示法（二進位）：$|00\rangle$、$|01\rangle$、$|10\rangle$、$|11\rangle$
  狄拉克記號表示法（十進位）：$|0\rangle$、$|1\rangle$、$|2\rangle$、$|3\rangle$

- n 量子位元：

    狄拉克記號表示法（二進位）：$|00 \cdots 00\rangle$、$|00 \cdots 01\rangle$、$|00 \cdots 10\rangle$ . . .、$|00 \cdots 11\rangle$

    狄拉克記號表示法（十進位）：$|0\rangle$、$|1\rangle$、$|2\rangle$、$|3\rangle$、...、$|2^n - 1\rangle$

如前所述，一個單一的量子位元狀態 $|a\rangle$ 可以使用狄拉克記號描述為

$$|a\rangle = a_0|0\rangle + a_1|1\rangle = \begin{pmatrix} a_0 \\ a_1 \end{pmatrix}$$

上式中，$a_0, a_1 \in \mathbb{C}$ 是兩個複數係數，$|a_0|^2$ 是量子位元量測為 $|0\rangle$ 的機率、$|a_1|^2$ 是量子位元量測為 $|1\rangle$ 的機率，$|a_0|^2 + |a_1|^2 = 1$。

由以上說明可知：

$$|0\rangle = 1|0\rangle + 0|1\rangle = \begin{pmatrix} 1 \\ 0 \end{pmatrix}$$

$$|1\rangle = 0|0\rangle + 1|1\rangle = \begin{pmatrix} 0 \\ 1 \end{pmatrix}$$

我們可以將單量子位元狄拉克記號表示法推廣用來表示多量子位元。例如，一個雙量子位元狀態 $|a\rangle$ 可以表示為：

$$|a\rangle = a_{00}|00\rangle + a_{01}|01\rangle + a_{10}|10\rangle + a_{11}|11\rangle = \begin{pmatrix} a_{00} \\ a_{01} \\ a_{10} \\ a_{11} \end{pmatrix}$$

上式中，a_{00}、a_{01}、a_{10}、a_{11} 是複數係數，$|a_{00}|^2$、$|a_{01}|^2$、$|a_{10}|^2$、$|a_{11}|^2$ 分別是量子位元測量為 $|00\rangle$、$|01\rangle$、$|10\rangle$、$|11\rangle$ 的機率，而且 $|a_{00}|^2 + |a_{01}|^2 + |a_{10}|^2 + |a_{11}|^2 = 1$。

由以上說明可知：

$$|00\rangle = 1|00\rangle + 0|01\rangle + 0|10\rangle + 0|11\rangle = \begin{pmatrix} 1 \\ 0 \\ 0 \\ 0 \end{pmatrix}$$

$$|01\rangle = 0|00\rangle + 1|01\rangle + 0|10\rangle + 0|11\rangle = \begin{pmatrix} 0 \\ 1 \\ 0 \\ 0 \end{pmatrix}$$

$$|10\rangle = 0|00\rangle + 0|01\rangle + 1|10\rangle + 0|11\rangle = \begin{pmatrix} 0 \\ 0 \\ 1 \\ 0 \end{pmatrix}$$

$$|11\rangle = 0|00\rangle + 0|01\rangle + 0|10\rangle + 1|11\rangle = \begin{pmatrix} 0 \\ 0 \\ 0 \\ 1 \end{pmatrix}$$

3.4　張量積

以下說明張量積（tensor product），也稱為克羅內克積（Kronecker product）。我們先介紹張量（tensor）。所謂張量可以包含純量（scalar）、向量（vector）、及矩陣（matrix）。具體地說，純量為零階張量，向量為一階張量，而矩陣為高階張量。

以下以矩陣形式描述張量積的定義：

令 $A = \begin{pmatrix} a_{11} & \cdots & a_{1n} \\ \vdots & \ddots & \vdots \\ a_{m1} & \cdots & a_{mn} \end{pmatrix}$ 為 $m \times n$ 矩陣，$B = \begin{pmatrix} b_{11} & \cdots & b_{1q} \\ \vdots & \ddots & \vdots \\ b_{p1} & \cdots & b_{pq} \end{pmatrix}$ 為 $p \times q$ 矩陣，則 A 與 B 的張量積記為 $A \otimes B$，定義為：

$$A \otimes B = \begin{pmatrix} a_{11}B & \cdots & a_{1n}B \\ \vdots & \ddots & \vdots \\ a_{m1}B & \cdots & a_{mn}B \end{pmatrix} = \begin{pmatrix} a_{11}b_{11} & \cdots & a_{11}b_{1q} & \cdots & a_{1n}b_{11} & \cdots & a_{1n}b_{1q} \\ \vdots & \ddots & \vdots & \vdots & \vdots & \ddots & \vdots \\ a_{11}b_{p1} & \cdots & a_{11}b_{pq} & \cdots & a_{1n}b_{p1} & \cdots & a_{1n}b_{pq} \\ \vdots & \ddots & \vdots & \vdots & \vdots & \ddots & \vdots \\ a_{m1}b_{11} & \cdots & a_{m1}b_{1q} & \cdots & a_{mn}b_{11} & \cdots & a_{mn}b_{1q} \\ \vdots & \ddots & \vdots & \vdots & \vdots & \ddots & \vdots \\ a_{m1}b_{p1} & \cdots & a_{m1}b_{pq} & \cdots & a_{mn}b_{p1} & \cdots & a_{mn}b_{pq} \end{pmatrix}$$

以下舉兩個張量積的範例：

$$|0\rangle \otimes |1\rangle = \begin{pmatrix} 1 \\ 0 \end{pmatrix} \otimes \begin{pmatrix} 0 \\ 1 \end{pmatrix} = \begin{pmatrix} 1 \cdot \begin{pmatrix} 0 \\ 1 \end{pmatrix} \\ 0 \cdot \begin{pmatrix} 0 \\ 1 \end{pmatrix} \end{pmatrix} = \begin{pmatrix} 0 \\ 1 \\ 0 \\ 0 \end{pmatrix} = |01\rangle$$

$$\begin{pmatrix} 1 & 0 \\ 0 & 1 \end{pmatrix} \otimes \begin{pmatrix} 1 & 0 \\ 0 & 1 \end{pmatrix} = \begin{pmatrix} 1 \cdot \begin{pmatrix} 1 & 0 \\ 0 & 1 \end{pmatrix} & 0 \cdot \begin{pmatrix} 1 & 0 \\ 0 & 1 \end{pmatrix} \\ 0 \cdot \begin{pmatrix} 1 & 0 \\ 0 & 1 \end{pmatrix} & 1 \cdot \begin{pmatrix} 1 & 0 \\ 0 & 1 \end{pmatrix} \end{pmatrix} = \begin{pmatrix} 1 & 0 & 0 & 0 \\ 0 & 1 & 0 & 0 \\ 0 & 0 & 1 & 0 \\ 0 & 0 & 0 & 1 \end{pmatrix}$$

針對張量 A、B、C 以及純量 k，張量積具有以下的性質：

1. $A \otimes (B \otimes C) = (A \otimes B) \otimes C$

2. $(A \otimes B)^k = A^k \otimes B^k$

3. $A \otimes (B + C) = (A \otimes B) + (A \otimes C)$

4. $(A + B) \otimes C = (A \otimes C) + (B \otimes C)$

5. $(kA) \otimes B = A \otimes (kB)$

以下再展示 3 個範例程式，來看出量子位元 $|+\rangle$ 狀態與量子位元 $|-\rangle$ 狀態在進行量子狀態測量時，它們被測量為 $|0\rangle$ 與被測量為 $|1\rangle$ 的機率都是 $(\frac{1}{\sqrt{2}})^2 = \frac{1}{2} = 0.5$。也

看出量子位元 |+⟩ 狀態與另一個量子位元 |+⟩ 狀態所構成的張量積，可以使得 4 個量子狀態 |00⟩、|01⟩、|10⟩、|11⟩ 被量測到的機率都是 $\frac{1}{4}$。

In [7]:

```
 1 #Program 3.4 Measure state of qubit w/ H-gate
 2 from qiskit import QuantumCircuit,execute
 3 from qiskit.providers.aer import AerSimulator
 4 from qiskit.visualization import plot_histogram
 5 qc = QuantumCircuit(1,1)
 6 qc.h(0)
 7 qc.measure([0],[0])
 8 print("This is |+>:")
 9 print(qc)
10 sim=AerSimulator()
11 job=execute(qc, backend=sim, shots=1000)
12 result=job.result()
13 counts=result.get_counts(qc)
14 print("Counts:",counts)
15 plot_histogram(counts)
```

This is |+>:

Counts: {'0': 509, '1': 491}

Out[7]:

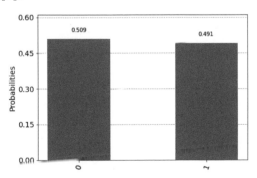

上列的程式碼說明如下：

- 第 1 行為程式編號及註解。

- 第 2 行使用 import 敘述引入 qiskit 套件中的 QuantumCircuit 類別以及 execute 函數。

- 第 3 行使用 import 敘述由 qiskit.provider.aer 引入 AerSimulator 類別。

- 第 4 行使用 import 敘述由 qiskit.visualization 引入 plot_histogram 函數。

- 第 5 行使用 QuantumCircuit(1,1) 建構一個包含 1 個量子位元及 1 個古典位元 的量子線路物件，儲存於 qc 變數中。

- 第 6 行使用 qc.h(0) 呼叫 QuantumCircuit 類別的 h 方法，將量子線路中索引值 為 0 的量子位元進行 H 閘運算。

- 第 7 行使用 QuantumCircuit 類別的 measure 方法在量子線路中加入測量單元， 傳入兩個串列參數 [0] 及 [0]，以測量索引值為 0 的量子位元，並將測量結果 儲存於索引值為 0 的古典位元。

- 第 8 行使用 print("This is |+>:") 函數顯示 "This is |+>:" 字串。

- 第 9 行使用 print(qc) 函數顯示變數 qc 所對應的量子線路。

- 第 10 行使用 AerSimulator() 建構量子電腦模擬器物件，儲存於 sim 變數中。

- 第 11 行呼叫 execute 函數建立一個工作，儲存於 job 變數中，其中傳入參數 qc 表示要執行 qc 所對應的量子線路，backend=sim 設定在後端使用 sim 物件 所指定的量子電腦模擬器，shots=1000 設定在後端量子電腦模擬器上執行量子 線路 1000 次，而每次執行都測量量子位元並將測量結果儲存於古典位元中保 存下來。

- 第 12 行使用 job 物件的 result 方法取得 job 物件的執行相關資訊，儲存於物件 變數 result 中。執行相關資訊除了執行環境之外，也包括執行結果，也就是量 子線路在量子電腦模擬器上的執行結果。

- 第 13 行使用 result 物件的 get_counts(qc) 方法取出有關量子線路各種量測結果 的計數（counts），並以字典（dict）型別儲存於變數 counts 中。

- 第 14 行使用 print 函數顯示 "Counts:" 字串及字典型別變數 counts 的值，在這 個程式中 counts 變數一共有 2 個鍵，代表 1 個量子位元的 2 種可能測量結果， 一個鍵是 '0'（也就是代表測量為 |0>），其對應的值（也就是測量計數次數）為 509，接近 1000/2；而另一個鍵是 '1'（也就是代表測量為 |1>），其對應的值

（也就是測量計數次數）為 491，也接近 1000/2。這些鍵在理論上應該都對應到非常接近 1000/2 的值。然而，因為量子態本身就帶有隨機性，而量子電腦模擬器也模擬出這個隨機性，因此這些量子位元測量的統計次數與理論數值有些微差異，但是這差異會隨著量子線路執行的次數的增加而逐漸減小。

- 第 15 行呼叫 plot_histogram(counts) 函數，將字典型別變數 counts 中所有鍵出現的機率繪製為直方圖（histogram）。透過直方圖，我們就更容易看清楚量子 H 閘的操作可以形成量子位元的均勻疊加（uniform superposition）狀態，使得量子位元測量為 '0' 與測量為 '1' 的機率在理論上都是 0.5，但是因為量子態本身就帶有隨機性，因此透過量子電腦模擬器得到的測量結果測量為 '0' 與測量為 '1' 的機率大約都是 0.5 左右。

In [8]:

```
 1  #Program 3.5 Measure state of qubit w/ X-gate and H-gate
 2  from qiskit import QuantumCircuit,execute
 3  from qiskit.providers.aer import AerSimulator
 4  from qiskit.visualization import plot_histogram
 5  qc = QuantumCircuit(1,1)
 6  qc.x(0)
 7  qc.h(0)
 8  qc.measure([0],[0])
 9  print("This is |->:")
10  print(qc)
11  sim=AerSimulator()
12  job=execute(qc, backend=sim, shots=1000)
13  result=job.result()
14  counts=result.get_counts(qc)
15  print("Counts:",counts)
16  plot_histogram(counts)
```

This is |->:

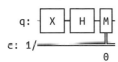

Counts: {'1': 503, '0': 497}

Out[8]:

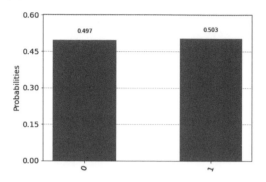

上列的程式碼說明如下：

- 第 1 行為程式編號及註解。

- 第 2 行使用 import 敘述引入 qiskit 套件中的 QuantumCircuit 類別以及 execute 函數。

- 第 3 行使用 import 敘述由 qiskit.provider.aer 引入 AerSimulator 類別。

- 第 4 行使用 import 敘述由 qiskit.visualization 引入 plot_histogram 函數。

- 第 5 行使用 QuantumCircuit(1,1) 建構一個包含 1 個量子位元及 1 個古典位元 的量子線路物件，儲存於 qc 變數中。

- 第 6 行使用 qc.x(0) 呼叫 QuantumCircuit 類別的 x 方法，將量子線路中索引值 為 0 的量子位元進行 X 閘運算。

- 第 7 行使用 qc.h(0) 呼叫 QuantumCircuit 類別的 h 方法，將量子線路中索引值 為 0 的量子位元進行 H 閘運算。

- 第 8 行使用 QuantumCircuit 類別的 measure 方法在量子線路中加入測量單元， 傳入兩個串列參數 [0] 及 [0]，以測量索引值為 0 的量子位元，並將測量結果 儲存於索引值為 0 的古典位元。

- 第 9 行使用 print("This is |->:") 函數顯示 "This is |->:" 字串。

- 第 10 行使用 print(qc) 函數顯示變數 qc 所對應的量子線路。

- 第 11 行使用 AerSimulator() 建構量子電腦模擬器物件，儲存於 sim 變數中。

- 第 12 行呼叫 execute 函數建立一個工作，儲存於 job 變數中，其中傳入參數 qc 表示要執行 qc 所對應的量子線路，backend=sim 設定在後端使用 sim 物件 所指定的量子電腦模擬器，shots=1000 設定在後端量子電腦模擬器上執行量子 線路 1000 次，而每次執行都測量量子位元並將測量結果儲存於古典位元中保 存下來。

- 第 13 行使用 job 物件的 result 方法取得 job 物件的執行相關資訊，儲存於物件 變數 result 中。執行相關資訊除了執行環境之外，也包括執行結果，也就是量 子線路在量子電腦模擬器上的執行結果。

- 第 14 行使用 result 物件的 get_counts(qc) 方法取出有關量子線路各種量測結果 的計數（counts），並以字典（dict）型別儲存於變數 counts 中。

- 第 15 行使用 print 函數顯示 "Counts:" 字串及字典型別變數 counts 的值，在這 個程式中 counts 變數一共有 2 個鍵，代表 1 個量子位元的 2 種可能測量結果， 一個鍵是 '0'（也就是代表測量為 $|0\rangle$），其對應的值（也就是測量計數次數）為 497，接近 1000/2；而另一個鍵是 '1'（也就是代表測量為 $|1\rangle$），其對應的值 （也就是測量計數次數）為 503，也接近 1000/2。這些鍵在理論上應該都對應 到非常接近 1000/2 的值。然而，因為量子態本身就帶有隨機性，而量子電腦 模擬器也模擬出這個隨機性，因此這些量子位元測量的統計次數與理論數值有 些微差異，但是這差異會隨著量子線路執行的次數的增加而逐漸減小。

- 第 16 行呼叫 plot_histogram(counts) 函數，將字典型別變數 counts 中所有鍵出 現的機率繪製為直方圖（histogram）。透過直方圖，我們就更容易看清楚量子 H 閘的操作可以形成量子位元的均勻疊加（uniform superposition）狀態，使得 量子位元測量為 '0' 與測量為 '1' 的機率在理論上都是 0.5，但是因為量子態本 身就帶有隨機性，因此透過量子電腦模擬器得到的測量結果測量為 '0' 與測量 為 '1' 的機率大約都是 0.5 左右。

In [9]:

```
1  #Program 3.6 Measure state of qubit w/ H-gate
2  from qiskit import QuantumCircuit,execute
3  from qiskit.providers.aer import AerSimulator
4  from qiskit.visualization import plot_histogram
5  qc = QuantumCircuit(2,2)
6  qc.h(0)
```

```
 7  qc.h(1)
 8  qc.measure([0,1],[0,1])
 9  print("This is |++>:")
10  print(qc)
11  sim=AerSimulator()
12  job=execute(qc, backend=sim, shots=1000)
13  result=job.result()
14  counts=result.get_counts(qc)
15  print("Counts:",counts)
16  plot_histogram(counts)
```

This is |++>:

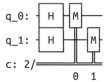

Counts: {'01': 253, '00': 235, '10': 270, '11': 242}

Out[9]:

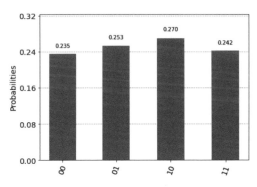

上列的程式碼說明如下：

- 第 1 行為程式編號及註解。

- 第 2 行使用 import 敘述引入 qiskit 套件中的 QuantumCircuit 類別以及 execute 函數。

- 第 3 行使用 import 敘述由 qiskit.provider.aer 引入 AerSimulator 類別。

- 第 4 行使用 import 敘述由 qiskit.visualization 引入 plot_histogram 函數。

- 第 5 行使用 QuantumCircuit(2,2) 建構一個包含 2 個量子位元及 2 個古典位元的量子線路物件，儲存於 qc 變數中。

- 第 6 行使用 qc.h(0) 呼叫 QuantumCircuit 類別的 h 方法，將量子線路中索引值為 0 的量子位元進行 H 閘運算。

- 第 7 行使用 qc.h(1) 呼叫 QuantumCircuit 類別的 h 方法，將量子線路中索引值為 1 的量子位元進行 H 閘運算。

- 第 8 行使用 QuantumCircuit 類別的 measure 方法在量子線路中加入測量單元，傳入兩個串列參數 [0,1] 及 [0,1]，以測量索引值為 0 及 1 的量子位元，並將測量結果儲存於索引值為 0 及 1 的古典位元。

- 第 9 行使用 print("This is |++>:") 函數顯示 "This is |++>:" 字串。

- 第 10 行使用 print(qc) 函數顯示變數 qc 所對應的量子線路。

- 第 11 行使用 AerSimulator() 建構量子電腦模擬器物件，儲存於 sim 變數中。

- 第 12 行呼叫 execute 函數建立一個工作，儲存於 job 變數中，其中傳入參數 qc 表示要執行 qc 所對應的量子線路，backend=sim 設定在後端使用 sim 物件所指定的量子電腦模擬器，shots=1000 設定在後端量子電腦模擬器上執行量子線路 1000 次，而每次執行都測量量子位元並將測量結果儲存於古典位元中保存下來。

- 第 13 行使用 job 物件的 result 方法取得 job 物件的執行相關資訊，儲存於物件變數 result 中。執行相關資訊除了執行環境之外，也包括執行結果，也就是量子線路在量子電腦模擬器上的執行結果。

- 第 14 行使用 result 物件的 get_counts(qc) 方法取出有關量子線路各種量測結果的計數（counts），並以字典（dict）型別儲存於變數 counts 中。

- 第 15 行使用 print 函數顯示 "Counts:" 字串及字典型別變數 counts 的值，在這個程式中 counts 變數一共有 4 個鍵，代表 2 個量子位元的 4 種可能測量結果。這些鍵在理論上應該都對應到非常接近 1000/4 的值（也就是測量計數次數）。然而，因為量子態本身就帶有隨機性，而量子電腦模擬器也模擬出這個隨機性，因此這些量子位元測量的統計次數與理論數值有些微差異，但是這差異會隨著量子線路執行的次數的增加而逐漸減小。

- 第 16 行呼叫 plot_histogram(counts) 函數，將字典型別變數 counts 中所有鍵出現的機率繪製為直方圖（histogram）。透過直方圖，我們就更容易看清楚 2 個量子 H 閘的操作可以形成 2 個量子位元的均勻疊加（uniform superposition）狀態，使得 2 個量子位元測量為 |00⟩、|01⟩、|10⟩ 與 |11⟩ 的機率在理論上都是 0.25，但是因為量子態本身就帶有隨機性，因此透過量子電腦模擬器得到各種量子位元組合的機率大約為 0.25 左右。

3.5　其他單量子位元量子閘

除了 X 閘及 H 閘等二個單量子位元量子閘之外，還有許多單量子位元量子閘，包括 Y 閘、Z 閘、Rx 閘、Ry 閘、Rz 閘、P 閘、S 閘、T 閘、I 閘、U 閘等。以下分組以範例程式介紹這些量子閘的細節，我們先介紹第一組：X 閘、Y 閘、Z 閘。因為這三個量子閘性質類似，所以我們再一次介紹 X 閘。

In [10]:

```
1  #Program 3.7a Apply X-, Y-, and Z-gate to qubit
2  from qiskit import QuantumCircuit
3  qc = QuantumCircuit(3)
4  qc.x(0)
5  qc.y(1)
6  qc.z(2)
7  qc.draw('mpl')
```

Out[10]:

上列的程式碼說明如下：

- 第 1 行為程式編號及註解。

- 第 2 行使用 import 敘述引入 qiskit 套件中的 QuantumCircuit 類別。

- 第 3 行使用 QuantumCircuit(3) 建構一個包含 3 個量子位元的量子線路物件，儲存於 qc 變數中。

- 第 4 行使用 qc.x(0) 呼叫 QuantumCircuit 類別的 x 方法，將量子線路中索引值為 0 的量子位元進行 X 閘運算。

- 第 5 行使用 qc.y(1) 呼叫 QuantumCircuit 類別的 y 方法，將量子線路中索引值為 1 的量子位元進行 Y 閘運算。

- 第 6 行使用 qc.z(2) 呼叫 QuantumCircuit 類別的 z 方法，將量子線路中索引值為 2 的量子位元進行 Z 閘運算。

- 第 7 行使用 qc.draw('mpl') 呼叫 QuantumCircuit 類別的 draw 方法，並帶入參數 'mpl'，代表透過 matplotlib 套件顯示量子線路。

In [11]:

```
1 #Program 3.7b Show Bloch sphere of qubit w/ X-, Y-, and Z-gate
2 from qiskit.quantum_info import Statevector
3 state = Statevector.from_instruction(qc)
4 state.draw('bloch')
```

Out[11]:

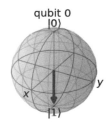 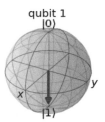 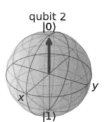

上列的程式碼說明如下：

- 第 1 行為程式編號及註解，程式編號為 3.7b 代表這段程式碼是接續編號為 3.7a 的程式碼之後執行的。

- 第 2 行使用 import 敘述引入 qiskit.quantum_info 中的 Statevector 類別

- 第 3 行呼叫 Statevector 類別的 from_instruction() 方法，輸入 qc 為參數以取得 qc 量子線路中所有量子位元的量子狀態，並存在變數 state 中。

- 第 4 行使 state.draw('bloch') 呼叫屬於 Statevector 類別的 state 物件的 draw 方法，繪製顯示出所有對應 state 物件量子位元狀態的布洛赫球面。

綜合而言，上列的程式碼使用 qc.x(0) 在索引值為 0 的量子位元進行 X 閘運算；使用 qc.y(1) 在索引值為 1 的量子位元進行 Y 閘運算；使用 qc.z(2) 在索引值為 2 的量子位元進行 Z 閘運算。實際上，我們可以將 X 閘運算視為將量子位元向量針對布洛赫球面 X 軸旋轉 180 度（π 弳）；將 Y 閘運算視為將量子位元向量針對布洛赫球面 Y 軸旋轉 180 度（π 弳）；將 Z 閘運算視為將量子位元向量針對布洛赫球面 Z 軸旋轉 180 度（π 弳）。請注意，所謂量子位元向量指的是由布洛赫球的球心到量子位元在布洛赫球面上對應的點所構成的向量。

以下介紹 Rx 閘、Ry 閘、Rz 閘：

In [12]:

```
1  #Program 3.8a Apply RX-, RY-, and RZ-gate to qubit
2  from qiskit import QuantumCircuit
3  import math
4  qc = QuantumCircuit(3)
5  qc.rx(math.pi/2, 0)
6  qc.ry(math.pi/2, 1)
7  qc.rz(math.pi/2, 2)
8  qc.draw('mpl')
```

Out[12]:

上列的程式碼說明如下：

- 第 1 行為程式編號及註解。
- 第 2 行使用 import 敘述引入 qiskit 套件中的 QuantumCircuit 類別。
- 第 3 行使用 import 敘述引入 math 模組。

- 第 4 行使用 QuantumCircuit(3) 建構一個包含 3 個量子位元的量子線路物件，儲存於 qc 變數中。

- 第 5 行使用 qc.rx(math.pi/2,0) 呼叫 QuantumCircuit 類別的 rx 方法，將量子線路中索引值為 0 的量子位元進行 RX 閘運算，代表針對布洛赫球面 X 軸旋轉 $\pi/2$ 弳。

- 第 6 行使用 qc.ry(math.pi/2,1) 呼叫 QuantumCircuit 類別的 ry 方法，將量子線路中索引值為 1 的量子位元進行 RY 閘運算，代表針對布洛赫球面 Y 軸旋轉 $\pi/2$ 弳。

- 第 7 行使用 qc.rz(math.pi/2,2) 呼叫 QuantumCircuit 類別的 rz 方法，將量子線路中索引值為 2 的量子位元進行 RY 閘運算，代表針對布洛赫球面 Z 軸旋轉 $\pi/2$ 弳。

- 第 8 行使用 qc.draw('mpl') 呼叫 QuantumCircuit 類別的 draw 方法，並帶入參數 'mpl'，代表透過 matplotlib 套件顯示量子線路。

In [13]:

```
1 #Program 3.8b Show Bloch sphere of qubit w/ RX-, RY-, and RZ-gate
2 from qiskit.quantum_info import Statevector
3 state = Statevector.from_instruction(qc)
4 state.draw('bloch')
```

Out[13]:

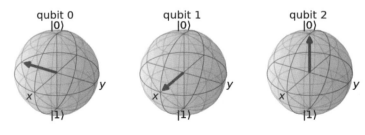

上列的程式碼說明如下：

- 第 1 行為程式編號及註解，程式編號為 3.8b 代表這段程式碼是接續編號為 3.8a 的程式碼之後執行的。

- 第 2 行使用 import 敘述引入 qiskit.quantum_info 中的 Statevector 類別

- 第 3 行呼叫 Statevector 類別的 from_instruction() 方法，輸入 qc 為參數以取得 qc 量子線路中所有量子位元的量子狀態，並存在變數 state 中。

- 第 4 行使 state.draw('bloch') 呼叫屬於 Statevector 類別的 state 物件的 draw 方法，繪製顯示出所有對應 state 物件量子位元狀態的布洛赫球面。

綜合而言，上列的程式碼使用 qc.rx(math.pi/2,0) 在索引值為 0 的量子位元進行 Rx 閘運算，將量子位元向量針對布洛赫球面 X 軸旋轉 π/2 弳；qc.ry(math.pi/2,1) 在索引值為 1 的量子位元進行 Ry 閘運算，將量子位元向量針對布洛赫球面 Y 軸旋轉 π/2 弳；qc.rz(math.pi/2,2) 在索引值為 2 的量子位元進行 Rz 閘運算，將量子位元向量針對布洛赫球面 Z 軸旋轉 π/2 弳。實際上，我們可以在呼叫 rx、ry 或 rz 方法時，於第 1 個參數傳入任何弳度，讓量子位元向量針對不同的布洛赫球面的 X、Y 或 Z 軸旋轉任意角度。

以下的範例程式介紹 P 閘、S 閘、T 閘的用法：

In [14]:

```
1 #Program 3.9a Apply RX-, P-, S-, T-gate to qubit
2 from qiskit import QuantumCircuit
3 import math
4 qc = QuantumCircuit(4)
5 qc.rx(math.pi/2, [0,1,2,3])
6 qc.p(math.pi/8, 1)
7 qc.s(2)
8 qc.t(3)
9 qc.draw('mpl')
```

Out[14]:

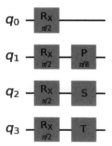

上列的程式碼說明如下：

- 第 1 行為程式編號及註解。

- 第 2 行使用 import 敘述引入 qiskit 套件中的 QuantumCircuit 類別。

- 第 3 行使用 import 敘述引入 math 模組。

- 第 4 行使用 QuantumCircuit(4) 建構一個包含 4 個量子位元的量子線路物件，
  儲存於 qc 變數中。

- 第 5 行使用 qc.rx(math.pi/2, [0,1,2,3]) 呼叫 QuantumCircuit 類別的 rx 方法，將
  量子線路中索引值為 0、1、2、3 的量子位元進行 RX 閘運算，代表針對布洛
  赫球面 X 軸旋轉 $\pi/2$ 弳。

- 第 6 行使用 qc.p(math.pi/8,1) 呼叫 QuantumCircuit 類別的 p 方法，將量子線
  路中索引值為 1 的量子位元進行 P 閘運算，代表針對布洛赫球面 Z 軸旋轉 $\pi/8$
  弳，這是一種相位 (phase) 調整。

- 第 7 行使用 qc.s(2) 呼叫 QuantumCircuit 類別的 s 方法，將量子線路中索引值
  為 2 的量子位元進行 S 閘運算，代表針對布洛赫球面 Z 軸旋轉 $\pi/2$ 弳，這也是
  一種相位調整。

- 第 8 行使用 qc.t(3) 呼叫 QuantumCircuit 類別的 t 方法，將量子線路中索引值
  為 3 的量子位元進行 T 閘運算，代表針對布洛赫球面 Z 軸旋轉 $\pi/4$ 弳，這也是
  一種相位調整。

- 第 9 行使用 qc.draw('mpl') 呼叫 QuantumCircuit 類別的 draw 方法，並帶入參
  數 'mpl'，代表透過 matplotlib 套件顯示量子線路。

In [15]:

```
1 #Program 3.9b Show Bloch sphere of qubit w/ RX-, P-, S-, and T-gate
2 from qiskit.quantum_info import Statevector
3 state = Statevector.from_instruction(qc)
4 state.draw('bloch')
```

Out[15]:

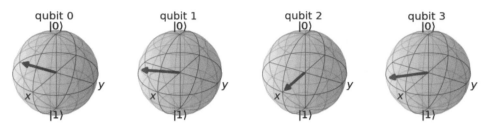

上列的程式碼說明如下：

- 第 1 行為程式編號及註解，程式編號為 3.9b 代表這段程式碼是接續編號為 3.9a 的程式碼之後執行的。

- 第 2 行使用 import 敘述引入 qiskit.quantum_info 中的 Statevector 類別

- 第 3 行呼叫 Statevector 類別的 from_instruction() 方法，輸入 qc 為參數以取得量子線路 qc 中所有量子位元的量子狀態，並存在變數 state 中。

- 第 4 行使 state.draw('bloch') 呼叫屬於 Statevector 類別的 state 物件的 draw 方法，繪製顯示出所有對應 state 物件量子位元狀態的布洛赫球面。

綜合而言，上列的程式碼使用 qc.rx(math.pi/2, [0,1,2,3]) 在索引值為 0、1、2、3 的量子位元進行 Rx 閘運算，將量子位元向量針對布洛赫球面 X 軸旋轉 $\pi/2$ 強使其位於 XY 平面上。這是為了能夠看出 P 閘、S 閘以及 T 閘的運算效果，因為這三個閘都是針對布洛赫球面 Z 軸旋轉的運算，因此先將量子位元向量透過 Rx 閘運算旋轉離開 Z 軸而位於 XY 平面上。

另外，使用 qc.p(math.pi/8,1) 在索引值為 1 的量子位元進行 P 閘運算，將量子位元向量針對布洛赫球面 Z 軸旋轉 $\pi/8$。讀者可能已經注意到了，P 閘的運算與 Rz 閘的運算一樣，都是針對布洛赫球面 Z 軸旋轉特定強度。事實上，這也是 P 閘名稱的由來——它代表相位閘（phase gate），因為針對布洛赫球面 Z 軸旋轉特定強度也就是調整布洛赫球面中量子位元的相對相位。請注意，索引值為 0 的量子位元只是做為基準參考用，因此只進行 Rx 閘運算而未進行其他運算。

程式中也使用 qc.s(2) 在索引值為 2 的量子位元進行 S 閘運算。S 閘也稱為 $\sqrt{Z}$ 閘
（square root of Z gate），因為執行兩次 S 閘運算相當於一個 Z 閘運算。實際上，
S 閘運算相當於將量子位元向量針對布洛赫球面 Z 軸旋轉 $\pi/2$ 弧，也是一種相位調
整，就是相當於是帶有 $\pi/2$ 弧參數的 P 閘運算。

程式中也使用 qc.t(3) 在索引值為 3 的量子位元進行 T 閘運算。T 閘也稱為 $\sqrt[4]{Z}$ 閘，
因為執行 4 次 T 閘運算相當於一個 Z 閘運算。實際上，T 閘運算相當於將量子位
元向量針對布洛赫球面 Z 軸旋轉 $\pi/4$ 弧，也就是相當於是帶有 $\pi/4$ 弧參數的 P 閘
運算。

最後，我們在以下的範例程式介紹 I 閘與 U 閘：

In [16]:

```
1  #Program 3.10a Apply RX-, I-, and U-gate to qubit
2  from qiskit import QuantumCircuit
3  import math
4  qc = QuantumCircuit(4)
5  qc.rx(math.pi/2, [0,1,2,3])
6  qc.i(1)
7  qc.u(math.pi/2, 0, math.pi, 2)
8  qc.u(0,0, math.pi/4, 3)
9  qc.draw('mpl')
```

Out[16]:

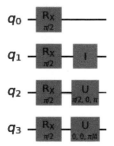

上列的程式碼說明如下：

- 第 1 行為程式編號及註解。
- 第 2 行使用 import 敘述引入 qiskit 套件中的 QuantumCircuit 類別。
- 第 3 行使用 import 敘述引入 math 模組。

- 第 4 行使用 QuantumCircuit(4) 建構一個包含 4 個量子位元的量子線路物件，儲存於 qc 變數中。

- 第 5 行使用 qc.rx(math.pi/2, [0,1,2,3]) 呼叫 QuantumCircuit 類別的 rx 方法，將量子線路中索引值為 0、1、2、3 的量子位元進行 RX 閘運算，代表針對布洛赫球面 X 軸旋轉 $\pi/2$ 弳。

- 第 6 行使用 qc.i(1) 呼叫 QuantumCircuit 類別的 i 方法，將量子線路中索引值為 1 的量子位元進行 I 閘運算，這是單位閘（identity gate）運算，量子位元不會有任何變化。

- 第 7 行使用 qc.u(math.pi/2, 0, math.pi, 2) 呼叫 QuantumCircuit 類別的 u 方法，將量子線路中索引值為 2 的量子位元進行 U 閘運算，這是宇閘（universe gate）運算，這個名稱的意思是所有任何單一位元量子閘都可以透過 U 閘完成，稍後將會詳細說明 U 閘運算。

- 第 8 行使用 qc.u(0,0, math.pi/4, 3) 呼叫 QuantumCircuit 類別的 u 方法，將量子線路中索引值為 3 的量子位元進行 U 閘運算。

- 第 9 行使用 qc.draw('mpl') 呼叫 QuantumCircuit 類別的 draw 方法，並帶入參數 'mpl'，代表透過 matplotlib 套件顯示量子線路。

In [17]:

```
1  #Program 3.10b Show Bloch sphere of qubit w/ RX-, I-, and U-gate
2  from qiskit.quantum_info import Statevector
3  state = Statevector.from_instruction(qc)
4  state.draw('bloch')
```

Out[17]:

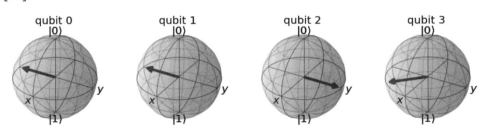

上列的程式碼說明如下：

- 第 1 行為程式編號及註解，程式編號為 3.10b 代表這段程式碼是接續編號為 3.10a 的程式碼之後執行的。

- 第 2 行使用 import 敘述引入 qiskit.quantum_info 中的 Statevector 類別

- 第 3 行呼叫 Statevector 類別的 from_instruction() 方法，輸入 qc 為參數以取得量子線路 qc 中所有量子位元的量子狀態，並存在變數 state 中。

- 第 4 行使 state.draw('bloch') 呼叫屬於 Statevector 類別的 state 物件的 draw 方法，繪製顯示出所有對應 state 物件量子位元狀態的布洛赫球面。

綜合而言，上列程式碼使用 qc.rx(math.pi/2, [0,1,2,3]) 在索引值為 0、1、2、3 的量子位元進行 Rx 閘運算，將量子位元向量針對布洛赫球面 X 軸旋轉 $\pi/2$ 強使其位於 XY 平面上。這是為了能夠看出 U 閘的運算效果，因為其中有一個 U 閘運算的參數設定為針對布洛赫球面 Z 軸旋轉，因此先將量子位元向量透過 Rx 閘運算針對 X 軸旋轉離開 Z 軸。請注意，索引值為 0 的量子位元只是作為基準參考用，因此只進行 Rx 閘運算而未進行其他運算。

另外，使用 qc.i(1) 在索引值為 1 的量子位元進行 I 閘運算。I 閘代表 Id 閘（Id-gate）或是單位閘（identity gate），量子位元經過 I 閘運算之後不會有任何變化。

程式中也使用 qc.u(math.pi/2, 0, math.pi, 2) 及 qc.u(0,0, math.pi/4, 3) 在索引值為 2 及 3 的量子位元，以三個參數進行 U 閘運算。U 閘也就是宇閘（universe gate），這個名稱的意思是任何單一位元量子閘都可以透過 U 閘完成。

U 閘搭配三個參數 θ、ϕ、λ 具有以下的運算矩陣：

$$U(\theta, \phi, \lambda) = \begin{pmatrix} \cos(\frac{\theta}{2}) & -e^{i\lambda}\sin(\frac{\theta}{2}) \\ e^{i\phi}\sin(\frac{\theta}{2}) & e^{i(\phi+\lambda)}\cos(\frac{\theta}{2}) \end{pmatrix}$$

可以看出 qc.u(math.pi/2, 0, math.pi, 2) 對應 $U(\frac{\pi}{2}, 0, \pi) = \frac{1}{\sqrt{2}}\begin{pmatrix} 1 & 1 \\ 1 & -1 \end{pmatrix}$，這相當於是 H 閘運算。

另外也可以看出 qc.u(0,0, math.pi/4, 3) 對應 $U(0,0,\lambda) = \begin{pmatrix} 1 & 0 \\ 0 & e^{i\lambda} \end{pmatrix}$ 這對應帶參數 λ 的 P 閘運算。

3.6　結語

本章介紹作用在單一量子位元的常見量子閘，說明每一個量子閘的細節並展示如何編寫程式將這些量子閘加入量子線路中，也透過量子電腦模擬器執行量子線路，獲得量子位元的測量結果來觀察量子閘的運算。介紹的量子閘包括 H 閘、X 閘、Y 閘、Z 閘、Rx 閘、Ry 閘、Rz 閘、P 閘、S 閘、T 閘、I 閘、U 閘等。本章也介紹么正矩陣，可以用於精確描述每一個量子閘實際進行的操作。本章還介紹張量積運算，可以用於表示多個量子位元的共同疊加態。如前所述，量子閘提供一個控制量子位元的方式，因而賦予量子電腦計算的能力。至於同時作用於多個量子位元的量子閘則留在下一章介紹。同時，下一章也將介紹可以透過多量子位元量子閘達成的特殊狀態 -- 量子糾纏態。

練習

練習 3.1

針對一個包含 4 個量子位元的量子線路，假設其量子位元的初始狀態為 $|\psi\rangle = |0000\rangle$，請寫出量子程式使用量子閘將量子位元的狀態轉變為 $|\psi\rangle = |+-\circlearrowleft\circlearrowright\rangle$，顯示量子線路並以布洛赫球面顯示量子線路中 4 個量子位元的狀態。

練習 3.2

請寫出量子程式設計並顯示出以下的量子線路：

練習 3.3

X 閘（或稱為 NOT 閘）的么正矩陣為 $X = \begin{pmatrix} 0 & 1 \\ 1 & 0 \end{pmatrix}$，請使用矩陣的運算方式說明 X

閘如何將 $|0\rangle = \begin{pmatrix} 1 \\ 0 \end{pmatrix}$ 轉換為 $|1\rangle = \begin{pmatrix} 0 \\ 1 \end{pmatrix}$，以及如何將 $|1\rangle = \begin{pmatrix} 0 \\ 1 \end{pmatrix}$ 轉換為 $|0\rangle = \begin{pmatrix} 1 \\ 0 \end{pmatrix}$。

練習 3.4

H 閘（或稱為 Hadamard 閘）的么正矩陣為 $X = \dfrac{1}{\sqrt{2}} \begin{pmatrix} 1 & 1 \\ 1 & -1 \end{pmatrix}$，請使用矩陣的運算

方式說明 H 閘如何將 $|0\rangle = \begin{pmatrix} 1 \\ 0 \end{pmatrix}$ 轉換為 $|+\rangle = \dfrac{1}{\sqrt{2}} \begin{pmatrix} 1 \\ 1 \end{pmatrix}$，以及如何將 $|1\rangle = \begin{pmatrix} 0 \\ 1 \end{pmatrix}$ 轉換為

$|-\rangle = \dfrac{1}{\sqrt{2}} \begin{pmatrix} 1 \\ -1 \end{pmatrix}$。

練習 3.5

S 閘也稱為 $\sqrt{Z}$ 閘,因為執行兩次 S 閘運算相當於一個 Z 閘運算。實際上,S 閘運算相當於將量子位元向量針對布洛赫球面 Z 軸旋轉 $\pi/2$ 弳,而 Z 閘則相當於將量子位元向量針對布洛赫球面 Z 軸旋轉 π 弳。分別寫出 S 閘與 Z 閘對應的么正矩陣,並使用矩陣的運算方式說明執行兩次 S 閘運算相當於一個 Z 閘運算。

量子位元糾纏態程式設計

本章介紹量子位元的糾纏（entanglement）態，這是一種兩個或兩個以上量子位元處於特殊關係的狀態。為了達成量子位元的糾纏態，必須使用作用於兩個或多個量子位元的量子閘。因此，本章一開始先介紹一個非常重要的雙量子位元量子閘——受控反閘，然後再說明如何編寫程式透過量子閘產生量子位元的糾纏態，並闡述量子位元糾纏態的應用，例如，利用特殊的量子位元糾纏態——貝爾態（Bell state）進行量子遙傳（quantum teleportation）。最後本章再介紹受控反閘之外的其他雙量子位元量子閘（2-qubit quantum gate）以及三量子位元量子閘（3-qubit quantum gate）——受控受控反閘（controlled controlled not gate）以及多重受控反閘（multi-controlled not gate）等量子閘。

4.1 受控反閘

受控反閘（controlled not gate）簡稱 CNOT 閘（CNOT gate）。CNOT 閘有二個輸入位元與二個輸出位元，其中一個輸入位元為控制（control）位元，另一個輸入位元為目標（target）位元。當控制位元為 |0⟩ 時，不對目標位元進行任何操作；而當控制位元為 |1⟩ 時，則針對目標位元進行反轉（flip）操作。

以下的程式碼可以建構一個包含受控反閘的量子線路：

In [1]:

```
1 #Program 4.1 Apply CX-gate to qubit
2 from qiskit import QuantumCircuit
3 qc = QuantumCircuit(2)
4 qc.cx(0,1)
5 qc.draw('mpl')
```

Out[1]:

上列的程式碼說明如下：

- 第 1 行為程式編號及註解。

- 第 2 行使用 import 敘述引入 qiskit 套件中的 QuantumCircuit 類別。

- 第 3 行使用 QuantumCircuit(2) 建構一個包含 2 個量子位元的量子線路物件，儲存於 qc 變數中。

- 第 4 行使用 qc.cx(0,1) 呼叫 QuantumCircuit 類別的 cx 方法，建立 CNOT 閘，並以索引值為 0 的量子位元為控制位元，以索引值為 1 的量子位元為目標位元。

- 第 5 行使用 qc.draw('mpl') 呼叫 QuantumCircuit 類別的 draw 方法，並帶入參數 'mpl'，代表透過 matplotlib 套件顯示量子線路。

上列程式以 cx(0,1) 呼叫 QuantumCirciut 類別的 cx 方法，以索引值為 0 的量子位元為控制位元，並以索引值為 1 的量子位元為目標位元建立 CNOT 閘。依照慣例，在量子線路中的量子位元一般由最低有效位元（least significant bit, LSB）（以下簡稱低位元），由上而下排列至最高有效位元（most significant bit, MSB）（以下簡稱高位元）。不同的文獻採用不同的慣例，有些文獻以低位元為控制位元，高位元為目標位元；而有一些文獻則以高位元為控制位元，低位元為目標位元。本書則視狀況採取不同慣例，例如，本範例程式就是採取高位元為目標位元的慣例。

若採取高位元（MSB）為目標位元，則 CNOT 閘的么正矩陣如下所列：

$$\text{CNOT (MSB as target bit)} = \begin{pmatrix} 1 & 0 & 0 & 0 \\ 0 & 0 & 0 & 1 \\ 0 & 0 & 1 & 0 \\ 0 & 1 & 0 & 0 \end{pmatrix}$$

若採取低位元（LSB）為目標位元，則 CNOT 閘的么正矩陣如下所列：

$$CNOT \text{ (LSB as target bit)} = \begin{pmatrix} 1 & 0 & 0 & 0 \\ 0 & 1 & 0 & 0 \\ 0 & 0 & 0 & 1 \\ 0 & 0 & 1 & 0 \end{pmatrix}$$

以下的範例程式可以顯示以高位元（MSB）為目標位元 CNOT 閘的量子線路及么正矩陣：

In [2]:

```
1  #Program 4.2 Show unitary matrix of CX-gate (MSB as target bit)
2  from qiskit import QuantumCircuit, Aer
3  from qiskit.visualization import array_to_latex
4  qc = QuantumCircuit(2)
5  qc.cx(0,1)
6  display(qc.draw('mpl'))
7  sim = Aer.get_backend('aer_simulator')
8  qc.save_unitary()
9  unitary = sim.run(qc).result().get_unitary()
10 display(array_to_latex(unitary, prefix="\\text{CNOT (MSB as target bit) = }"))
```

$$CNOT \text{ (MSB as target bit)} = \begin{bmatrix} 1 & 0 & 0 & 0 \\ 0 & 0 & 0 & 1 \\ 0 & 0 & 1 & 0 \\ 0 & 1 & 0 & 0 \end{bmatrix}$$

上列的程式碼說明如下：

- 第 1 行為程式編號及註解。

- 第 2 行使用 import 敘述引入 qiskit 套件中的 QuantumCircuit 類別以及 Aer 類別。

- 第 3 行使用 import 敘述引入 qiskit.visualization 中的 array_to_latex 函數。

- 第 4 行使用 QuantumCircuit(2) 建構一個包含 2 個量子位元的量子線路物件，儲存於 qc 變數中。

- 第 5 行使用 qc.cx(0,1) 呼叫 QuantumCircuit 類別的 cx 方法，建立 CNOT 閘，並以索引值為 0 的量子位元為控制位元，以索引值為 1 的量子位元為目標位元。這是以高位元（MSB）為目標位元的 CNOT 閘。

- 第 6 行使用 display(qc.draw('mpl')) 透過 Jupyter Notebook 提供的 display 函數顯示 QuantumCircuit 類別 draw 方法的執行結果，draw 方法帶入的參數為 'mpl'，代表透過 matplotlib 套件顯示量子線路。

- 第 7 行使用 Aer 類別的 get_backend('aer_simulator') 方法建構後端量子電腦模擬器物件，儲存於 sim 變數中。

- 第 8 行使用 QuantumCircuit 類別的 save_unitary() 方法，指示將 qc 量子線路目前狀態對應的么正矩陣儲存起來。

- 第 9 行使用 sim.run(qc).result().get_unitary() 呼叫 sim 對應的後端量子電腦模擬器的 run() 方法，帶入 qc 參數，得到 qc 對應量子線路的執行工作，然後再呼叫 result() 方法得到執行工作的結果，最後呼叫 get_unitary() 方法取得執行工作結果對應的么正矩陣物件，儲存於 unitary 變數中，形成 unitary 物件。

- 第 10 行使用 display 函數，透過 qiskit.visualization 中的 array_to_latex 方法將一個複數陣列以 LaTex 格式顯示 unitary 物件的內容。方法中的 prefix="\\text{CNOT (MSB as target bit) = }" 表示在顯示 unitary 物件前列出前綴字串（prefix）。

以下的範例程式可以顯示以低位元（LSB）為目標位元 CNOT 閘的量子線路及么正矩陣：

In [3]:

```
1 #Program 4.3 Show unitary matrix of CX-gate (LSB as target bit)
2 from qiskit import QuantumCircuit, Aer
3 from qiskit.visualization import array_to_latex
4 sim = Aer.get_backend('aer_simulator')
5 qc = QuantumCircuit(2)
6 qc.cx(1,0)
7 display(qc.draw('mpl'))
8 qc.save_unitary()
```

```
 9  unitary = sim.run(qc).result().get_unitary()
10  display(array_to_latex(unitary, prefix="\\text{CNOT (LSB as target bit) =
    }"))
```

$$
\text{CNOT (LSB as target bit) =}
\begin{bmatrix}
1 & 0 & 0 & 0 \\
0 & 1 & 0 & 0 \\
0 & 0 & 0 & 1 \\
0 & 0 & 1 & 0
\end{bmatrix}
$$

上列的程式碼說明如下：

- 第 1 行為程式編號及註解。

- 第 2 行使用 import 敘述引入 qiskit 套件中的 QuantumCircuit 類別以及 Aer 類別。

- 第 3 行使用 import 敘述引入 qiskit.visualization 中的 array_to_latex 函數。

- 第 4 行使用 QuantumCircuit(2) 建構一個包含 2 個量子位元的量子線路物件，儲存於 qc 變數中。

- 第 5 行使用 qc.cx(1,0) 呼叫 QuantumCircuit 類別的 cx 方法，建立 CNOT 閘，並以索引值為 1 的量子位元為控制位元，以索引值為 0 的量子位元為目標位元。這是以低位元（LSB）為目標位元的 CNOT 閘。

- 第 6 行使用 display(qc.draw('mpl')) 透過 Jupyter Notebook 提供的 display 函數顯示 QuantumCircuit 類別 draw 方法的執行結果，draw 方法帶入的參數為 'mpl'，代表透過 matplotlib 套件顯示量子線路。

- 第 7 行使用 Aer 類別的 get_backend('aer_simulator') 方法建構後端量子電腦模擬器物件，儲存於 sim 變數中。

- 第 8 行使用 QuantumCircuit 類別的 save_unitary() 方法，指示將 qc 量子線路目前狀態對應的么正矩陣儲存起來。

- 第 9 行使用 sim.run(qc).result().get_unitary() 呼叫 sim 對應的後端量子電腦模擬器的 run() 方法，帶入 qc 參數，得到 qc 對應量子線路的執行工作，然後再呼叫 result() 方法得到執行工作的結果，最後呼叫 get_unitary() 方法取得執行工作結果對應的么正矩陣物件，儲存於 unitary 變數中，形成 unitary 物件。

- 第 10 行使用 display 函數，透過 qiskit.visualization 中的 array_to_latex 方法將一個複數陣列以 LaTex 格式顯示 unitary 物件的內容，方法中的 prefix="\\text{CNOT (LSB as target bit) = }" 表示在顯示 unitary 物件前列出前綴字串（prefix）。

除了受控反閘（也就是 CNOT 閘或是受控 X 閘）之外，還有許多受控閘，例如受控 Y 閘、受控 Z 閘、受控 H 閘、受控 Rx 閘、受控 Ry 閘、受控 Rz 閘、受控 P 閘、受控 S 閘、受控 T 閘等。我們可將這些受控閘統稱為受控 U（Controlled-U）閘，其中 U 閘為么正變換。

若 U 閘的么正矩陣為 $U = \begin{pmatrix} u_{00} & u_{01} \\ u_{10} & u_{11} \end{pmatrix}$，則以高位元為控制位元的受控 U 閘的么正矩陣定義如下：

$$Controlled\text{-}U = \begin{pmatrix} I & 0 \\ 0 & U \end{pmatrix} = \begin{pmatrix} 1 & 0 & 0 & 0 \\ 0 & 1 & 0 & 0 \\ 0 & 0 & u_{00} & u_{01} \\ 0 & 0 & u_{10} & u_{11} \end{pmatrix}$$

若是以低位元為控制位元則受控 U 閘的么正矩陣定義如下：

$$Controlled\text{-}U = \begin{pmatrix} 1 & 0 & 0 & 0 \\ 0 & u_{00} & 0 & u_{01} \\ 0 & 0 & 1 & 0 \\ 0 & u_{10} & 0 & u_{11} \end{pmatrix}$$

例如，X 閘的么正矩陣為 $\begin{pmatrix} u_{00} & u_{01} \\ u_{10} & u_{11} \end{pmatrix} = \begin{pmatrix} 0 & 1 \\ 1 & 0 \end{pmatrix}$，因此以高位元為控制位元，低位元為目標位元的 CNOT 閘的么正矩陣為：

$$CNOT = \begin{pmatrix} 1 & 0 & 0 & 0 \\ 0 & 1 & 0 & 0 \\ 0 & 0 & u_{00} & u_{01} \\ 0 & 0 & u_{10} & u_{11} \end{pmatrix} = \begin{pmatrix} 1 & 0 & 0 & 0 \\ 0 & 1 & 0 & 0 \\ 0 & 0 & 0 & 1 \\ 0 & 0 & 1 & 0 \end{pmatrix}$$

另一方面，以低位元為控制位元，高位元為目標位元的 CNOT 閘的么正矩陣為：

$$CNOT = \begin{pmatrix} 1 & 0 & 0 & 0 \\ 0 & u_{00} & 0 & u_{01} \\ 0 & 0 & 1 & 0 \\ 0 & u_{10} & 0 & u_{11} \end{pmatrix} = \begin{pmatrix} 1 & 0 & 0 & 0 \\ 0 & 0 & 0 & 1 \\ 0 & 0 & 1 & 0 \\ 0 & 1 & 0 & 0 \end{pmatrix}$$

又例如，Y 閘的么正矩陣為 $\begin{pmatrix} u_{00} & u_{01} \\ u_{10} & u_{11} \end{pmatrix} = \begin{pmatrix} 0 & -i \\ i & 0 \end{pmatrix}$，因此以高位元為控制位元，低位

元為目標位元的 CY 閘的么正矩陣為：

$$CY = \begin{pmatrix} 1 & 0 & 0 & 0 \\ 0 & 1 & 0 & 0 \\ 0 & 0 & u_{00} & u_{01} \\ 0 & 0 & u_{10} & u_{11} \end{pmatrix} = \begin{pmatrix} 1 & 0 & 0 & 0 \\ 0 & 1 & 0 & 0 \\ 0 & 0 & 0 & -i \\ 0 & 0 & i & 0 \end{pmatrix}$$

另一方面，以低位元為控制位元，高位元為目標位元的 CY 閘的么正矩陣為：

$$CY = \begin{pmatrix} 1 & 0 & 0 & 0 \\ 0 & u_{00} & 0 & u_{01} \\ 0 & 0 & 1 & 0 \\ 0 & u_{10} & 0 & u_{11} \end{pmatrix} = \begin{pmatrix} 1 & 0 & 0 & 0 \\ 0 & 0 & 0 & -i \\ 0 & 0 & 1 & 0 \\ 0 & i & 0 & 0 \end{pmatrix}$$

再例如，H 閘的么正矩陣為 $\begin{pmatrix} u_{00} & u_{01} \\ u_{10} & u_{11} \end{pmatrix} = \begin{pmatrix} \frac{1}{\sqrt{2}} & \frac{1}{\sqrt{2}} \\ \frac{1}{\sqrt{2}} & \frac{-1}{\sqrt{2}} \end{pmatrix}$，因此以高位元為控制位元，低

位元為目標位元的受控 H 閘（CH 閘）的么正矩陣為：

$$CH = \begin{pmatrix} 1 & 0 & 0 & 0 \\ 0 & 1 & 0 & 0 \\ 0 & 0 & u_{00} & u_{01} \\ 0 & 0 & u_{10} & u_{11} \end{pmatrix} = \begin{pmatrix} 1 & 0 & 0 & 0 \\ 0 & 1 & 0 & 0 \\ 0 & 0 & \frac{1}{\sqrt{2}} & \frac{1}{\sqrt{2}} \\ 0 & 0 & \frac{1}{\sqrt{2}} & \frac{-1}{\sqrt{2}} \end{pmatrix}$$

另一方面,以低位元為控制位元,高位元為目標位元的 CH 閘的么正矩陣為:

$$CH = \begin{pmatrix} 1 & 0 & 0 & 0 \\ 0 & u_{00} & 0 & u_{01} \\ 0 & 0 & 1 & 0 \\ 0 & u_{10} & 0 & u_{11} \end{pmatrix} = \begin{pmatrix} 1 & 0 & 0 & 0 \\ 0 & \frac{1}{\sqrt{2}} & 0 & \frac{1}{\sqrt{2}} \\ 0 & 0 & 1 & 0 \\ 0 & \frac{1}{\sqrt{2}} & 0 & \frac{-1}{\sqrt{2}} \end{pmatrix}$$

以下說明採低位元(LSB)為控制位元而高位元(MSB)為目標位元的 CNOT 閘作用於 2 個量子位元的所有可能情形:CNOT 閘維持輸入 $|00\rangle$ 與輸入 $|10\rangle$ 不變,而將輸入 $|01\rangle$ 轉變為 $|11\rangle$,將輸入 $|11\rangle$ 轉變為 $|01\rangle$。這類似於古典的互斥或(exclusive OR, XOR)閘,當輸入為 00 及 11 時,輸出(目標位元)為 0,但是當輸入為 01 及 10 時,輸出(目標位元)為 1。類比地說,CNOT 量子閘可以將輸入量子位元 $|01\rangle$ 轉變為 $|11\rangle$,$|11\rangle$ 轉變為 $|01\rangle$;但是當輸入的量子位元為 $|00\rangle$ 及 $|10\rangle$ 時,量子位元則維持不變,依然是 $|00\rangle$ 及 $|10\rangle$。

以下為透過么正矩陣展示 CNOT 閘針對 $|00\rangle$、$|01\rangle$、$|10\rangle$ 及 $|11\rangle$ 進行運算的範例:

$$CNOT|00\rangle = \begin{pmatrix} 1 & 0 & 0 & 0 \\ 0 & 0 & 0 & 1 \\ 0 & 0 & 1 & 0 \\ 0 & 1 & 0 & 0 \end{pmatrix}\begin{pmatrix} 1 \\ 0 \\ 0 \\ 0 \end{pmatrix} = \begin{pmatrix} 1 \\ 0 \\ 0 \\ 0 \end{pmatrix} = |00\rangle$$

$$CNOT|01\rangle = \begin{pmatrix} 1 & 0 & 0 & 0 \\ 0 & 0 & 0 & 1 \\ 0 & 0 & 1 & 0 \\ 0 & 1 & 0 & 0 \end{pmatrix}\begin{pmatrix} 0 \\ 1 \\ 0 \\ 0 \end{pmatrix} = \begin{pmatrix} 0 \\ 0 \\ 0 \\ 1 \end{pmatrix} = |11\rangle$$

$$CNOT|10\rangle = \begin{pmatrix} 1 & 0 & 0 & 0 \\ 0 & 0 & 0 & 1 \\ 0 & 0 & 1 & 0 \\ 0 & 1 & 0 & 0 \end{pmatrix}\begin{pmatrix} 0 \\ 0 \\ 1 \\ 0 \end{pmatrix} = \begin{pmatrix} 0 \\ 0 \\ 1 \\ 0 \end{pmatrix} = |10\rangle$$

$$CNOT|11\rangle = \begin{pmatrix} 1 & 0 & 0 & 0 \\ 0 & 0 & 0 & 1 \\ 0 & 0 & 1 & 0 \\ 0 & 1 & 0 & 0 \end{pmatrix}\begin{pmatrix} 0 \\ 0 \\ 0 \\ 1 \end{pmatrix} = \begin{pmatrix} 0 \\ 1 \\ 0 \\ 0 \end{pmatrix} = |01\rangle$$

根據上述的計算，我們列出 CNOT 閘的真值表，如下所列：

$Input(q_1, q_0)$	$Output(q_1, q_0)$
00	00
01	11
10	10
11	01

以下的範例程式顯示 CNOT 閘運算後的量子位元測量結果：

In [4]:

```
1  #Program 4.4a Appliy CX-gate to qubit
2  from qiskit import QuantumCircuit
3  from qiskit.quantum_info import Statevector
4  qc = QuantumCircuit(8,8)
5  sv = Statevector.from_label('11011000')
6  qc.initialize(sv,range(8))
7  qc.cx(0,1)
8  qc.cx(2,3)
9  qc.cx(4,5)
10 qc.cx(6,7)
11 qc.measure(range(8),range(0))
12 qc.draw('mpl')
```

Out[4]:

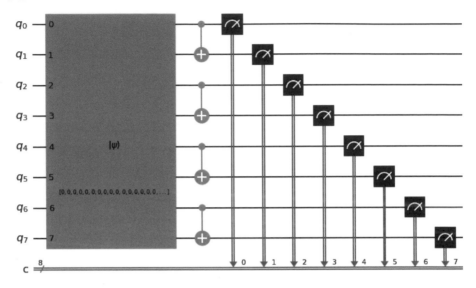

上列的程式碼說明如下：

- 第 1 行為程式編號及註解。

- 第 2 行使用 import 敘述引入 qiskit 套件中的 QuantumCircuit 類別。

- 第 3 行使用 import 敘述引入 qiskit.quantum_info 中的 Statevector 類別。

- 第 4 行使用 QuantumCircuit(8,8) 建構一個包含 8 個量子位元及 8 個古典位元的量子線路物件，儲存於 qc 變數中。

- 第 5 行使用 Statevector.from_label('11011000') 呼叫 Statevector 的 from_label 方法，並傳入字串 '11011000' 產生 8×8 的狀態向量，存在變數 sv 中。這狀態向量對應量子位元由最低有效位元到最高有效位元的排列為 00011011，請注意，這個排列恰好與傳入的字串的排列順序相反。

- 第 6 行使用 qc.initialize(sv,range(8)) 呼叫 QuantumCircuit 類別的 initialize 方法，以儲存在 sv 中的狀態向量設定量子位元初始值。被設定初始值的量子位元索引依序為 range(8) 指定的數值，也就是 0,1,2,3,4,5,6,7。

- 第 7 行使用 qc.cx(0,1) 呼叫 QuantumCircuit 類別的 cx 方法，建立 CNOT 閘，並以索引值為 0 的量子位元為控制位元，以索引值為 1 的量子位元為目標位元。

- 第 8 行使用 qc.cx(2,3) 呼叫 QuantumCircuit 類別的 cx 方法，建立 CNOT 閘，並以索引值為 2 的量子位元為控制位元，以索引值為 3 的量子位元為目標位元。

- 第 9 行使用 qc.cx(4,5) 呼叫 QuantumCircuit 類別的 cx 方法，建立 CNOT 閘，並以索引值為 4 的量子位元為控制位元，以索引值為 5 的量子位元為目標位元。

- 第 10 行使用 qc.cx(6,7) 呼叫 QuantumCircuit 類別的 cx 方法，建立 CNOT 閘，並以索引值為 6 的量子位元為控制位元，以索引值為 7 的量子位元為目標位元。

- 第 11 行 使 用 qc.measure(range(8),range(8)) 呼 叫 QuantumCircuit 類 別 的 measure 方法，測量索引值 0 到 7 的量子位元，並將測量結果儲存於索引值 0 到 7 的古典位元。

- 第 12 行使用 qc.draw('mpl') 呼叫 QuantumCircuit 類別的 draw 方法，並帶入參數 'mpl'，代表透過 matplotlib 套件顯示量子線路。

以下範例程式更進一步使用量子電腦模擬器多次執行量子線路，進行量子位元測量，並以直方圖來顯示 CNOT 閘運算後量子位元的測量結果。

In [5]:

```
1  #Program 4.4b Measure state of qubit w/ CX-gate
2  from qiskit import execute
3  from qiskit.providers.aer import AerSimulator
4  from qiskit.visualization import plot_histogram
5  sim=AerSimulator()
6  job=execute(qc, backend=sim, shots=1000)
7  result=job.result()
8  counts=result.get_counts(qc)
9  print("Counts:",counts)
10 plot_histogram(counts)
```

Counts: {'01111000': 1000}

Out[5]:

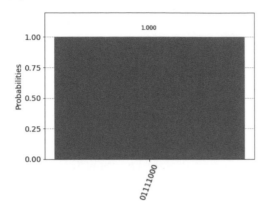

上列的程式碼說明如下：

- 第 1 行為程式編號及註解，程式編號為 4.4b 代表這段程式碼是接續編號為 4.4a 的程式碼之後執行的。

- 第 2 行使用 import 敘述引入 qiskit 套件中的 execute 函數。

- 第 3 行使用 import 敘述引入 qiskit.providers.aer 中的 AerSimulator 類別。

- 第 4 行使用 import 敘述引入 qiskit.visualization 中的 plot_histogram 函數。

- 第 5 行使用 AerSimulator() 建構量子電腦模擬器物件，儲存於 sim 變數中。

- 第 6 行呼叫 execute 函數建立一個工作，儲存於 job 變數中，其中傳入參數 qc 表示要執行 qc 所對應的量子線路，backend=sim 設定在後端使用 sim 物件所指定的量子電腦模擬器，shots=1000 設定在後端量子電腦模擬器上執行量子線路 1000 次，而每次執行都測量量子位元並將測量結果儲存於古典位元中保存下來。

- 第 7 行使用 job 物件的 result 方法取得 job 物件的執行相關資訊，儲存於物件變數 result 中。執行相關資訊除了執行環境之外，也包括執行結果，也就是量子線路在量子電腦模擬器上的執行結果。

- 第 8 行使用 result 物件的 get_counts(qc) 方法取出有關量子線路各種量測結果的計數（counts），並以字典（dict）型別儲存於變數 counts 中。

- 第 9 行使用 print 函數顯示 "Counts:" 字串及字典型別變數 counts 的值，在這個程式中 counts 變數的值為 {'01111000': 1000}，其中只有 1 個鍵值對，表示

1000 次的測量都是 '01111000'。請注意，量子位元由最低有效位元到最高有效位元的排列為 00011110，這個排列恰好與字串 '01111000' 的排列順序相反。

- 第 10 行呼叫 plot_histogram(counts) 函數，將字典型別變數 counts 中所有鍵出現的機率繪製為直方圖（histogram）。透過直方圖，我們就更容易看清楚量子 CNOT 閘的操作，可以將輸入 |01⟩ 變為 |11⟩，|11⟩ 變為 |01⟩，但是輸入為 |00⟩ 及 |10⟩ 時，輸出則不變，依然是 |00⟩ 及 |10⟩。

4.2　特殊量子糾纏態

本節介紹特殊量子位元糾纏（entanglement）態程式設計，以下的範例程式進　步使用 H 閘搭配 CNOT 閘來產生一個特殊的量子糾纏態──貝爾態（Bell state）：

In [6]:

```
1  #Program 4.5 Build Bell state via H- and CX-gate
2  from qiskit import QuantumCircuit
3  qc = QuantumCircuit(2)
4  qc.h(1)
5  qc.cx(1,0)
6  print("Below is the Bell state (top: q0 for target; bottom: q1 for control):")
7  display(qc.draw('mpl'))
8  print("Below is the Bell state (top: q1 for control; bottom: q0 for target):")
9  display(qc.draw('mpl',reverse_bits=True))
```

Below is the Bell state (top: q0 for target; bottom: q1 for control):

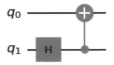

Below is the Bell state (top: q1 for control; bottom: q0 for target):

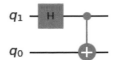

上列的程式碼說明如下：

- 第 1 行為程式編號及註解。

- 第 2 行使用 import 敘述引入 qiskit 套件中的 QuantumCircuit 類別。

- 第 3 行使用 QuantumCircuit(2) 建構一個包含 2 個量子位元的量子線路物件，儲存於 qc 變數中。

- 第 4 行使用 qc.h(1) 呼叫 QuantumCircuit 類別的 h 方法，將量子線路中索引值為 1 的量子位元進行 H 閘運算。

- 第 5 行使用 qc.cx(1,0) 呼叫 QuantumCircuit 類別的 cx 方法，建立 CNOT 閘，並以索引值為 1 的量子位元為控制位元，以索引值為 0 的量子位元為目標位元。

- 第 6 行使用 print 函數顯示訊息 "Below is the Bell state (top: q0 for target; bottom: q1 for control):"。這是 Qiskit 預設的顯示方式，也就是低位元先顯示，然後再顯示高位元。

- 第 7 行使用 display(qc.draw('mpl')) 透過 Jupyter Notebook 提供的 display 函數顯示 QuantumCircuit 類別 draw 方法的執行結果，draw 方法帶入的參數為 'mpl'，代表透過 matplotlib 套件顯示 qc 量子線路。請注意，Qiskit 預設由低位元到高位元由上而下顯示量子線路。

- 第 8 行使用 print 函數顯示訊息 "Below is the Bell state (top: q1 for control; bottom: q0 for target):"。這是某些文獻中慣用的顯示方式，也就是高位元先顯示，然後再顯示低位元。

- 第 9 行使用 display(qc.draw('mpl',reverse_bits=True) 透過 Jupyter Notebook 提供的 display 函數顯示 QuantumCircuit 類別 draw 方法的執行結果，draw 方法帶入的參數為 'mpl'，代表透過 matplotlib 套件顯示 qc 量子線路。請注意，draw 方法也帶入參數 reverse_bits=True 代表採用與 Qiskit 預設相反的位元顯示方式，也就是設定為由高位元到低位元由上而下顯示量子線路，有些文獻慣用這種方式顯示量子線路。

H 閘搭配 CNOT 閘共同使用可以產生量子糾纏態（quantum entanglement），事實上這是最簡單的雙量子位元糾纏狀態，又稱為貝爾態（Bell state）或是 EPR 對（Einstein–Podolsky–Rosen, EPR pair）。

處於貝爾態的量子糾纏狀態可以透過上列範例程式的量子線路產生。要提醒讀者注意的是，這個量子線路中以高位元為控制位元，而以低位元為目標為元。另外提醒讀者注意的是，在上列的範例程式中出現兩種顯示量子線路的方式，其中一種是 IBM Qiskit 預設採用的由上而下由低位元到高位元的顯示方式；而另一種是某些文獻中慣用的由上而下由高位元到低位元的顯示方式。因為有些描述貝爾態的文獻使用後者說明貝爾態量子線路，為免讀者產生混淆，所以我們同時以兩種方式顯示量子線路。

處於貝爾態的兩個量子位元 q_1 及 q_0 處於量子糾纏態，它們被測量的結果不是都是 $|0\rangle$ 或都是 $|1\rangle$，不然就是一個是 $|0\rangle$ 而另外一個是 $|1\rangle$。以下我們分四種狀況推導之：

（**狀況 1**）控制位元 $q_1 = |0\rangle$，目標位元 $q_0 = |0\rangle$

　　首先取得控制位元 $q_1 = |0\rangle$ 的疊加態，我們可得：

$$H|0\rangle = \frac{1}{\sqrt{2}}\begin{pmatrix} 1 & 1 \\ 1 & -1 \end{pmatrix}\begin{pmatrix} 1 \\ 0 \end{pmatrix} = \frac{1}{\sqrt{2}}\begin{pmatrix} 1 \\ 1 \end{pmatrix} = \begin{pmatrix} \frac{1}{\sqrt{2}} \\ \frac{1}{\sqrt{2}} \end{pmatrix}$$

　　接著套用 CNOT 閘於控制位元 $q_1 = |0\rangle$ 的疊加態 $H|0\rangle$ 上，以及目標位元 $q_0 = |0\rangle$ 上，計算結果如下：

$$\text{CNOT}(H|0\rangle \otimes |0\rangle) = \text{CNOT}\left(\begin{pmatrix} \frac{1}{\sqrt{2}} \\ \frac{1}{\sqrt{2}} \end{pmatrix} \otimes \begin{pmatrix} 1 \\ 0 \end{pmatrix}\right)$$

$$= \begin{pmatrix} 1 & 0 & 0 & 0 \\ 0 & 1 & 0 & 0 \\ 0 & 0 & 0 & 1 \\ 0 & 0 & 1 & 0 \end{pmatrix}\begin{pmatrix} \frac{1}{\sqrt{2}} \\ 0 \\ \frac{1}{\sqrt{2}} \\ 0 \end{pmatrix} = \begin{pmatrix} \frac{1}{\sqrt{2}} \\ 0 \\ 0 \\ \frac{1}{\sqrt{2}} \end{pmatrix} = \frac{1}{\sqrt{2}}(|00\rangle + |11\rangle) = |\Phi^+\rangle$$

（**狀況 2**）控制位元 $q_1 = |0\rangle$，目標位元 $q_0 = |1\rangle$

首先取得控制位元 $q_1 = |0\rangle$ 的疊加態，我們可得：

$$H|0\rangle = \frac{1}{\sqrt{2}} \begin{pmatrix} 1 & 1 \\ 1 & -1 \end{pmatrix} \begin{pmatrix} 1 \\ 0 \end{pmatrix} = \frac{1}{\sqrt{2}} \begin{pmatrix} 1 \\ 1 \end{pmatrix} = \begin{pmatrix} \frac{1}{\sqrt{2}} \\ \frac{1}{\sqrt{2}} \end{pmatrix}$$

接著套用 CNOT 閘於控制位元 $q_1 = |0\rangle$ 的疊加態 $H|0\rangle$ 上，以及目標位元 $q_0 = |1\rangle$ 上，計算結果如下：

$$\text{CNOT}(H|0\rangle \otimes |1\rangle) = \text{CNOT}\left(\begin{pmatrix} \frac{1}{\sqrt{2}} \\ \frac{1}{\sqrt{2}} \end{pmatrix} \otimes \begin{pmatrix} 0 \\ 1 \end{pmatrix} \right)$$

$$= \begin{pmatrix} 1 & 0 & 0 & 0 \\ 0 & 1 & 0 & 0 \\ 0 & 0 & 0 & 1 \\ 0 & 0 & 1 & 0 \end{pmatrix} \begin{pmatrix} 0 \\ \frac{1}{\sqrt{2}} \\ 0 \\ \frac{1}{\sqrt{2}} \end{pmatrix} = \begin{pmatrix} 0 \\ \frac{1}{\sqrt{2}} \\ \frac{1}{\sqrt{2}} \\ 0 \end{pmatrix} = \frac{1}{\sqrt{2}}(|01\rangle + |10\rangle) = |\Psi^+\rangle$$

（**狀況 3**）控制位元 $q_1 = |1\rangle$，目標位元 $q_0 = |0\rangle$：

首先取得控制位元 $q_1 = |1\rangle$ 的疊加態，我們可得：

$$H|1\rangle = \frac{1}{\sqrt{2}} \begin{pmatrix} 1 & 1 \\ 1 & -1 \end{pmatrix} \begin{pmatrix} 0 \\ 1 \end{pmatrix} = \frac{1}{\sqrt{2}} \begin{pmatrix} 1 \\ -1 \end{pmatrix} = \begin{pmatrix} \frac{1}{\sqrt{2}} \\ \frac{-1}{\sqrt{2}} \end{pmatrix}$$

接著套用 CNOT 閘於控制位元 $q_1 = |1\rangle$ 的疊加態 $H|1\rangle$ 上，以及目標位元 $q_0 = |0\rangle$ 上，計算結果如下：

$$\text{CNOT}(H|1\rangle \otimes |0\rangle) = \text{CNOT}\left(\begin{pmatrix} \frac{1}{\sqrt{2}} \\ \frac{-1}{\sqrt{2}} \end{pmatrix} \otimes \begin{pmatrix} 1 \\ 0 \end{pmatrix} \right)$$

$$= \begin{pmatrix} 1 & 0 & 0 & 0 \\ 0 & 1 & 0 & 0 \\ 0 & 0 & 0 & 1 \\ 0 & 0 & 1 & 0 \end{pmatrix} \begin{pmatrix} \frac{1}{\sqrt{2}} \\ 0 \\ \frac{-1}{\sqrt{2}} \\ 0 \end{pmatrix} = \begin{pmatrix} \frac{1}{\sqrt{2}} \\ 0 \\ 0 \\ \frac{-1}{\sqrt{2}} \end{pmatrix} = \frac{1}{\sqrt{2}}(|00\rangle - |11\rangle) = |\Phi^-\rangle$$

（**狀況 4**）控制位元 $q_1 = |1\rangle$，目標位元 $q_0 = |1\rangle$

首先取得控制位元 $q_1 = |1\rangle$ 的疊加態，我們可得：

$$H|1\rangle = \frac{1}{\sqrt{2}}\begin{pmatrix} 1 & 1 \\ 1 & -1 \end{pmatrix}\begin{pmatrix} 0 \\ 1 \end{pmatrix} = \frac{1}{\sqrt{2}}\begin{pmatrix} 1 \\ -1 \end{pmatrix} = \begin{pmatrix} \frac{1}{\sqrt{2}} \\ \frac{-1}{\sqrt{2}} \end{pmatrix}$$

接著套用 CNOT 閘於控制位元 $q_1 = |1\rangle$ 疊加態 $H|1\rangle$ 及目標位元 $q_0 = |1\rangle$ 上，計算結果如下：

$$\mathrm{CNOT}(H|1\rangle \otimes |1\rangle) = \mathrm{CNOT}\left(\begin{pmatrix} \frac{1}{\sqrt{2}} \\ \frac{-1}{\sqrt{2}} \end{pmatrix} \otimes \begin{pmatrix} 0 \\ 1 \end{pmatrix}\right)$$

$$= \begin{pmatrix} 1 & 0 & 0 & 0 \\ 0 & 1 & 0 & 0 \\ 0 & 0 & 0 & 1 \\ 0 & 0 & 1 & 0 \end{pmatrix}\begin{pmatrix} 0 \\ \frac{1}{\sqrt{2}} \\ 0 \\ \frac{-1}{\sqrt{2}} \end{pmatrix} = \begin{pmatrix} 0 \\ \frac{1}{\sqrt{2}} \\ \frac{-1}{\sqrt{2}} \\ 0 \end{pmatrix} = \frac{1}{\sqrt{2}}(|01\rangle - |10\rangle) = |\Psi^-\rangle$$

以上貝爾態的 4 個狀況可以推導出 4 種雙位元量子態：$|\Phi^+\rangle$、$|\Psi^+\rangle$、$|\Phi^-\rangle$、$|\Psi^-\rangle$，這是雙量子位元糾纏狀態，可以得到 2 個量子位元的狀態不是相同就是相反的結論。

透過以下二個範例程式顯示 $|\Phi^+\rangle = \frac{1}{\sqrt{2}}(|00\rangle + |11\rangle)$ 以及 $|\Psi^+\rangle = \frac{1}{\sqrt{2}}(|01\rangle + |10\rangle)$ 的測量結果，可以驗證上述的結論：

In [7]:

```
1  #Program 4.6a Build Bell state via H- and CX-gate
2  from qiskit import QuantumCircuit
3  qc = QuantumCircuit(2,2)
4  qc.h(0)
5  qc.cx(0,1)
6  qc.measure(range(2),range(2))
7  qc.draw('mpl')
```

Out[7]:

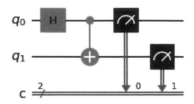

上列的程式碼說明如下：

- 第 1 行為程式編號及註解。

- 第 2 行使用 import 敘述引入 qiskit 套件中的 QuantumCircuit 類別。

- 第 3 行使用 QuantumCircuit(2,2) 建構一個包含 2 個量子位元及 2 個古典位元的量子線路物件，儲存於 qc 變數中。

- 第 4 行使用 qc.h(0) 呼叫 QuantumCircuit 類別的 h 方法，將量子線路中索引值為 0 的量子位元進行 H 閘運算。

- 第 5 行使用 qc.cx(0,1) 呼叫 QuantumCircuit 類別的 cx 方法，建立 CNOT 閘，並以索引值為 0 的量子位元為控制位元，以索引值為 1 的量子位元為目標位元。

- 第 6 行使用 qc.measure(range(2),range(2)) 呼叫 QuantumCircuit 類別的 measure 方法。因為此處帶入 range(2) 參數與帶入 [0,1] 串列參數的結果相同，所以這個方法會在索引值為 0 及 1 的量子位元加上測量操作，並將測量結果儲存於索引值為 0 及 1 的古典位元。

- 第 7 行使用 qc.draw('mpl') 呼叫 QuantumCircuit 類別的 draw 方法，並帶入參數 'mpl'，代表透過 matplotlib 套件顯示量子線路。

In [8]:

```
1  #Program 4.6b Measure state of qubit in Bell state
2  from qiskit import execute
3  from qiskit.providers.aer import AerSimulator
4  from qiskit.visualization import plot_histogram
5  sim=AerSimulator()
6  job=execute(qc, backend=sim, shots=1000)
7  result=job.result()
8  counts=result.get_counts(qc)
```

```
 9  print("Counts:",counts)
10  plot_histogram(counts)
```

Counts: {'11': 480, '00': 520}

Out[8]:

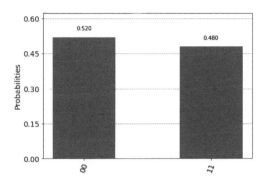

- 第 1 行為程式編號及註解。程式編號為 4.6b 代表這段程式碼是接續編號為 4.6a 這段程式碼之後執行的。

- 第 2 行使用 import 敘述引入 qiskit 套件中的 execute 函數。

- 第 3 行使用 import 敘述由 qiskit.provider.aer 引入 AerSimulator 類別。

- 第 4 行使用 import 敘述由 qiskit.visualization 引入 plot_histogram 函數。

- 第 5 行使用 AerSimulator() 建構量子電腦模擬器物件，儲存於 sim 變數中。

- 第 6 行呼叫 execute 函數建立一個工作，儲存於 job 變數中，其中傳入參數 qc 表示要執行 qc 所對應的量子線路，backend=sim 設定在後端使用 sim 物件所指定的量子電腦模擬器，shots=1000 設定在後端量子電腦模擬器上執行量子線路 1000 次，而每次執行都測量量子位元並將測量結果儲存於古典位元中保存下來。

- 第 7 行使用 job 物件的 result 方法取得 job 物件的執行相關資訊，儲存於物件變數 rcsult 中。執行相關資訊除了執行環境之外，也包括執行結果，也就是量子線路在量了電腦模擬器上的執行結果。

- 第 8 行使用 result 物件的 get_counts(qc) 方法取出有關量子線路各種量測結果的計數（counts），並以字典（dict）型別儲存於變數 counts 中。

- 第 9 行使用 print 函數顯示 "Counts:" 字串及字典型別變數 counts 的值,在這個程式中 counts 變數一共有 2 個鍵,代表 2 個量子位元貝爾態的 2 種可能測量結果,一個鍵是 '00'(也就是代表測量為 |00⟩),其對應的值為 520,接近 1000/2;而另一個鍵是 '11'(也就是代表測量為 |11⟩),其對應的值為 480,接近 1000/2。這些鍵在理論上應該對應到非常接近 1000/2 的值。然而,因為量子態本身就帶有隨機性,而量子電腦模擬器也模擬出這個隨機性,因此這些量子位元測量的統計次數與理論數值有些微差異,但是這差異會隨著量子線路執行的次數的增加而逐漸減小。

- 第 10 行呼叫 plot_histogram(counts) 函數,將字典型別變數 counts 中所有鍵出現的機率繪製為直方圖(histogram)。透過直方圖,我們很容易觀察到在兩個量子位元相同狀態的貝爾態中,當其中一個量子位元被測量為 |0⟩ 的時候,另外一個量子位元必定被測量為 |0⟩,而其中一個量子位元被測量為 |1⟩ 的時候,另外一個量子位元必定被測量為 |1⟩。

上列的範例程式展示處於貝爾態 $|\Phi^+\rangle = \frac{1}{\sqrt{2}}(|00\rangle + |11\rangle)$ 的 2 個量子位元的量子狀態測量結果。具體的說,這 2 個量子位元處於量子糾纏態,當一個量子位元被測量為 |1⟩ 的時候,另外一個量子位元必定被測量為 |1⟩;或是相反的,當一個量子位元被測量為 |0⟩ 的時候,另外一個量子位元必定被測量為 |0⟩。

上述的 $|\Phi^+\rangle = \frac{1}{\sqrt{2}}(|00\rangle + |11\rangle)$ 是一個雙量子位元的量子糾纏態,其中 2 個量子位元的狀態必定相同。以下的範例程式則展示處於貝爾態 $|\Psi^+\rangle = \frac{1}{\sqrt{2}}(|01\rangle + |10\rangle)$ 的 2 個量子位元的量子狀態測量結果:

In [9]:

```
 1 #Program 4.7a Iinitialize qubit and build Bell state via H- and CX-gate
 2 from qiskit import QuantumCircuit
 3 from qiskit.quantum_info import Statevector
 4 qc = QuantumCircuit(2,2)
 5 sv = Statevector.from_label('10')
 6 qc.initialize(sv,range(2))
 7 qc.h(0)
 8 qc.cx(0,1)
 9 qc.measure(range(2),range(2))
10 qc.draw('mpl')
```

Out[9]:

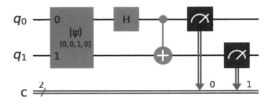

上列的程式碼說明如下：

- 第 1 行為程式編號及註解。

- 第 2 行使用 import 敘述引入 qiskit 套件中的 QuantumCircuit 類別。

- 第 3 行使用 import 敘述引入 qiskit.quantum_info 中的 Statevector 類別。

- 第 4 行使用 QuantumCircuit(2,2) 建構一個包含 2 個量子位元及 2 個古典位元的量子線路物件，儲存於 qc 變數中。

- 第 5 行使用 Statevector.from_label('10') 呼叫 Statevector 的 from_label 方法，並傳入字串 '10' 產生 2×2 的狀態向量，存在變數 sv 中。這狀態向量對應量子位元由最低有效位元到最高有效位元的排列為 01，請注意，這個排列恰好與傳入字串的排列順序相反。

- 第 6 行使用 qc.initialize(sv,range(2)) 呼叫 QuantumCircuit 類別的 initialize 方法，以儲存在 sv 中的狀態向量設定量子位元初始值。被設定初始值的量子位元索引依序為 range(2) 指定的數值，也就是 0,1。

- 第 7 行使用 qc.h(0) 呼叫 QuantumCircuit 類別的 h 方法，將量子線路中索引值為 0 的量子位元進行 H 閘運算。

- 第 8 行使用 qc.cx(0,1) 呼叫 QuantumCircuit 類別的 cx 方法，建立 CNOT 閘，並以索引值為 0 的量子位元為控制位元，以索引值為 1 的量子位元為目標位元。

- 第 9 行使用 qc.measure(range(2),range(2)) 呼叫 QuantumCircuit 類別的 measure 方法。因為此處帶入 range(2) 參數與帶入 [0,1] 串列參數的結果相同，所以這個方法會在索引值為 0 及 1 的量子位元加上測量操作，並將測量結果儲存於索引值為 0 及 1 的古典位元。

- 第 10 行使用 qc.draw('mpl') 呼叫 QuantumCircuit 類別的 draw 方法，並帶入參數 'mpl'，代表透過 matplotlib 套件顯示量子線路。

In [10]:

```
 1  #Program 4.7b Measure state of qubit in Bell state
 2  from qiskit import execute
 3  from qiskit.providers.aer import AerSimulator
 4  from qiskit.visualization import plot_histogram
 5  sim=AerSimulator()
 6  job=execute(qc, backend=sim, shots=1000)
 7  result=job.result()
 8  counts=result.get_counts(qc)
 9  print("Counts:",counts)
10  plot_histogram(counts)
```

Counts: {'10': 503, '01': 497}

Out[10]:

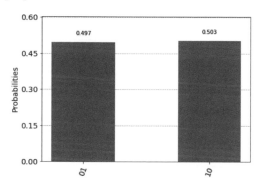

- 第 1 行為程式編號及註解。程式編號為 4.7b 代表這段程式碼是接續編號為 4.7a 的程式碼之後執行的。

- 第 2 行使用 import 敘述引入 qiskit 套件中的 execute 函數。

- 第 3 行使用 import 敘述由 qiskit.provider.aer 引入 AerSimulator 類別。

- 第 4 行使用 import 敘述由 qiskit.visualization 引入 plot_histogram 函數。

- 第 5 行使用 AerSimulator() 建構量子電腦模擬器物件,儲存於 sim 變數中。

- 第 6 行呼叫 execute 函數建立一個工作,儲存於 job 變數中,其中傳入參數 qc 表示要執行 qc 所對應的量子線路,backend=sim 設定在後端使用 sim 物件所指定的量子電腦模擬器,shots=1000 設定在後端量子電腦模擬器上執行量子線路 1000 次,而每次執行都測量量子位元並將測量結果儲存於古典位元中保存下來。

- 第 7 行使用 job 物件的 result 方法取得 job 物件的執行相關資訊，儲存於物件變數 result 中。執行相關資訊除了執行環境之外，也包括執行結果，也就是量子線路在量子電腦模擬器上的執行結果。

- 第 8 行使用 result 物件的 get_counts(qc) 方法取出有關量子線路各種量測結果的計數（counts），並以字典（dict）型別儲存於變數 counts 中。

- 第 9 行使用 print 函數顯示 "Counts:" 字串及字典型別變數 counts 的值，在這個程式中 counts 變數一共有 2 個鍵，代表 2 個量子位元貝爾態的 2 種可能測量結果，一個鍵是 '01'（也就是代表測量為 |01⟩），其對應的值為 497，接近 1000/2；而另一個鍵是 '10'（也就是代表測量為 |10⟩），其對應的值為 503，也接近 1000/2。這些鍵在理論上應該對應到非常接近 1000/2 的值（即測量計數次數）。然而，因為量子態本身就帶有隨機性，而量子電腦模擬器也模擬出這個隨機性，因此這些量子位元測量的統計次數與理論數值有些微差異，但是這差異會隨著量子線路執行的次數的增加而逐漸減小。

- 第 10 行呼叫 plot_histogram(counts) 函數，將字典型別變數 counts 中所有鍵出現的機率繪製為直方圖（histogram）。透過直方圖，我們很容易觀察到在兩個量子位元相反的貝爾態中，當其中一個量子位元被測量為 |1⟩ 的時候，另外一個量子位元必定被測量為 |0⟩，反之亦然。

上列的範例程式展示處於貝爾態 $|\Psi^+\rangle = \frac{1}{\sqrt{2}}(|01\rangle + |10\rangle)$ 的 2 個量子位元的測量結果。$|\Psi^+\rangle$ 是一個雙量子位元的量子糾纏態，其中 2 個量子位元的狀態必定相反。具體的說，當一個量子位元被測量為 |1⟩ 的時候，另外一個量子位元必定被測量為 |0⟩；或是相反的，當一個量子位元被測量為|0⟩的時候，另外一個量子位元必定被測量為 |1⟩。

4.3　量子遙傳

處於貝爾態的糾纏量子位元可以應用在量子資訊學（quantum information）中作為量子遙傳（quantum teleportation）的基礎，讓相隔很遠的 Alice 與 Bob，可以透過古典通訊的方式，在不損壞量子位元量子態的條件下傳遞一個量子位元的量子態。以下以 $|\Phi^+\rangle = \frac{1}{\sqrt{2}}(|00\rangle + |11\rangle)$ 說明量子遙傳的作法。

假設相隔很遠的 Alice 與 Bob 分別擁有處於貝爾糾纏態 $|\Phi^+\rangle = \frac{1}{\sqrt{2}}(|00\rangle + |11\rangle)$ 之 2 個量子位元中的一個，令 Alice 擁有的量子位元稱為 q_a，而 Bob 擁有的量子位元稱為 q_b。現在假設 Alice 作為通訊的來源端，想要傳送來源端量子位元 q_s 的狀態給目的端的 Bob，則 Alice 可以透過這 2 個處於糾纏態的量子位元傳送來源端量子位元 q_s，其做法如下：

Alice 首先加入 1 個 CNOT 閘，以 q_s 為控制位元（令其為高位元），而以 q_a 當作目標位元（令其為低位元），然後再針對 q_s 加入 H 閘，最後則針對 $|q_s\rangle \otimes |q_a\rangle = |q_s\, q_a\rangle$ 進行測量，並透過古典通訊方式將測量結果傳送給 Bob。當 Bob 收到測量結果時，可以分為以下 4 個狀況處理：

（狀況 1）

　　$|q_s\rangle$ 及 $|q_a\rangle$ 的測量結果均為 $|0\rangle$，則 q_b 本身就是 q_s 的狀態。

（狀況 2）

　　$|q_s\rangle$ 的測量結果為 $|0\rangle$，而 $|q_a\rangle$ 的測量結果為 $|1\rangle$，則針對 q_b 進行 X 閘操作就可以在 q_b 上還原 q_s 的狀態。

（狀況 3）

　　$|q_s\rangle$ 的測量結果為 $|1\rangle$，而 $|q_a\rangle$ 的測量結果為 $|0\rangle$，則針對 q_b 進行 Z 閘操作就可以在 q_b 上還原 q_s 的狀態。

（狀況 4）

　　$|q_s\rangle$ 及 $|q_a\rangle$ 的測量結果均為 $|1\rangle$，則針對 q_b 先進行 X 閘再進行 Z 閘操作就可以在 q_b 上還原 q_s 的狀態。

讀者應該注意到上列 4 個狀況中隱含的對應：Alice 對 $|q_s\rangle$ 的測量結果為 $|1\rangle$ 會對應在 q_b 上使用 Z 閘操作還原 q_s 的狀態；$|q_a\rangle$ 的測量結果為 $|1\rangle$ 會對應在 q_b 上使用 X 閘操作還原 q_s 的狀態，而且若同時 q_b 需要使用 X 閘與 Z 閘操作還原 q_s 的狀態，則 X 閘會在 Z 閘之前先進行。

上述的量子遙傳的過程採用處於貝爾糾纏態 $|\Phi^+\rangle = \frac{1}{\sqrt{2}}(|00\rangle + |11\rangle)$ 的 2 個量子位元，透過 Alice 對於來源端量子位元 q_s 以及來源端糾纏態量子位元 q_a 的 CNOT 閘及 H 閘的操作及測量，經過古典通訊方式將測量結果傳送給目的端的 Bob，就可

以讓 Bob 經由 q_b 還原 q_s 的狀態,由於篇幅的關係,本書省略上述量子遙傳正確性的推導過程。另外,還要請讀者注意的是,若 Alice 與 Bob 採用不同的量子位元糾纏態(例如 $|\Phi^-\rangle$、$|\Psi^+\rangle$ 或 $|\Psi^-\rangle$)來進行量子遙傳,則 Bob 根據 Alice 傳遞過來的測量結果再由 q_b 還原 q_s 狀態的過程就會稍有不同,而本書也省略這些描述。

下列範例程式可以顯示上述量子遙傳過程中使用到的量子線路:

In [11]:

```
1  #Program 4.8 Show quantum circuit for quantum teleportation
2  from qiskit import QuantumRegister, ClassicalRegister, QuantumCircuit
3  qs = QuantumRegister(1,'qs')
4  qa = QuantumRegister(1,'qa')
5  qb = QuantumRegister(1,'qb')
6  cr = ClassicalRegister(2,'c')
7  qc = QuantumCircuit(qs,qa,qb,cr)
8  qc.h(qa)
9  qc.cx(qa,qb)
10 qc.barrier()
11 qc.cx(qs,qa)
12 qc.h(qs)
13 qc.measure(qs,0)
14 qc.measure(qa,1)
15 qc.barrier()
16 qc.x(qb)
17 qc.z(qb)
18 qc.draw('mpl')
```

Out[11]:

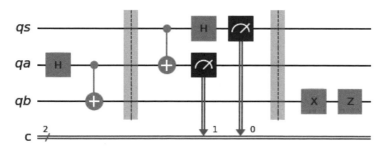

上列的程式碼說明如下:

- 第 1 行為程式編號及註解。

- 第 2 行使用 import 敘述引入 qiskit 套件中的 QuantumRegister、ClassicalRegister 與 QuantumCircuit 類別。

- 第 3 行使用 qs=QuantumRegister(1,'qs') 建構一個包含 1 個量子位元的量子暫存器物件，設定顯示標籤為 'qs'，儲存於 qs 變數中，這 1 個位元在 qs 的區域索引值為 0，全域索引值為 0。

- 第 4 行使用 qa=QuantumRegister(1,'qa') 建構一個包含 1 個量子位元的量子暫存器物件，設定顯示標籤為 'qa'，儲存於 qa 變數中，這 1 個位元在 qa 的區域索引值為 0，全域索引值為 1。

- 第 5 行使用 qb=QuantumRegister(1,'qb') 建構一個包含 1 個量子位元的量子暫存器物件，設定顯示標籤為 'qb'，儲存於 qb 變數中，這 1 個位元在 qb 的區域索引值為 0，全域索引值為 2。

- 第 6 行使用 cr=ClassicalRegister(2,'c') 建構一個包含 2 個古典位元的古典暫存器物件，設定顯示標籤為 'c' 以代表儲存量子位元測量的古典位元，儲存於 cr 變數中，這 2 個位元在 c 的區域索引值為 0、1，全域索引值為 0、1。

- 第 7 行使用 qc=QuantumCircuit(qs,qa,qb,cr) 建構一個包含量子暫存器物件 qs 的 1 個量子位元、量子暫存器物件 qa 的 1 個量子位元、量子暫存器物件 qb 的 1 個量子位元，以及古典暫存器物件 cr 的 2 個古典位元的量子線路物件，儲存於 qc 變數中。

- 第 8 行使用 qc.h(qa) 呼叫 QuantumCircuit 類別的 h 方法，將量子線路中的 qa 量子暫存器物件（區域索引值為 0）的量子位元進行 H 閘運算。

- 第 9 行使用 qc.cx(qa,qb) 呼叫 QuantumCircuit 類別的 cx 方法，建立 CNOT 閘，並以 qa 量子暫存器物件（區域索引值為 0）的量子位元為控制位元，以 qb 量子暫存器物件（區域索引值為 0）的量子位元為目標位元。

- 第 10 行使用 qc.barrier() 呼叫 QuantumCircuit 類別的 barrier 方法，在量子線路中加入壁壘（barrier），這會在稍後顯示量子線路的時候產生一條垂直的壁壘線，表示到目前為止是產生一個貝爾糾纏態的雙量子位元量子線路。透過壁壘線，量子線路可以分成不同的部分以方便讀者了解線路。但是在實際上，透過 barrier 方法可以指示量子計算系統在進行轉譯（transpile）或執行（execute）量子線路時（註：雖然一個程式可以直接執行量子線路，但是系統依然會自動進行轉譯動作），需要以相同壁壘區間為單位來進行線路最佳化。舉例而言，若一個量子位元經過兩個單量子位元量子閘的運算，則在轉譯時會最佳化成一個與兩個量子閘效果相同的宇閘（universe gate）。但是若在兩個單量子位元量子閘中間加入壁壘，則這個量子線路轉譯時不會跨越壁壘去共同最佳化這兩個量子閘。另外，加上壁壘可能會加深量子線路深度（circuit depth），因此也不適合任意增加太多壁壘線。

- 第 11 行使用 qc.cx(qs,qa) 呼叫 QuantumCircuit 類別的 cx 方法，建立 CNOT 閘，並以 qs 量子暫存器物件（區域索引值為 0）的量子位元為控制位元，以 qa 量子暫存器物件（區域索引值為 0）的量子位元為目標位元。

- 第 12 行使用 qc.h(qs) 呼叫 QuantumCircuit 類別的 h 方法，將量子線路中的 qs 量子暫存器物件（區域索引值為 0）的量子位元進行 H 閘運算。

- 第 13 行使用 qc.measure(qs,0) 呼叫 QuantumCircuit 類別的 measure 方法，測量量子暫存器物件 qs（區域索引值為 0）的量子位元，並將測量結果儲存於全域索引值為 0 的古典位元。

- 第 14 行使用 qc.measure(qa,1) 呼叫 QuantumCircuit 類別的 measure 方法，測量量子暫存器物件 qa（區域索引值為 0）的量子位元，並將測量結果儲存於全域索引值為 1 的古典位元。

- 第 15 行使用 qc.barrier() 呼叫 QuantumCircuit 類別的 barrier 方法，在量子線路中加入壁壘（barrier），這會在稍後顯示量子線路的時候產生一條垂直的壁壘線，表示由第一條的壁壘線到目前為止的壁壘線是有關 Alice 進行 CNOT 閘、X 閘與測量的量子線路。

- 第 16 行使用 qc.x(qb) 呼叫 QuantumCircuit 類別的 x 方法，將量子線路中的 qb 量子暫存器物件（區域索引值為 0）的量子位元進行 X 閘運算。請注意，在實際上這個量子閘的操作會因為 Alice 傳遞過來的測量結果執行或不執行。

- 第 17 行使用 qc.z(qb) 呼叫 QuantumCircuit 類別的 z 方法，將量子線路中的 qb 量子暫存器物件（區域索引值為 0）的量子位元進行 Z 閘運算。請注意，在實際上這個量子閘的操作會因為 Alice 傳遞過來的測量結果執行或不執行。

- 第 18 行使用 qc.draw('mpl') 呼叫 QuantumCircuit 類別的 draw 方法，並帶入參數 'mpl'，代表透過 matplotlib 套件顯示量子線路。

以上的範例程式顯示相隔很遠的 Alice 與 Bob 透過量子遙傳傳遞目的端量子位元 q_s 使用到的相關量子線路。實際上，這個量子線路只是一個示意圖，說明如下。首先，這個線路使用 H 閘與 CNOT 閘產生量子位元 q_a 與量子位元 q_b 的貝爾糾纏態。但是在量子位元 q_a 與 q_b 產生糾纏態之後，它們就被分送給相隔很遠的 Alice 與 Bob，所以在這之後，量子位元 q_a 與 q_b 就不在同一個量子線路內了。不過為了方便起見，這 2 個量子位元還是顯示在同一個量子線路中。另外，q_b 在最後還經過 X 閘與 Z 閘的操作，這也僅是一個示意。在實際上，Bob 會依據 Alice 針對來源端量子位元 q_s 及第一個糾纏態量子位元 q_a 測量並傳送過來的結果，產生經過或不經過，或僅經過其中一個量子閘的不同作法。同樣的，為了方便起見，我們還是將 2 個量子閘全部加入量子線路中。

以下釐清二個與量子遙傳相關的概念。首先，相隔很遠的 Alice 與 Bob 還是透過古典通訊通道傳送量子位元測量結果，因此，量子遙傳雖然可以傳送量子態，但是傳送速度還是受限於古典通訊的限制，還是無法比光速快，所以並沒有違背「有意義資訊無法超越光速傳輸」的限制。另外，第二個糾纏態量子位元 q_b 雖然可以重現來源端量子位元 q_s 的量子態，但是這並不違背量子不可複製定理（no-cloning theorem）。具體的說，雖然第二個糾纏態量子位元 q_b 可以完全複製來源端量子位元 q_s 的量子態，但是這是在來源端量子位元 q_s 被測量並產生量子坍縮之後才再度被重現的另外一個一模一樣的量子態，這兩個一模一樣的量子態並沒有同時存在，因此並不違反不可複製定理。

4.4　重要雙量子位元量子閘

本節介紹 CNOT 閘以外的其他雙量子位元量子閘，包括受控 Y 閘（controlled Y gate, CY gate）、受控 Z 閘（controlled Z gate, CZ gate）、受控 H 閘（controlled H gate, CH gate）、交換閘（SWAP gate）等，我們以下將一一簡單說明。

以下的程式碼建構包含 CNOT 閘以及上述雙量子位元量子閘的量子線路：

In [12]:

```
1 #Program 4.9 Apply CX-, CY-, CZ-, CH-, and SWAP-gate to qubit
2 from qiskit import QuantumCircuit
3 qc = QuantumCircuit(12)
4 qc.cx(0,1)
5 qc.cy(2,3)
```

```
 6  qc.cz(4,5)
 7  qc.ch(6,7)
 8  qc.swap(8,9)
 9  qc.cx(10,11)
10  qc.cx(11,10)
11  qc.cx(10,11)
12  qc.draw('mpl')
```

Out[12]:

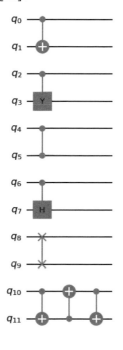

上列的程式碼說明如下：

- 第 1 行為程式編號及註解。

- 第 2 行使用 import 敘述引入 qiskit 套件中的 QuantumCircuit 類別。

- 第 3 行使用 QuantumCircuit(12) 建構一個包含 12 個量子位元的量子線路物件，儲存於 qc 變數中。

- 第 4 行使用 qc.cx(0,1) 呼叫 QuantumCircuit 類別的 cx 方法，建立 CX 閘（也就是 CNOT 閘或稱為受控 X 閘、受控反閘），並以索引值為 0 的量子位元為控制位元，以索引值為 1 的量子位元為目標位元。

- 第 5 行使用 qc.cy(2,3) 呼叫 QuantumCircuit 類別的 cy 方法，建立 CY 閘（也就是受控 Y 閘），並以索引值為 2 的量子位元為控制位元，以索引值為 3 的量子位元為目標位元。

- 第 6 行使用 qc.cz(4,5) 呼叫 QuantumCircuit 類別的 cz 方法，建立 CZ 閘（也就是受控 Z 閘），並以索引值為 4 的量子位元為控制位元，以索引值為 5 的量子位元為目標位元。

- 第 7 行使用 qh.cz(6,7) 呼叫 QuantumCircuit 類別的 ch 方法，建立 CH 閘（也就是受控 H 閘），並以索引值為 6 的量子位元為控制位元，以索引值為 7 的量子位元為目標位元。

- 第 8 行使用 qh.swap(8,9) 呼叫 QuantumCircuit 類別的 swap 方法，建立 SWAP 閘（也就是對調閘），將索引值為 8 及 9 的量子位元狀態對調。

- 第 9 行使用 qc.cx(10,11) 呼叫 QuantumCircuit 類別的 cx 方法建立 CX 閘，並以索引值為 10 的量子位元為控制位元，以索引值為 11 的量子位元為目標位元。

- 第 10 行使用 qc.cx(11,10) 呼叫 QuantumCircuit 類別的 cx 方法建立 CX 閘，並以索引值為 11 的量子位元為控制位元，以索引值為 10 的量子位元為目標位元。

- 第 11 行使用 qc.cx(10,11) 呼叫 QuantumCircuit 類別的 cx 方法建立 CX 閘，並以索引值為 10 的量子位元為控制位元，以索引值為 11 的量子位元為目標位元。

- 第 12 行使用 qc.draw('mpl') 呼叫 QuantumCircuit 類別的 draw 方法，並帶入參數 'mpl'，代表透過 matplotlib 套件顯示量子線路。

以上程式建構量子線路，包含許多雙量子位元量子閘，包括 CNOT 閘、CY 閘、CZ 閘、CH 閘以及 SWAP 閘。CNOT 閘、CY 閘、CZ 閘與 CH 閘的運作都具有二個輸入與二個輸出位元，其中一個輸入位元為控制（control）位元，另一個輸入位元為目標（target）位元。當控制位元為$|0\rangle$時，不對目標位元進行任何操作；而當控制位元為$|1\rangle$時，則針對目標位元進行特定操作。這些特定操作包括：X 軸旋轉 π 弳（對應 CX 閘或是 CNOT 閘）、Y 軸旋轉 π 弳（對應 CY 閘）、Z 軸旋轉 π 弳（對應 CZ 閘）以及 H 閘操作（對應 CH 閘）等。而 SWAP 閘可以將兩個量子位元的狀態互相對調，這個閘的操作可以透過 3 個 CNOT 閘完成。例如，以上程式碼中的 q_{10} 與 q_{11} 量子位元中的線路就是構成一個 SWAP 閘的等效線路。

4.5　三量子位元量子閘

本節介紹一個三量子位元的量子閘 ──CCNOT 閘，也就是受控受控反閘
（controlled-controlled not gate），記為 CCX 閘。我們先透過以下範例程式展示如
何建構一個包含 CCNOT 閘的量子線路：

In [13]:

```
1  #Program 4.10 Apply CCX-gate to qubit
2  from qiskit import QuantumCircuit
3  qc = QuantumCircuit(3)
4  qc.ccx(0,1,2)
5  qc.draw('mpl')
```

Out[13]:

上列的程式碼說明如下：

- 第 1 行為程式編號及註解。
- 第 2 行使用 import 敘述引入 qiskit 套件中的 QuantumCircuit 類別。
- 第 3 行使用 QuantumCircuit(3) 建構一個包含 3 個量子位元的量子線路物件，
  儲存於 qc 變數中。
- 第 4 行使用 qc.ccx(0,1,2) 呼叫 QuantumCircuit 類別的 ccx 方法建立 CCX 閘，
  也就是 CCNOT 閘或稱為受控受控反閘，並以索引值為 0 及 1 的量子位元為控
  制位元，以索引值為 2 的量子位元為目標位元。
- 第 5 行使用 qc.draw('mpl') 呼叫 QuantumCircuit 類別的 draw 方法，並帶入參
  數 'mpl'，代表透過 matplotlib 套件顯示量子線路。

以上的範例程式透過 ccx(0,1,2) 呼叫 QuantumCircuit 類別的 ccx 方法建構一個包含
CCNOT 閘的量子線路，以下詳細介紹 CCNOT 閘。

CCNOT 閘也就是托佛利閘（Toffoli gate），也稱為受控受控反閘（controlled-controlled-not gate）。這個閘是由托瑪索・托佛利（Tommaso Toffoli）提出的量子閘，它具有三個輸入位元和三個輸出位元。其中兩個輸入位元為控制位元，而第三個輸入位元為目標位元。當兩個控制位元皆為|1)時，則針對目標位元進行反轉操作，否則不對目標位元進行任何操作。CCNOT 閘具已被證明具有通用性，也就是說，僅僅透過 CCNOT 閘這個可逆操作閘就可以實現任意布林函數，也就是 AND、OR、NOT 等布林操作所組合出的函數。

若採取高位元（MSB）為目標位元，則 CCNOT 閘的么正矩陣如下所列：

$$
\text{CCNOT (MSB as target bit)} =
\begin{pmatrix}
1 & 0 & 0 & 0 & 0 & 0 & 0 & 0 \\
0 & 1 & 0 & 0 & 0 & 0 & 0 & 0 \\
0 & 0 & 1 & 0 & 0 & 0 & 0 & 0 \\
0 & 0 & 0 & 0 & 0 & 0 & 0 & 1 \\
0 & 0 & 0 & 0 & 1 & 0 & 0 & 0 \\
0 & 0 & 0 & 0 & 0 & 1 & 0 & 0 \\
0 & 0 & 0 & 0 & 0 & 0 & 1 & 0 \\
0 & 0 & 0 & 1 & 0 & 0 & 0 & 0
\end{pmatrix}
$$

若採取低位元（LSB）為目標位元，則 CCNOT 閘的么正矩陣如下所列：

$$
\text{CCNOT (LSB as target bit)} =
\begin{pmatrix}
1 & 0 & 0 & 0 & 0 & 0 & 0 & 0 \\
0 & 1 & 0 & 0 & 0 & 0 & 0 & 0 \\
0 & 0 & 1 & 0 & 0 & 0 & 0 & 0 \\
0 & 0 & 0 & 1 & 0 & 0 & 0 & 0 \\
0 & 0 & 0 & 0 & 1 & 0 & 0 & 0 \\
0 & 0 & 0 & 0 & 0 & 1 & 0 & 0 \\
0 & 0 & 0 & 0 & 0 & 0 & 0 & 1 \\
0 & 0 & 0 & 0 & 0 & 0 & 1 & 0
\end{pmatrix}
$$

以下的範例程式可以顯示 CCNOT 閘的量子線路及么正矩陣：

In [14]:

```
1  #Program 4.11 Show unitary matrix of CCX-gate
2  from qiskit import QuantumCircuit, Aer
3  from qiskit.visualization import array_to_latex
4  sim = Aer.get_backend('aer_simulator')
5  qc1 = QuantumCircuit(3)
6  qc1.ccx(0,1,2)
7  print("="*70,"\nBelow is quantum circuit of CCNOT gate (MSB as target bit):")
8  display(qc1.draw('mpl'))
9  qc1.save_unitary()
10 unitary = sim.run(qc1).result().get_unitary()
11 display(array_to_latex(unitary, prefix="\\text{CCNOT (MSB as target bit) = }\
   n"))
12 qc2 = QuantumCircuit(3)
13 qc2.ccx(2,1,0)
14 print("="*70,"\nBelow is quantum circuit of CCNOT gate (LSB as target bit):")
15 display(qc2.draw('mpl'))
16 qc2.save_unitary()
17 unitary = sim.run(qc2).result().get_unitary()
18 display(array_to_latex(unitary, prefix="\\text{CCNOT (LSB as target bit) = }\
   n"))
```

==
Below is quantum circuit of CCNOT gate (MSB as target bit):

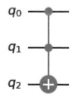

$$
\text{CCNOT (MSB as target bit)} =
\begin{bmatrix}
1 & 0 & 0 & 0 & 0 & 0 & 0 & 0 \\
0 & 1 & 0 & 0 & 0 & 0 & 0 & 0 \\
0 & 0 & 1 & 0 & 0 & 0 & 0 & 0 \\
0 & 0 & 0 & 0 & 0 & 0 & 0 & 1 \\
0 & 0 & 0 & 0 & 1 & 0 & 0 & 0 \\
0 & 0 & 0 & 0 & 0 & 1 & 0 & 0 \\
0 & 0 & 0 & 0 & 0 & 0 & 1 & 0 \\
0 & 0 & 0 & 1 & 0 & 0 & 0 & 0
\end{bmatrix}
$$

==

Below is quantum circuit of CCNOT gate (LSB as target bit):

$$\text{CCNOT (LSB as target bit)} = \begin{bmatrix} 1 & 0 & 0 & 0 & 0 & 0 & 0 & 0 \\ 0 & 1 & 0 & 0 & 0 & 0 & 0 & 0 \\ 0 & 0 & 1 & 0 & 0 & 0 & 0 & 0 \\ 0 & 0 & 0 & 1 & 0 & 0 & 0 & 0 \\ 0 & 0 & 0 & 0 & 1 & 0 & 0 & 0 \\ 0 & 0 & 0 & 0 & 0 & 1 & 0 & 0 \\ 0 & 0 & 0 & 0 & 0 & 0 & 0 & 1 \\ 0 & 0 & 0 & 0 & 0 & 0 & 1 & 0 \end{bmatrix}$$

上列的程式碼說明如下：

- 第 1 行為程式編號及註解。

- 第 2 行使用 import 敘述引入 qiskit 套件中的 QuantumCircuit 類別以及 Aer 類別。

- 第 3 行使用 import 敘述引入 qiskit.visualization 中的 array_to_latex 函數。

- 第 4 行使用 AerSimulator('aer_simulator') 建構屬於 aer_simulator 形式的後端量子電腦模擬器物件，儲存於 sim 變數中。

- 第 5 行使用 QuantumCircuit(3) 建構一個包含 3 個量子位元的量子線路物件，儲存於 qc1 變數中。

- 第 6 行使用 qc1.ccx(0,1,2) 呼叫 QuantumCircuit 類別的 ccx 方法，建立 CCNOT 閘，並以索引值為 0 及 1 的量子位元為控制位元，以索引值為 2 的量子位元為目標位元。這是以高位元（MSB）為目標位元的 CCNOT 閘。

- 第 7 行使用 print("="*70,"\nBelow is quantum circuit of CCNOT gate (MSB as target bit):") 在顯示一個具有 70 個等號（"="）的字串作為分隔線之後，跳行並顯示 "Below is quantum circuit of CCNOT gate (MSB as target bit):"。

- 第 8 行使用 display(qc1.draw('mpl')) 透過 Jupyter Notebook 提供的 display 函數顯示 QuantumCircuit 類別 draw 方法的執行結果，draw 方法帶入的參數為 'mpl'，代表透過 matplotlib 套件顯示 qc1 量子線路。

- 第 9 行使用 QuantumCircuit 類別的 save_unitary() 方法，指示將 qc1 量子線路目前狀態對應的么正矩陣儲存起來。

- 第 10 行使用 sim.run(qc1).result().get_unitary() 呼叫 sim 對應的後端量子電腦模擬器的 run() 方法，帶入 qc1 參數，得到 qc 對應量子線路的執行工作，然後再呼叫 result() 方法得到執行工作的結果，最後呼叫 get_unitary() 方法取得執行工作結果對應的么正矩陣物件。

- 第 11 行使用 display 函數，透過 qiskit.visualization 中的 array_to_latex 方法將一個複數陣列以 LaTex 格式顯示 unitary 物件，方法中的 prefix="\\text{CCNOT (MSB as target bit) = }" 表示在顯示 unitary 物件前列出前綴字串（prefix）為 "\text{CCNOT (MSB as target bit) = }"。這個前綴字串是 LaTex 的排版指令，表示以文字模式顯示大括號中的文字。請注意，在 Python 語言中，必須使用 \\ 表示字元 \，因為 \ 為 ' 跳脫字元 '（escape character），因此必須使用跳脫 ' 跳脫字元 ' 的方式表示一個 ' 跳脫字元 '\。

- 第 12 行使用 QuantumCircuit(3) 建構一個包含 3 個量子位元的量子線路物件，儲存於 qc2 變數中。

- 第 13 行使用 qc2.ccx(0,1,2) 呼叫 QuantumCircuit 類別的 ccx 方法，建立 CCNOT 閘，並以索引值為 0 及 1 的量子位元為控制位元，以索引值為 2 的量子位元為目標位元。這是以高位元（MSB）為目標位元的 CCNOT 閘。

- 第 14 行使用 print("="*70,"\nBelow is quantum circuit of CCNOT gate (LSB as target bit):") 在顯示一個具有 70 個等號（"="）的字串作為分隔線之後，跳行並顯示 "Below is quantum circuit of CCNOT gate (LSB as target bit):"。

- 第 15 行使用 display(qc2.draw('mpl')) 透過 Jupyter Notebook 提供的 display 函數顯示 QuantumCircuit 類別 draw 方法的執行結果，draw 方法帶入的參數為 'mpl'，代表透過 matplotlib 套件顯示 qc2 量子線路。

- 第 16 行使用 QuantumCircuit 類別的 save_unitary() 方法，指示將 qc2 量子線路目前狀態對應的么正矩陣儲存起來。

- 第 17 行使用 sim.run(qc2).result().get_unitary() 呼叫 sim 對應的後端量子電腦模擬器的 run() 方法，帶入 qc2 參數，得到 qc2 對應量子線路的執行工作，然後再呼叫 result() 方法得到執行工作的結果，最後呼叫 get_unitary() 方法取得執行工作結果對應的么正矩陣物件。

- 第 18 行使用 display 函數，透過 qiskit.visualization 中的 array_to_latex 方法將一個複數陣列以 LaTex 格式顯示 unitary 物件，方法中的 prefix="\\text{CCNOT (LSB as target bit) = }" 表示在顯示 unitary 物件前列出前綴字串（prefix）為 "\text{CCNOT (LSB as target bit) = }"。這個前綴字串是 LaTex 的排版指令，表示以文字模式顯示大括號中的文字。請注意，在 Python 語言中，必須使用 \\ 表示字元 \，因為 \ 為 ' 跳脫字元 '（escape character），因此必須使用跳脫 ' 跳脫字元 ' 的方式表示一個 ' 跳脫字元 \。

在 CCNOT 閘中有兩個控制位元，我們也可以將許多 CCNOT 閘組合起來，構成具有更多控制位元的高階量子閘（higher-order quantum gate）。例如，以下的範例程式構成一個具有 4 個控制位元的 CCCCNOT 高階量子閘的量子線路。當控制位元全部為 |1⟩ 時，則針對目標位元進行反轉操作，否則不針對目標位元進行任何操作。

In [15]:

```
1 #Program 4.12 Apply CCCCX-gate to qubit
2 from qiskit import QuantumCircuit
3 qc = QuantumCircuit(7)
4 qc.ccx(0,1,4)
5 qc.ccx(2,3,5)
6 qc.ccx(4,5,6)
7 qc.draw('mpl')
```

Out[15]:

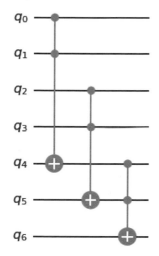

上列的程式碼說明如下：

- 第 1 行為程式編號及註解。

- 第 2 行使用 import 敘述引入 qiskit 套件中的 QuantumCircuit 類別。

- 第 3 行使用 QuantumCircuit(7) 建構一個包含 7 個量子位元的量子線路物件，
  儲存於 qc 變數中。

- 第 4 行使用 qc.ccx(0,1,4) 呼叫 QuantumCircuit 類別的 ccx 方法，建立 CCNOT
  閘，並以索引值為 0 及 1 的量子位元為控制位元，以索引值為 4 的量子位元為
  目標位元。

- 第 5 行使用 qc.ccx(2,3,5) 呼叫 QuantumCircuit 類別的 ccx 方法，建立 CCNOT
  閘，並以索引值為 2 及 3 的量子位元為控制位元，以索引值為 5 的量子位元為
  目標位元。

- 第 6 行使用 qc.ccx(4,5,6) 呼叫 QuantumCircuit 類別的 ccx 方法，建立 CCNOT
  閘，並以索引值為 4 及 5 的量子位元為控制位元，以索引值為 6 的量子位元為
  目標位元。

- 第 7 行使用 qc.draw('mpl') 呼叫 QuantumCircuit 類別的 draw 方法，並帶入參
  數 'mpl'，代表透過 matplotlib 套件顯示量子線路。

以上的範例程式利用 3 個 CCNOT 閘，構成一個具有 4 個控制位元的 CCCCNOT 高階量子閘的量子線路，其中 4 個控制位元為 q_0、q_1、q_2、q_3，目標位元為 q_6，而 q_4、q_5 則為輔助位元（ancilla bit）。所謂輔助位元就是既不是輸入也不是輸出，而僅是用於輔助運算的位元。這個 4 個控制位元的 CCCCNOT 閘，只有在 4 個控制位元都是 |1⟩ 的時候，才會反轉目標量子位元。

4.6　結語

本章介紹包括 CNOT 閘以及 CCNOT 在內的雙量子位元量子閘、三量子位元量子閘以及高階量子閘，也說明如何透過 H 閘以及 CNOT 閘構成一個特殊的雙量子位元的量子糾纏態——貝爾態。「量子糾纏」這一詞由薛丁格於 1935 年，在一篇名為「Discussion of probability relations between separated systems」的論文中提出，而愛因斯坦則稱這種特質為「鬼魅般的超距作用（spooky action at a distance）」。如維基百科所描述的：「在量子力學裏，當幾個粒子在彼此交互作用後，由於各個粒子所擁有的特性已綜合成為整體性質，無法單獨描述各個粒子的性質，只能描述整體系統的性質，則稱這現象為量子纏結或量子糾纏」。具體的說，如果在量子粒子（或量子實體）之間形成糾纏狀態，則量子粒子即使相距非常遠，也仍然可以在沒有任何時間差的情況下維持所有量子粒子間固定的特定關係。例如，若有兩個狀態相反的量子位元處於糾纏狀態中，則若其中第一個量子位元被觀察並坍縮到 |1⟩ 狀態，則另外一個量子位元一定立即坍縮到 |0⟩ 狀態，這兩個位元的坍縮之間不會有任何時間差距，因為它們實際上是一體的。

尤斯卡利安（Juskalian）在 2017 年一篇名為「Practical quantum computers」的論文中描述：「量子位元必須達到量子疊加狀態和量子糾纏狀態，才能做為量子計算模式的基本單元。」本書到目前為止已經介紹量子疊加與量子糾纏的程式設計技術，並且也介紹許多相關的基本概念。下一章開始將利用這些程式設計的技術實現量子演算法，並在實體量子電腦或量子電腦模擬器上，執行這些量子演算法來解決特定的問題。

練習

練習 4.1

給定以下的量子線路，若量子位元的初始狀態為 $|01101100\rangle$，當我們針對量子位元
測量時，什麼量子狀態具有最高的測出機率？請說明原因？

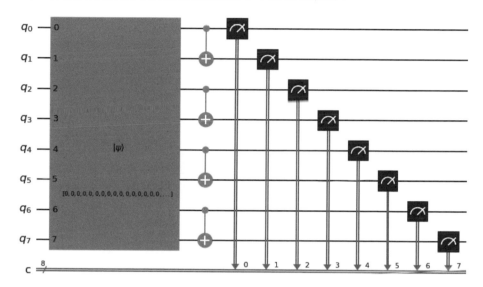

練習 4.2

IBM Qiskit 套件的 QuantumCircuit 類別提供 mcx 方法，可以建立多重控制位元
與單一目標位元的量子閘。其用法為 mcx(control_qubits, target_qubit, ancilla_
qubits=None, mode='noancilla')，其中 control_qubits 為控制位元索引串列，target_
qubit 為目標位元索引值，ancilla_qubits 為輔助位元索引串列，預設值為 None，而
mode 的預設值為 'noancilla'，表示量子閘的建構預設不使用輔助位元。請寫出量子
程式使用 mcx 方法建構並顯示 5 個控制位元作用在 1 個目標位元，而且不使用輔
助位元的量子線路。

練習 4.3

設計量子程式建構下列的量子線路,以量子電腦模擬器執行這個線路,以文字模式顯示測量的量子位元狀態出現的次數,並以繪圖模式顯示其直方圖。

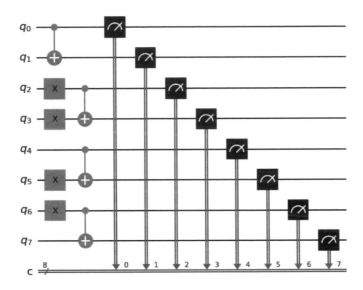

練習 4.4

請寫出量子程式使用 H 閘、X 閘及 CX 閘建構一個包含 2 個處於貝爾態量子位元的量子線路物件,此 2 個量子位元可能的雙位元量子態為 $|\Phi^+\rangle$、$|\Phi^-\rangle$、$|\Psi^+\rangle$、$|\Psi^-\rangle$,請以 H 閘、X 閘及 CX 閘的么正矩陣運算說明這 4 個雙位元量子態是由什麼量子位元的初始狀態推導而得?

練習 4.5

請寫出量子程式建構以下的量子線路,並以真值表說明這個線路的 8 種量子位元輸入所對應的輸出為何?

Deutsch-Jozsa 演算法
量子程式設計

本章介紹一個著名的量子演算法——Deutsch-Jozsa 演算法,用於解決常數 - 平衡函數判斷問題(constant-balanced function decision problem)。這個問題本身或許實際的應用價值不大,但是使用 Deutsch-Jozsa 演算法解決這個問題卻可以展示量子電腦隨著量子位元數量增加而計算能力呈指數成長的特性,因此我們選擇 Deutsch-Jozsa 演算法作為本書第一個量子演算法程式設計的範例。

以下本章先介紹常數 - 平衡函數判斷問題,之後說明如何編寫傳統程式實作古典演算法解決這個問題,然後再展示如何編寫量子程式實作 Deutsch–Jozsa 演算法解決這個問題。最後,本章詳細說明 Deutsch–Jozsa 演算法的原理,並且比較古典演算法與 Deutsch–Jozsa 演算法解決問題的執行步驟數。以下將展示,Deutsch–Jozsa 演算法在量子計算模式下只需要測試輸入位元組合 1 次,就可以解決問題。但是相對的,古典演算法在最壞情況下則需要測試輸入位元組合 $2^{n-1}+1$ 次,其中 n 為輸入位元的個數。換句話說,Deutsch–Jozsa 量子演算法相較於解決相同問題的古典演算法具有指數量級的加速。

另外,由於 Deutsch–Jozsa 演算法用到一個稱為相位回擊(phase kickback)的概念。這個概念非常重要,除了 Deutsch–Jozsa 演算法之外,還有很多其他著名的量子演算法也用到這個概念,因此本章在最後也詳細介紹相位回擊的概念。

5.1　常數 - 平衡函數判斷問題

常數 - 平衡函數判斷問題定義如下：

給定一個黑箱函數（blackbox function）f：

$$f : \{0,1\}^n \rightarrow \{0,1\}$$

判斷函數 f 是常數（constant）函數或是平衡（balanced）函數。

以下詳細說明什麼是常數函數以及什麼是平衡函數：

- 一個函數 $f, f : \{0,1\}^n \rightarrow \{0,1\}$ 是常數的，若且唯若針對任何的輸入 $x, x \in \{0,1\}^n$ 都得到 $f(x) = 0$ 或 $f(x) = 1$。
- 一個函數 $f, f : \{0,1\}^n \rightarrow \{0,1\}$ 是平衡的，若且唯若針對任何的輸入 $x, x \in \{0,1\}^n$, $f(x)$ 輸出 0 和 1 的次數相同。

緊接著，我們解釋什麼是黑箱函數：

黑箱函數（blackbox function）也稱為神諭（oracle），是一個未知函數（unknown function）。演算法解題的假設是我們不知道黑箱函數究竟進行什麼計算，但是我們可以詢問（query）黑箱函數，也就是可以向它提供輸入並接收它計算之後的輸出。黑箱函數必須能夠順利接受演算法的詢問，因此，若我們設計古典演算法解決問題，會假設黑箱函數也是透過古典計算模式實現的；反之，若我們設計量子演算法解決問題，則會假設黑箱函數也使用量子計算模式實現。

5.2　常數 - 平衡函數判斷古典演算法

以下假設黑箱函數 f1(x)=1 是常數函數，我們可以使用以下的古典計算模式範例程式實作黑箱函數 f1：

In [1]:

```
1 #program 5.1a Define classical oracle f1 and test it
2 def f1(x):
3    return '1'
4 print(f1('000'),f1('001'),f1('010'),f1('011'),f1('100'),f1('101'),f1('110')
  ,f1('111'))
```

1 1 1 1 1 1 1 1

以下逐行說明上列古典計算模式範例程式：

- 第 1 行為程式編號及註解。

- 第 2 行使用 def f1(x)：定義黑箱函數 f1。

- 第 3 行使用 return '1' 針對所有可能的輸入組合都返回 '1'（代表位元 1）。

- 第 4 行使用 print 函數顯示出具有 3 個位元（實際上是具有 3 個字元的字串）
  輸入的 f1 函數的所有可能輸出。

上列古典計算模式範例程式定義黑箱函數 f1，這個範例程式並且顯示具有 3 個位
元輸入（實際上是具有 3 個字元的字串）的 f1 函數的所有可能輸出，這些輸出都
是 '1'，這表示黑箱函數 f1 是一個常數函數。

以下範例程式所實作的黑箱函數 f2(x) 則是平衡函數：

In [2]:

```
1 #program 5.1b Define classical oracle f2 and test it
2 def f2(x):
3   if x[0]=='0':
4     return '0'
5   else:
6     return '1'
7 print(f2('000'),f2('001'),f2('010'),f2('011'),f2('100'),f2('101'),f2('110')
  ,f2('111'))
```

0 0 0 0 1 1 1 1

以下逐行說明上列古典計算模式範例程式：

- 第 1 行為程式編號及註解。

- 第 2 行使用 def f2(x): 定義黑箱函數 f2。

- 第 3 行使用 if x[0]=='0' 檢查索引值為 0 的輸入位元（實際上是字元）是否為
  '0'。

- 第 4 行使用 return '0' 在第 3 行檢查條件成立時返回 '0'（代表位元 0）。

- 第 5 行使用 else: 表示第 3 行檢查條件不成立的狀況。

- 第 6 行使用 return '1' 在第 3 行檢查條件不成立時返回 '1'（代表位元 1）。

- 第 7 行使用 print 函數顯示出具有 3 個位元（實際上是具有 3 個字元的字串）輸入的 f2 函數的所有可能輸出。

上列古典計算模式範例程式定義黑箱函數 f2，這個黑箱函數在索引值為 0 的輸入位元（實際上是字元）為 '0'（代表位元 0）時，它的輸出是 '0'（代表位元 0），否則輸出是 '1'（代表位元 1）。這個範例程式並且顯示具有 3 個位元輸入（實際上是具有 3 個字元的字串）的 f2 函數的所有可能輸出，這些輸出一半為 '0' 而一半為 '1'，這表示黑箱函數 f2 是一個平衡函數。

以下的古典計算模式範例程式可以正確判斷黑箱函數 f1 以及 f2 是否為常數函數或是平衡函數：

In [3]:

```
 1  #Program 5.1c Solve constant-balanced function decision (CBFD) prob. with
    classical code
 2  import itertools
 3  def cbfd_test(f,n):
 4    count0=count1=0
 5    iter = itertools.product([0,1], repeat=n)
 6    lst = [''.join(map(str, item)) for item in iter]
 7    for s in lst:
 8      if f(s)=='0':
 9        count0+=1
10      else:
11        count1+=1
12      if count0>0 and count1>0:
13        return True  #for balanced function
14      elif count0>2**(n-1) or count1>2**(n-1):
15        return False #for constant function
16  print(cbfd_test(f1,3))
17  print(cbfd_test(f2,3))
```

False
True

以下逐行說明上列古典計算模式範例程式：

- 第 1 行為程式編號及註解。

- 第 2 行使用 import 敘述引入 itertools 套件，這個套件具有許多可以產生各種迭代器（iterator）的函數。迭代器是一個物件，可以用於確保使用者在容器（container）物件（例如字串、串列或元組等）上遍訪所有成員，使用者使用迭代器時無須關心容器物件的記憶體分配、取用與儲存的細節。

- 第 3 行使用 def cbfd_test(f,n): 定義檢驗函數 cbfd_test，它具有兩個參數——f 為被檢查的黑箱函數，n 為黑箱函數的輸入位元數。

- 第 4 行使用 count0=count1=0 設定計數變數 count0 與 count1 的初始值為 0。

- 第 5 行使用 itertools.product([0,1], repeat=n) 呼叫 itertools 套件的 product 函數產生一個迭代器，可以遍訪 [0,1] 的 n 次張量積（也就是 $\{0,1\}^{\otimes n}$）的所有成員，其中每個成員為元組。以 n=3 為例, 產出的迭代器可以遍訪的成員為以下元組：(0, 0, 0), (0, 0, 1), (0, 1, 0), (0, 1, 1), (1, 0, 0), (1, 0, 1), (1, 1, 0), (1, 1, 1)，而其中每個元組都由 3 個整數構成。最後，產出的迭代器儲存於 iter 變數中。

- 第 6 行使用 [''.join(map(str, item)) for item in iter] 產生一個串列，其中每個串列成員為字串，每個字串由 ''.join(map(str, item)) for item in iter 產生（請注意，'' 代表由兩個連續單引號構成的空字串物件），說明如下：map(str, item) for item in iter 表示將 str 函數對應作用到每一個 iter 迭代器物件中的元組成員的每一個整數 item。例如，若元組成員 (0, 0, 0) 經過這個對應作用將成為 ('0', '0', '0')。另外，join 是字串類別（型別）附屬的方法，可以給定一個字串迭代器物件為參數，可以將迭代器中所有字串成員全部合併在一起。例如 ,''.join(('0','0','0')) 計算的結果為 '000'。綜合舉例而言，當 n=3 時 ,[''.join(map(str, item)) for item in iter] 將產生一個具有 8 個字串成員的串列，如下所列：['000', '001', '010', '011', '100', '101', '110', '111']，這個串列將儲存於 lst 變數中。

- 第 7 行使用 for s in lst: 產生一個 for 迴圈，每次迴圈迭代均由 lst 串列中取得一個字串成員 s。

- 第 8 行使用 if f(s)=='0': 檢查條件 (f(s)=='0') 是否成立。

- 第 9 行使用 count0+=1 在第 8 行檢查條件成立時將 count0 變數加 1。

- 第 10 行使用 else: 表示第 8 行檢查條件不成立的狀況。

- 第 11 行使用 count1+=1 在第 8 行檢查條件不成立時將 count1 變數加 1。

- 第 12 行使用 if count0>0 and count1>0: 檢查條件 (count0>0 and count1>0) 是否成立。

- 第 13 行使用 return True 在第 12 行檢查的條件成立時返回 True，代表檢測到 f 函數是平衡函數。

- 第 14 行使用 elif count0>2**(n-1) or count1>2**(n-1): 表示在第 12 行檢查條件不成立時要另外檢查條件 (count0>2**(n-1) or count1>2**(n-1)) 是否成立。

- 第 15 行使用 return False 在第 14 行檢查的條件成立時返回 False，代表檢測到 f 函數不是平衡函數而是常數函數。

- 第 16 行使用 print 函數顯示出具有 3 個位元輸入的 f1 函數的平衡 - 常數函數檢測結果。其結果為 False 代表檢測到 f1 函數是常數函數。

- 第 17 行使用 print 函數顯示出具有 3 個位元輸入的 f2 函數的平衡 - 常數函數檢測結果。其結果為 True 代表檢測到 f2 函數是平衡函數。

上列古典計算模式範例程式（古典演算法）可以判斷一個黑箱函數 f 是平衡函數還是常數函數，以下我們分析這個範例程式所對應演算法的時間複雜度。

所謂演算法的時間複雜度（time complexity）指的是演算法解決問題所需要執行的基本步驟（即關鍵指令）數，一般表示為與演算法輸入規模（input size）n 相關的數學式並以大 O 漸進記號表示（asymptotical big O notation）。若數學式為多項式（polynomial），例如以大 O 記號將複雜度表示為 $O(1)$、$O(\log n)$、$O(\sqrt{n})$、$O(n)$ 及 $O(n^2)$ 等，則演算法為比較有效率的多項式時間複雜度（polynomial time complexity）演算法 ($O(1)$ 對應的演算法也稱為與輸入規模無關的常數時間複雜度演算法）；反之，若數學式為超多項式（super-polynomial），例如以大 O 記號將複雜度表示為 $O(2^n)$、$O(n!)$ 等，則演算法為比較沒有效率而執行時間可能非常長的指數時間複雜度（exponential time complexity）演算法。因為篇幅的關係，本書不再深入解釋演算法時間複雜度及大 O 記號，請讀者自行參考演算法設計與分析的相關書籍以得知其明確定義及用法。

因為 f 函數的輸入有 n 個位元，因此總共有 2^n 種可能的輸入組合。在古典計算模式下，演算法必須一一測試每一個可能的輸入組合來判斷 f 函數是常數函數或是平衡函數。在最佳狀況下，最少需要測試 2 次輸入組合才能判斷 f 函數屬於什麼類型。這發生在第 1 個輸入與第 2 個輸入讓 f 函數產生不同輸出結果的時候，此時可以立即判斷 f 函數是平衡的。但是在最差狀況下，則需要測試 $2^{n-1}+1$ 次輸入才能確認 f 函數屬於什麼類型。這發生在做完一半可能輸入的測試時，若這一半（也就是 2^{n-1} 次）的輸入都使 f 函數產生相同的輸出，則此時需要再測試額外 1 個輸入才能判斷 f 函數是常數函數或是平衡函數。

綜合而言，使用古典演算法解決常數 - 平衡函數判斷問題的最佳狀況時間複雜度為常數時間複雜度 O(1)，而其最差狀況時間複雜度為指數時間複雜度 O(2^n)。

5.3　Deutsch-Jozsa 演算法

本節介紹如何使用 Deutsch-Jozsa 演算法在量子計算模式下解決常數 - 平衡函數判斷問題。如同古典演算法的版本一樣，我們先設計範例程式實作接受檢測的黑箱函數。以下假設黑箱函數 y=f(x)= |1⟩ 是常數函數，我們可以使用以下的範例量子程式實作量子黑箱函數 f：

In [4]:

```
1  #Program 5.2 Define a quantum oracle
2  from qiskit import QuantumRegister,QuantumCircuit
3  qrx = QuantumRegister(3,'x')
4  qry = QuantumRegister(1,'y')
5  qc = QuantumCircuit(qrx,qry)
6  qc.x(qry)
7  qc.draw('mpl')
```

Out[4]:

上列的程式碼說明如下：

- 第 1 行為程式編號及註解。

- 第 2 行使用 import 敘述引入 qiskit 套件中的 QuantumRegister 與 QuantumCircuit 類別。

- 第 3 行使用 qrx=QuantumRegister(3,'x') 建構一個包含 3 個量子位元的量子暫存器物件，設定顯示標籤為 'x' 以代表函數輸入，儲存於 qrx 變數中。

- 第 4 行使用 qry=QuantumRegister(1,'y') 建構一個包含 1 個量子位元的量子暫存器物件，設定顯示標籤為 'y' 以代表函數輸出，儲存於 qry 變數中。

- 第 5 行使用 qc=QuantumCircuit(qrx,qry) 建構一個包含量子暫存器物件 qrx 的 3 個量子位元，以及量子暫存器物件 qry 的 1 個量子位元的量子線路物件，儲存於 qc 變數中。

- 第 6 行使用 qc.x(qry) 呼叫 QuantumCircuit 類別的 x 方法，在量子暫存器物件 qry 的 1 個量子位元上建立 NOT 閘。因為量子位元的初始值（狀態）為 $|0\rangle$，經過 NOT 閘的運作之後，量子位元的值（狀態）就成為 $|1\rangle$。

- 第 7 行使用 qc.draw('mpl') 呼叫 QuantumCircuit 類別的 draw 方法，呼叫 draw 方法帶入的參數為 'mpl'，代表透過 matplotlib 套件顯示量子線路。

上列的範例程式建構一個屬於常數函數的黑箱函數 y=f(x)= $|1\rangle$，這個黑箱函數的函數輸出位元 y 與所有的函數輸入位元都沒有關係而永遠為 $|1\rangle$。以下我們就根據這個黑箱函數來建構 Deutsch-Jozsa 演算法。

以下的範例程式展示 Deutsch-Jozsa 演算法的量子線路，它在黑箱函數 y=f(x) 量子線路之前與之後加了一些量子閘進行運算，並且針對 x 暫存器對應的位元進行測量。稍後會說明，若黑箱函數為常數函數，則 x 暫存器所對應的所有位元均測量為 0（或是 '0' 或是 $|0\rangle$）的機率理論上應為 100%；反之，若黑箱函數為平衡函數，則 x 暫存器對應的位元均測量為 0 的機率理論上應為 0%。因此，只要檢查 x 暫存器所對應的位元均測量為 0 的機率，就可以得知黑箱函數為常數函數或是平衡函數了。

In [5]:

```
 1  #Program 5.3a Build quantum circuit of Deutsch-Jozsa alg.
 2  from qiskit import QuantumRegister,ClassicalRegister,QuantumCircuit
 3  qrx = QuantumRegister(3,'x')
 4  qry = QuantumRegister(1,'y')
 5  cr = ClassicalRegister(3,'c')
 6  qc = QuantumCircuit(qrx,qry,cr)
 7  qc.h(qrx)
 8  qc.x(qry)
 9  qc.h(qry)
10  qc.barrier()
11  qc.x(qry)
12  qc.barrier()
13  qc.h(qrx)
14  qc.measure(qrx,cr)
15  qc.draw('mpl')
```

Out[5]:

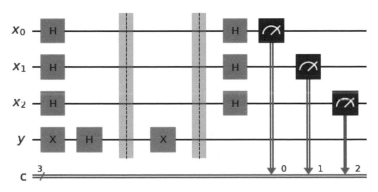

上列的程式碼說明如下：

- 第 1 行為程式編號及註解。

- 第 2 行使用 import 敘述引入 qiskit 套件中的 QuantumRegister、ClassicalRegister 與 QuantumCircuit 類別。

- 第 3 行使用 qrx=QuantumRegister(3,'x') 建構一個包含 3 個量子位元的量子暫存器物件，設定顯示標籤為 'x' 以代表黑箱函數輸入，儲存於 qrx 變數中。

- 第 4 行使用 qry=QuantumRegister(1,'y') 建構一個包含 1 個量子位元的量子暫存器物件，設定顯示標籤為 'y' 以代表黑箱函數輸出，儲存於 qry 變數中。

- 第 5 行使用 cr = ClassicalRegister(3,'c') 建構一個包含 3 個古典位元的古典暫存器物件，設定顯示標籤為 'c' 以代表儲存量子位元測量的古典位元，儲存於 cr 變數中。

- 第 6 行使用 qc=QuantumCircuit(qrx,qry,cr) 建構一個包含量子暫存器物件 qrx 的 3 個量子位元、量子暫存器物件 qry 的 1 個量子位元，以及古典暫存器物件 cr 的 3 個古典位元的量子線路物件，儲存於 qc 變數中。

- 第 7 行使用 qc.h(qrx) 呼叫 QuantumCircuit 類別的 h 方法，在量子暫存器物件 qrx 的 3 個量子位元上建立 H 閘。

- 第 8 行使用 qc.x(qry) 呼叫 QuantumCircuit 類別的 x 方法，在量子暫存器物件 qry 的 1 個量子位元上建立 NOT 閘。

- 第 9 行使用 qc.h(qry) 呼叫 QuantumCircuit 類別的 h 方法，在量子暫存器物件 qry 的 1 個量子位元上建立 H 閘。

- 第 10 行使用 qc.barrier() 呼叫 QuantumCircuit 類別的 barrier 方法，在量子線路中加入壁壘（barrier），這會在稍後顯示量子線路的時候產生一條垂直的壁壘線。

- 第 11 行使用 qc.x(qry) 呼叫 QuantumCircuit 類別的 x 方法，在量子暫存器物件 qry 的 1 個量子位元上建立 NOT 閘。請注意，從這裡開始的線路實際上是對應黑箱函數的。

- 第 12 行使用 qc.barrier() 呼叫 QuantumCircuit 類別的 barrier 方法，在量子線路中加入壁壘。在兩個壁壘之間實際上是對應黑箱函數的線路。

- 第 13 行使用 qc.h(qrx) 呼叫 QuantumCircuit 類別的 h 方法，在量子暫存器物件 qrx 的 3 個量子位元上建立 H 閘。

- 第 14 行使用 qc.measure(qrx,cr) 呼叫 QuantumCircuit 類別的 measure 方法，測量量子暫存器物件 qrx 的 3 個量子位元，並將測量結果儲存於古典暫存器物件的 3 個古典位元。

- 第 15 行使用 qc.draw('mpl') 呼叫 QuantumCircuit 類別的 draw 方法，呼叫 draw 方法帶入的參數為 'mpl'，代表透過 matplotlib 套件顯示量子線路。

上列的範例程式為 Deutsch-Jozsa 演算法的一個實作，我們可以將這個範例程式對應的量子線路圖，重新繪製如以下的圖 5.1：

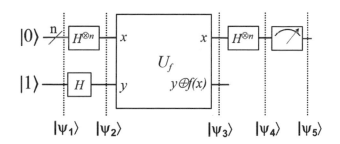

圖 5.1　Deutsch–Jozsa 演算法量子線路（修改自圖片來源：*https://commons.wikimedia.org/w/index.php?curid=75740173*, by Peplm, CC BY-SA 4.0）

以下說明建構 Deutsch–Jozsa 演算法量子線路的方式，因為量子線路具有相同數量位元的輸入與輸出，所以，除了原先對應黑箱函數輸入的工作位元（working bit）之外，還要加上一個額外對應黑箱函數輸出的輔助位元（ancilla bit）才可以滿足這個要求。

綜合而言，Deutsch–Jozsa 演算法量子線路具有 n 個工作位元與一個輔助位元，分別對應黑箱函數的輸入與輸出。

對應圖 5.1，以下為 Deutsch–Jozsa 演算法量子線路的建構步驟：

步驟 1： 準備 n 個狀態為 $|0\rangle$ 的工作位元（working bit），對應 $|0\rangle^{\otimes n}$，與一個狀態為 $|1\rangle$ 的輔助位元（ancilla bit）。可得：

$$|\psi_1\rangle = |0\rangle^{\otimes}|1\rangle$$

步驟 2： 讓所有位元都經過 Hadamard 閘，使位元處於疊加狀態，如下式所示：

$$|\psi_2\rangle = H^{\otimes n+1}(|0\rangle^{\otimes n}|1\rangle)$$
$$= |+\rangle^{\otimes n}|-\rangle$$
$$= \frac{1}{\sqrt{2^{n+1}}} \sum_{x=0}^{2^n-1} |x\rangle(|0\rangle - |1\rangle)$$

步驟 3：系統通過黑箱函數的么正變換，將輸入 $|x\rangle|y\rangle$ 轉變為 $|x\rangle|y \oplus f(x)\rangle$，其中 $\oplus$ 為模 2 加法（addition modulo 2），也就是：

$$U_f : |x\rangle|y\rangle \rightarrow |x\rangle|y \oplus f(x)\rangle$$

可推導出 U_f 的輸出為：

$$|\psi_3\rangle = \frac{1}{\sqrt{2^{n+1}}} \sum_{x=0}^{2^n-1} |x\rangle(|f(x)\rangle - |1 \oplus f(x)\rangle)$$

因為 $f(x) = 0$ 或是 $f(x) = 1$，因此可以分為以下兩個狀況考慮：

1. $f(x) = 0$，則可求得

$$|\psi_3\rangle = \frac{1}{\sqrt{2^{n+1}}} \sum_{x=0}^{2^n-1} |x\rangle(|0\rangle - |1\rangle)$$

2. $f(x) = 1$，則可求得

$$|\psi_3\rangle = \frac{1}{\sqrt{2^{n+1}}} \sum_{x=0}^{2^n-1} |x\rangle(|1\rangle - |0\rangle)$$

綜合以上兩種狀況可以推得：

$$|\psi_3\rangle = \frac{1}{\sqrt{2^{n+1}}} \sum_{x=0}^{2^n-1} (-1)^{f(x)}|x\rangle(|0\rangle - |1\rangle)$$

步驟 4：針對工作位元進行 H 閘操作，以下僅針對工作位元列出其量子狀態，可以推導得出：

$$|\psi_4\rangle = H^{\otimes n}|\psi_3\rangle = H^{\otimes n}\frac{1}{\sqrt{2^n}} \sum_{x=0}^{2^n-1} (-1)^{f(x)}|x\rangle = \frac{1}{\sqrt{2^n}} \sum_{x=0}^{2^n-1} (-1)^{f(x)}H^{\otimes n}|x\rangle$$

因為針對特定的 $|x\rangle$ 而言，$H^{\otimes n}|x\rangle = \sum_{z=0}^{2^n-1} (-1)^{x \cdot z}|z\rangle$，其中，

$x \cdot z = x_0 z_0 \oplus x_1 z_1 \oplus \cdots \oplus x_{n-1} z_{n-1}$。

因此，可以推導出：

$$|\psi_4\rangle = \frac{1}{\sqrt{2^n}} \sum_{x=0}^{2^n-1} (-1)^{f(x)} \left[\frac{1}{\sqrt{2^n}} \sum_{z=0}^{2^n-1} (-1)^{x \cdot z}|z\rangle \right]$$

$$= \frac{1}{2^n} \sum_{z=0}^{2^n-1} \left[\sum_{x=0}^{2^n-1} (-1)^{f(x)} (-1)^{x \cdot z} \right] |z\rangle$$

其中，$x \cdot z = x_0 z_0 \oplus x_1 z_1 \oplus \cdots \oplus x_{n-1} z_{n-1}$。

步驟 5：針對工作位元進行量子測量，若工作位元測量結果全部為 $|0\rangle$（也就是測量為 $|0\rangle^{\otimes n}$）的機率是 1，則 f 是常數函數；反之，若工作位元測量結果全部為 $|0\rangle$ 的機率是 0，f 是平衡函數。

這是因為根據 $|\psi_4\rangle$，全部工作位元測量得到 $|0\rangle^{\otimes n}$ 的機率，也就是 $|z\rangle = |0\rangle^{\otimes n}$ 機率振幅的平方為：

$$\left| \frac{1}{2^n} \sum_{x=0}^{2^n-1} (-1)^{f(x)} (-1)^{x \cdot z} \right|^2 = \left| \frac{1}{2^n} \sum_{x=0}^{2^n-1} (-1)^{f(x)} \right|^2$$

當 f 是常數函數時，這個機率為 1；反之，當 f 是平衡函數時，這個機率為 0。

以下的範例程式使用量子電腦模擬器，執行前一個範例程式所建立的 Deutsch-Jozsa 演算法的量子線路，也就是對應常數函數 y=f(x)=|1⟩ 的量子線路，並測量所有工作位元的量子狀態：

In [6]:

```
 1  #Program 5.3b Run Deutsch-Jozsa alg. with simulator
 2  from qiskit import execute
 3  from qiskit.providers.aer import AerSimulator
 4  from qiskit.visualization import plot_histogram
 5  sim=AerSimulator()
 6  job=execute(qc, backend=sim, shots=1000)
 7  result=job.result()
 8  counts=result.get_counts(qc)
 9  print("Counts:",counts)
10  plot_histogram(counts)
```

Counts: {'000': 1000}

Out[6]:

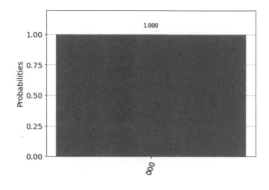

上列的程式碼說明如下：

- 第 1 行為程式編號及註解。

- 第 2 行使用 import 敘述引入 qiskit 套件中的 execute 函數。

- 第 3 行使用 import 敘述引入 qiskit.providers.aer 中的 AerSimulator 類別。

- 第 4 行使用 import 敘述引入 qiskit.visualization 中的 plot_histogram 函數。

- 第 5 行使用 AerSimulator() 建構量子電腦模擬器物件，儲存於 sim 變數中。

- 第 6 行呼叫 execute 函數建立一個工作，儲存於 job 變數中，其中傳入參數 qc 表示要執行 qc 所對應的量子線路，backend=sim 設定在後端使用 sim 物件所指定的量子電腦模擬器，shots=1000 設定在後端量子電腦模擬器上執行量子線路 1000 次，而每次執行都測量量子位元並將測量結果儲存於古典位元中保存下來。

- 第 7 行使用 job 物件的 result 方法取得 job 物件的執行相關資訊，儲存於物件變數 result 中。執行相關資訊除了執行環境之外，也包括執行結果，也就是量子線路在量子電腦模擬器上的執行結果。

- 第 8 行使用 result 物件的 get_counts(qc) 方法取出有關量子線路各種量測結果的計數（counts），並以字典（dict）型別儲存於變數 counts 中。

- 第 9 行使用 print 函數顯示 "Counts:" 字串及字典型別變數 counts 的值，在這個程式中 counts 變數的值為 {'000': 1000}，其中只有 1 個鍵值對，表示 1000 次的測量都是 '000'。

- 第 10 行呼叫 plot_histogram(counts) 函數，將字典型別變數 counts 中所有鍵對
  應的值繪製為直方圖。

以上範例程式的執行結果顯示，x 暫存器所對應的所有工作位元均測量為 0 的機率
為 100%，因此我們知道黑箱函數為常數函數。

以下再舉一個黑箱函數 y=f(x) 為平衡函數的範例，然後搭配此範例展示 Deutsch-
Jozsa 演算法的實現實例。我們先以 3 個工作位元為例，當工作位元的最低有效位
元為 $|0\rangle$ 時，黑箱函數 f 的輸出 y 為 $|0\rangle$；反之，黑箱函數的輸出 y 為 $|1\rangle$。我們可
以透過 CNOT 閘，以工作位元的最低有效位元為控制位元，而以輔助位元 y 為目
標位元來建置黑箱函數。請注意，對一個具有 n 個位元的黑箱函數而言，只要位元
$|0\rangle$ 或 $|1\rangle$ 的 2^n 個輸入組合中，一半為 $|0\rangle$ 且一半為 $|1\rangle$，就代表黑箱函數是平衡函
數。因此，可能的平衡黑箱函數總共有 $C(2^n, 2^{n-1})$ 個。所以，具有 3 個輸入的黑
箱函數總共有 $C(2^3, 2^2) = C(8, 4) = 40$ 個可能的平衡黑箱函數，以下僅列出 40 個可
能黑箱函數中的一個為範例。

In [7]:

```
1  #Program 5.4 Define another quantum oracle
2  from qiskit import QuantumRegister,QuantumCircuit
3  qrx = QuantumRegister(3,'x')
4  qry = QuanLumRegister(1,'y')
5  qc = QuantumCircuit(qrx,qry)
6  qc.cx(qrx[0],qry)
7  qc.draw('mpl')
```

Out[7]:

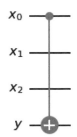

上列的程式碼說明如下:

- 第 1 行為程式編號及註解。

- 第 2 行使用 import 敘述引入 qiskit 套件中的 QuantumRegister 與 QuantumCircuit
  類別。

- 第 3 行使用 qrx=QuantumRegister(3,'x') 建構一個包含 3 個量子位元的量子暫
  存器物件,設定顯示標籤為 'x' 以代表黑箱函數輸入,儲存於 qrx 變數中。

- 第 4 行使用 qry=QuantumRegister(1,'y') 建構一個包含 1 個量子位元的量子暫
  存器物件,設定顯示標籤為 'y' 以代表黑箱函數輸出,儲存於 qry 變數中。

- 第 5 行使用 qc=QuantumCircuit(qrx,qry) 建構一個包含量子暫存器物件 qrx 的 3
  個量子位元,以及量子暫存器物件 qry 的 1 個量子位元的量子線路物件,儲存
  於 qc 變數中。

- 第 6 行使用 qc.cx(qrx[0],qry) 呼叫 QuantumCircuit 類別的 cx 方法建立 CNOT
  閘,以量子暫存器物件 qrx 索引值為 0 的量子位元為控制位元,並以量子暫存
  器物件 qry 的單一量子位元為目標位元。

- 第 7 行使用 qc.draw('mpl') 呼叫 QuantumCircuit 類別的 draw 方法,呼叫 draw
  方法帶入的參數為 'mpl',代表透過 matplotlib 套件顯示量子線路。

以下的範例程式展示 Deutsch-Jozsa 演算法的量子線路,它在黑箱函數 y=f(x) 量子
線路之前與之後加了一些量子閘進行運算,並且針對 x 暫存器對應的所有位元進
行測量。如前所述,若黑箱函數為常數函數,則 x 暫存器所對應的所有位元均測
量為 0 的機率理論上應為 100%;反之,若黑箱函數為平衡函數,則 x 暫存器對應
的位元均測量為 0 的機率理論上應為 0%。

In [8]:

```
1  #Program 5.5a Build quantum circuit of Deutsch-Jozsa alg.
2  from qiskit import QuantumRegister,ClassicalRegister,QuantumCircuit
3  qrx = QuantumRegister(3,'x')
4  qry = QuantumRegister(1,'y')
5  cr = ClassicalRegister(3,'c')
6  qc = QuantumCircuit(qrx,qry,cr)
7  qc.h(qrx)
8  qc.x(qry)
9  qc.h(qry)
```

```
10 qc.barrier()
11 qc.cx(qrx[0],qry)
12 qc.barrier()
13 qc.h(qrx)
14 qc.measure(qrx,cr)
15 qc.draw('mpl')
```

Out[8]:

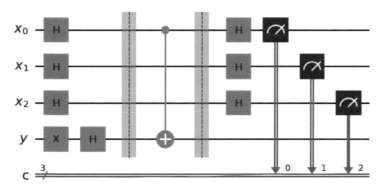

上列的程式碼說明如下：

- 第 1 行為程式編號及註解。

- 第 2 行使用 import 敘述引入 qiskit 套件中的 QuantumRegister、ClassicalRegister 與 QuantumCircuit 類別。

- 第 3 行使用 qrx=QuantumRegister(3,'x') 建構一個包含 3 個量子位元的量子暫存器物件，設定顯示標籤為 'x' 以代表函數輸入，儲存於 qrx 變數中。

- 第 4 行使用 qry=QuantumRegister(1,'y') 建構一個包含 1 個量子位元的量子暫存器物件，命名顯示為 'y' 以代表函數輸出，儲存於 qry 變數中。

- 第 5 行使用 cr = ClassicalRegister(3,'c') 建構一個包含 3 個古典位元的古典暫存器物件，設定顯示標籤為 'c' 以代表儲存量子位元測量的古典位元，儲存於 cr 變數中。

- 第 6 行使用 qc=QuantumCircuit(qrx,qry,cr) 建構一個包含量子暫存器物件 qrx 的 3 個量子位元、量子暫存器物件 qry 的 1 個量子位元，以及古典暫存器物件 cr 的 3 個古典位元的量子線路物件，儲存於 qc 變數中。

- 第 7 行使用 qc.h(qrx) 呼叫 QuantumCircuit 類別的 h 方法，在量子暫存器物件 qrx 的 3 個量子位元上建立 H 閘。

- 第 8 行使用 qc.x(qry) 呼叫 QuantumCircuit 類別的 x 方法，在量子暫存器物件 qry 的 1 個量子位元上建立 NOT 閘。

- 第 9 行使用 qc.h(qry) 呼叫 QuantumCircuit 類別的 h 方法，在量子暫存器物件 qry 的 1 個量子位元上建立 H 閘。

- 第 10 行使用 qc.barrier() 呼叫 QuantumCircuit 類別的 barrier 方法，在量子線路中加入壁壘。

- 第 11 行使用 qc.cx(qrx[0],qry) 呼叫 QuantumCircuit 類別的 cx 方法建立 CNOT 閘，以量子暫存器物件 qrx 索引值為 0 的量子位元為控制位元，並以量子暫存器物件 qry 的單一量子位元為目標位元。

- 第 12 行使用 qc.barrier() 呼叫 QuantumCircuit 類別的 barrier 方法，在量子線路中加入壁壘。在兩個壁壘之間實際上是對應黑箱函數的線路。

- 第 13 行使用 qc.h(qrx) 呼叫 QuantumCircuit 類別的 h 方法，在量子暫存器物件 qrx 的 3 個量子位元上建立 H 閘。

- 第 14 行使用 qc.measure(qrx,cr) 呼叫 QuantumCircuit 類別的 measure 方法，測量量子暫存器物件 qrx 的 3 個量子位元，並將測量結果儲存於古典暫存器物件的 3 個古典位元。

- 第 15 行使用 qc.draw('mpl') 呼叫 QuantumCircuit 類別的 draw 方法，呼叫 draw 方法帶入的參數為 'mpl'，代表透過 matplotlib 套件顯示量子線路。

In [9]:

```
1  #Program 5.5b Run Deutsch-Jozsa alg. with simulator
2  from qiskit import execute
3  from qiskit.providers.aer import AerSimulator
4  from qiskit.visualization import plot_histogram
5  sim=AerSimulator()
6  job=execute(qc, backend=sim, shots=1000)
7  result=job.result()
8  counts=result.get_counts(qc)
9  print("Counts:",counts)
10 plot_histogram(counts)
```

Counts: {'001': 1000}

Out[9]:

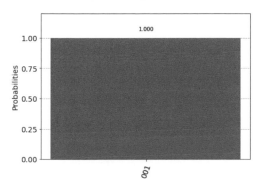

上列的程式碼說明如下：

- 第 1 行為程式編號及註解。

- 第 2 行使用 import 敘述引入 qiskit 套件中的 execute 函數。

- 第 3 行使用 import 敘述引入 qiskit.providers.aer 中的 AerSimulator 類別。

- 第 4 行使用 import 敘述引入 qiskit.visualization 中的 plot_histogram 函數。

- 第 5 行使用 AerSimulator() 建構量子電腦模擬器物件，儲存於 sim 變數中。

- 第 6 行呼叫 execute 函數建立一個工作，儲存於 job 變數中，其中傳入參數 qc 表示要執行 qc 所對應的量子線路，backend=sim 設定在後端使用 sim 物件所指定的量子電腦模擬器，shots=1000 設定在後端量子電腦模擬器上執行量子線路 1000 次，而每次執行都測量量子位元並將測量結果儲存於古典位元中保存下來。

- 第 7 行使用 job 物件的 result 方法取得 job 物件的執行相關資訊，儲存於物件變數 result 中。執行相關資訊除了執行環境之外，也包括執行結果，也就是量子線路在量子電腦模擬器上的執行結果。

- 第 8 行使用 result 物件的 get_counts(qc) 方法取出有關量子線路各種量測結果的計數（counts），並以字典（dict）型別儲存於變數 counts 中。

- 第 9 行使用 print 函數顯示 "Counts:" 字串及字典型別變數 counts 的值，在這個程式中 counts 變數的值為 {'001': 1000}，其中只有 1 個鍵值對，表示 1000 次的測量都是 '001'。

- 第 10 行呼叫 plot_histogram(counts) 函數，將字典型別變數 counts 中所有鍵對應的值繪製為直方圖。

以上範例程式的執行結果為 x 暫存器所對應的工作位元測量的結果為 '100'（即 |100⟩）的機率為 100%，也就是說，所有工作位元測量結果都是 '0'（即 |000⟩）的機率是 0%，因此我們知道黑箱函數為平衡函數。

以下說明 Deutsch–Jozsa 演算法的時間複雜度，並與前述的常數 - 平衡函數判斷古典演算法進行比較。綜合而言，前述的古典演算法在最壞情況下需要驗證輸入位元組合的次數為 $2^{n-1}+1$ 次，但是 Deutsch–Jozsa 演算法需要驗證輸入位元組合的次數為 1 次。因此，Deutsch–Jozsa 演算法相對於古典演算法具有指數級別的加速。這是因為 Deutsch–Jozsa 演算法使用 H 閘產生 n 個輸入位元的 2^n 個疊加態，而在 1 次驗證中，黑箱函數已針對 2^n 個疊加態同時進行操作，因此透過最後的量子位元測量，就可以知道黑箱函數是常數函數還是平衡函數了。

Deutsch–Jozsa 演算法使用到相位回擊（phase kickback）的概念，這是一個非常重要的概念。除了 Deutsch-Jozsa 演算法，在本書稍後介紹的演算法，如 Grover 演算法、量子相位估測演算法及 Shor 演算法也用到這一個重要概念，因此在下一節即詳細介紹相位回擊概念。

5.4　相位回擊

本節介紹相位回擊（phase kickback）概念，我們首先透過以下的範例程式觀察 CNOT 閘的運作情形，以及其中的相位回擊現象。

In [10]:

```
 1 #Program 5.6 Show phase kickback of CNOT gate
 2 from qiskit import QuantumCircuit, Aer
 3 from qiskit.visualization import array_to_latex, plot_bloch_multivector
 4 sim = Aer.get_backend('aer_simulator')
 5 qc1 = QuantumCircuit(2)
 6 qc1.h(0)
 7 qc1.x(1)
 8 qc1.h(1)
 9 qc1.save_statevector()
10 state1 = sim.run(qc1).result().get_statevector()
```

```
11 display(qc1.draw('mpl'))
12 display(array_to_latex(state1, prefix="\\text{Statevector before CNOT gate:
   }"))
13 display(plot_bloch_multivector(state1))
14 print('='*60)
15 qc2 = QuantumCircuit(2)
16 qc2.h(0)
17 qc2.x(1)
18 qc2.h(1)
19 qc2.cx(0,1)
20 qc2.save_statevector()
21 state2 = sim.run(qc2).result().get_statevector()
22 display(qc2.draw('mpl'))
23 display(array_to_latex(state2, prefix="\\text{Statevector after CNOT gate:
   }"))
24 display(plot_bloch_multivector(state2))
```

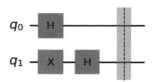

Statevector before CNOT gate: $\begin{bmatrix} \frac{1}{2} & \frac{1}{2} & -\frac{1}{2} & -\frac{1}{2} \end{bmatrix}$

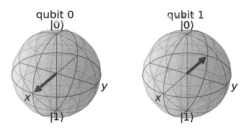

==

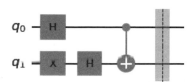

Statevector after CNOT gate: $\begin{bmatrix} \frac{1}{2} & -\frac{1}{2} & -\frac{1}{2} & \frac{1}{2} \end{bmatrix}$

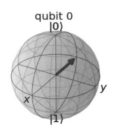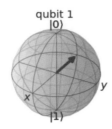

上列的程式碼說明如下：

- 第 1 行為程式編號及註解。

- 第 2 行使用 import 敘述引入 qiskit 套件中的 QuantumCircuit 類別以及 Aer 類別。

- 第 3 行使用 import 敘述引入 qiskit.visualization 中的 array_to_latex 函數以及 plot_bloch_multivector 函數。

- 第 4 行使用 Aer 類別的 get_backend('aer_simulator') 方法建構後端量子電腦模擬器物件，儲存於 sim 變數中。

- 第 5 行使用 QuantumCircuit(2) 建構一個包含 2 個量子位元的量子線路物件，儲存於 qc1 變數中。

- 第 6 行使用 qc1.h(0) 呼叫 QuantumCircuit 類別的 h 方法，在量子線路 qc1 中索引值為 0 的量子位元加入 H 閘。

- 第 7 行使用 qc1.x(1) 呼叫 QuantumCircuit 類別的 x 方法，在量子線路 qc1 中索引值為 1 的量子位元加入 X 閘。

- 第 8 行使用 qc1.h(1) 呼叫 QuantumCircuit 類別的 h 方法，在量子線路 qc1 中索引值為 1 的量子位元加入 H 閘。

- 第 9 行使用 qc1.save_statevector() 呼叫 QuantumCircuit 類別的 save_statevector() 方法，指示將量子線路 qc1 的量子位元狀態儲存起來，在量子線路上此處會顯示一條垂直虛線。

- 第 10 行使用 sim.run(qc1).result().get_statevector() 呼叫 sim 對應的後端量子電腦模擬器的 run() 方法，帶入 qc1 參數，得到 qc1 對應量子線路的執行工作，然後再呼叫 result() 方法得到執行工作的結果，最後呼叫 get_statevector() 方法取得執行工作結果中對應 save_statevector() 方法所儲存的量子位元狀態。這個量子位元狀態以複數陣列物件的形式儲存在 state1 變數中。

- 第 11 行使用 display(qc1.draw('mpl')) 透過 Jupyter Notebook 提供的 display 函數顯示 QuantumCircuit 類別 draw 方法的執行結果，呼叫 draw 方法帶入的參數為 'mpl'，代表透過 matplotlib 套件顯示量子線路 qc1。

- 第 12 行使用 display 函數，透過 qiskit.visualization 中的 array_to_latex 方法將一個複數陣列物件 state1 以 LaTex 格式顯示出來，方法中的 prefix= "\\text{Statevector before CNOT gate: }" 表示在顯示 statevector 物件前列出的前綴字串（prefix）為 "\text{Statevector before CNOT gate: }"。這個前綴字串是 LaTex 的排版指令，表示以文字模式顯示大括號中的文字。請注意，在 Python 語言中，必須使用 \\ 表示字元 \，因為 \ 為 '跳脫字元'（escape character），因此必須使用跳脫 '跳脫字元' 的方式回復為一個 '跳脫字元 \。

- 第 13 行使用 display(plot_bloch_multivector(state1)) 透過 Jupyter Notebook 提供的 display 函數顯示 plot_bloch_multivector(state1) 方法的執行結果，代表顯示 state1 物件對應的布洛赫球面。

- 第 14 行使用 print('='*60) 顯示包含 60 個等號的字串，作為分隔線使用。

- 第 15 行使用 QuantumCircuit(2) 建構一個包含 2 個量子位元的量子線路物件，儲存於 qc2 變數中。

- 第 16 行使用 qc2.h(0) 呼叫 QuantumCircuit 類別的 h 方法，在量子線路 qc2 中索引值為 0 的量子位元加入 H 閘。

- 第 17 行使用 qc2.x(1) 呼叫 QuantumCircuit 類別的 x 方法，在量子線路 qc2 中索引值為 1 的量子位元加入 X 閘。

- 第 18 行使用 qc2.h(1) 呼叫 QuantumCircuit 類別的 h 方法，在量子線路 qc2 中索引值為 1 的量子位元加入 H 閘。

- 第 19 行使用 qc2.cx(0,1) 呼叫 QuantumCircuit 類別的 cx 方法，建立 CNOT 閘，並以量子線路 qc2 中索引值為 0 的量子位元為控制位元，以索引值為 1 的量子位元為目標位元。

- 第 20 行使用 qc2.save_statevector() 呼叫 QuantumCircuit 類別的 save_statevector() 方法，指示將量子線路 qc2 的量子位元狀態儲存起來，在量子線路上此處會顯示一條垂直虛線。

- 第 21 行使用 sim.run(qc2).result().get_statevector() 呼叫 sim 對應的後端量子電腦模擬器的 run() 方法，帶入 qc2 參數，得到 qc2 對應量子線路的執行工作，然後再呼叫 result() 方法得到執行工作的結果，最後呼叫 get_statevector() 方法取得執行工作結果中對應 save_statevector() 方法所儲存的量子位元狀態。這個量子位元狀態以複數陣列物件的形式儲存在 state2 變數中。

- 第 22 行使用 display(qc2.draw('mpl')) 透過 Jupyter Notebook 提供的 display 函數顯示 QuantumCircuit 類別 draw 方法的執行結果，呼叫 draw 方法帶入的參數為 'mpl'，代表透過 matplotlib 套件顯示量子線路 qc2。

- 第 23 行使用 display 函數，透過 qiskit.visualization 中的 array_to_latex 方法將一個複數陣列以 LaTex 格式來顯示 state1 物件，方法中的 prefix= "\\text{Statevector after CNOT gate: }" 表示在顯示 statevector 物件前列出的前綴字串（prefix）為 "\text{Statevector after CNOT gate: }"。這個前綴字串是 LaTex 的排版指令，表示以文字模式顯示大括號中的文字。請注意，在 Python 語言中，必須使用 \\ 表示字元 \，因為 \ 為 ' 跳脫字元 '（escape character），因此必須使用跳脫 ' 跳脫字元 ' 的方式回復為一個 ' 跳脫字元 \。

- 第 24 行使用 display(plot_bloch_multivector(state2)) 透過 Jupyter Notebook 提供的 display 函數顯示 plot_bloch_multivector(state2) 方法的執行結果，代表顯示 state2 物件對應的布洛赫球面。

在上列的程式中，我們觀察到以下 CNOT 閘的運作結果：

$$CNOT| - +\rangle = | - -\rangle$$

也就是

$$CNOT(q_1 = |-\rangle, q_0 = |+\rangle) \mapsto (q_1 = |-\rangle, q_0 = |-\rangle)$$

這意謂在 CNOT 閘運作之後，目標位元 q_1 並未改變狀態，反而是控制位元 q_0 改變狀態了，而且還是在相對相位上產生對應的變化。這就是相位回擊現象。

以下使用么正矩陣運算來驗證 $CNOT| - +\rangle$ 的結果。

首先計算 CNOT 閘的兩個輸入量子位元如下：

$$|q_0\rangle = H|0\rangle = |+\rangle = \begin{pmatrix} \frac{1}{\sqrt{2}} \\ \frac{1}{\sqrt{2}} \end{pmatrix}$$

$$|q_1\rangle = H|0\rangle = |-\rangle = \begin{pmatrix} \frac{1}{\sqrt{2}} \\ \frac{-1}{\sqrt{2}} \end{pmatrix}$$

$$|q_1\rangle \otimes |q_0\rangle = |-\rangle \otimes |+\rangle = |-+\rangle = \begin{pmatrix} \frac{1}{\sqrt{2}} \\ \frac{-1}{\sqrt{2}} \end{pmatrix} \otimes \begin{pmatrix} \frac{1}{\sqrt{2}} \\ \frac{1}{\sqrt{2}} \end{pmatrix} = \begin{pmatrix} \frac{1}{2} \\ \frac{1}{2} \\ \frac{-1}{2} \\ \frac{-1}{2} \end{pmatrix}$$

$$CNOT|q_1\rangle \otimes |q_0\rangle = CNOT|-+\rangle = \begin{pmatrix} 1 & 0 & 0 & 0 \\ 0 & 0 & 0 & 1 \\ 0 & 0 & 1 & 0 \\ 0 & 1 & 0 & 0 \end{pmatrix} \begin{pmatrix} \frac{1}{2} \\ \frac{1}{2} \\ \frac{-1}{2} \\ \frac{-1}{2} \end{pmatrix} = \begin{pmatrix} \frac{1}{2} \\ \frac{-1}{2} \\ \frac{-1}{2} \\ \frac{1}{2} \end{pmatrix}$$

$$= \begin{pmatrix} \frac{1}{\sqrt{2}} \\ \frac{-1}{\sqrt{2}} \end{pmatrix} \otimes \begin{pmatrix} \frac{1}{\sqrt{2}} \\ \frac{-1}{\sqrt{2}} \end{pmatrix} = |--\rangle$$

以上展示一個相位回擊的例子，也就是透過 CNOT 閘的操作，搭配具疊加態 $|+\rangle$ 的控制位元，以及具疊加態 $|-\rangle$ 的目標位元所形成的相位回擊現象。以下則針對相位回擊進行一般性描述，希望能夠讓讀者更容易了解相位回擊的概念。

一般而言，針對一個受控 U（Controlled-U）閘，令 U 閘為么正變換，而且具有一個本徵值（eigenvalue）為 $e^{i\lambda}$ 的本徵態（eigenstate）$|\psi\rangle$，也就是說：

$$U|\psi\rangle = e^{i\lambda}|\psi\rangle$$

則受控 U 閘的相位回擊會發生在目標位元的狀態為 U 閘的本徵態（eigenstate）$|\psi\rangle$ 時。

例如，已知 X 閘的么正矩陣為 $\begin{pmatrix} 0 & 1 \\ 1 & 0 \end{pmatrix}$，可以推論若 X 閘作用在 X 閘的本徵態 $|\psi\rangle = |-\rangle = \begin{pmatrix} \frac{1}{\sqrt{2}} \\ \frac{-1}{\sqrt{2}} \end{pmatrix}$ 可得：

$$X|-\rangle = \begin{pmatrix} 0 & 1 \\ 1 & 0 \end{pmatrix} \begin{pmatrix} \frac{1}{\sqrt{2}} \\ \frac{-1}{\sqrt{2}} \end{pmatrix} = \begin{pmatrix} \frac{-1}{\sqrt{2}} \\ \frac{1}{\sqrt{2}} \end{pmatrix} = -|-\rangle$$

這代表 $|\psi\rangle = |-\rangle$ 在 X 閘作用之後不會改變機率振幅，而僅僅是產生一個相位因子（phase factor）為 $e^{i\lambda} = -1$ 的共同相位偏移（global phase shift）。這還可以由 $e^{i\pi} = -1$ 推導出共同相位偏移為 $\lambda = \pi$ 強度，但是請注意，共同相位偏移是無法測量出來的。

上述的推導對應的是 X 閘作用在量子位元狀態 $|-\rangle$ 造成共同相位偏移的情形。但是在目標位元為 $|-\rangle$，控制位元為疊加態 $H|1\rangle = |+\rangle$ 的情況下，則 CNOT 閘運作之後不會對目標位元的量子態 $|-\rangle$ 造成任何變化，反而是控制位元在對應 $1\rangle$ 的機率振幅上產生乘上相位因子 $e^{i\lambda} = -1$ 的變化，而形成控制位元的相對相位偏移（relative phase shift），造成量子位元機率振幅的變化，而這變化是可以測量出來的。

綜合而言，若受控 U 閘目標位元的狀態為 U 閘具有本徵值 $e^{i\lambda}$ 的本徵態 ψ，且控制位元為疊加態，則在這個情況下，受控 U 閘的運作不會改變目標位元的狀態，而是在控制位元上產生相位因子為 $e^{i\lambda}$ 的相對相位偏移變化，或是說控制位元的相對相位有 λ 強度的變化（即相位為 $\frac{\lambda}{2\pi}$），這就是典型的相位回擊現象。

值得一提的是，受控 U 閘的相位回擊現象也可以延伸到多重受控 U 閘上。具體的說，若多重受控 U 閘目標位元的狀態為 U 閘具有本徵值 $e^{i\lambda}$ 的本徵態 ψ，且控制位元為疊加態，則在這個情況下，多重受控 U 閘的運作不會改變目標位元的狀態，而是在所有控制位元上產生相位因子為 $e^{i\lambda}$ 的相對相位偏移變化，或是說所有控制位元的相對相位有 λ 的變化，這就是典型的相位回擊現象。

以下的範例程式展現受控受控反閘（CCNOT 閘）的相位回擊現象：

In [11]:

```
1  # Program 5.7 Show phase kickback of CCNOT gate
2  from qiskit import QuantumCircuit, Aer
3  from qiskit.visualization import array_to_latex, plot_bloch_multivector
```

```
 4 sim = Aer.get_backend('aer_simulator')
 5 qc1 = QuantumCircuit(3)
 6 qc1.h([0,1])
 7 qc1.x(2)
 8 qc1.h(2)
 9 qc1.save_statevector()
10 state1 = sim.run(qc1).result().get_statevector()
11 display(qc1.draw('mpl'))
12 display(array_to_latex(state1, prefix="\\text{Statevector before CCNOT gate:
   }"))
13 display(plot_bloch_multivector(state1))
14 print('='*80)
15 qc2 = QuantumCircuit(3)
16 qc2.h([0,1])
17 qc2.x(2)
18 qc2.h(2)
19 qc2.ccx(0,1,2)
20 qc2.save_statevector()
21 state2 = sim.run(qc2).result().get_statevector()
22 display(qc2.draw('mpl'))
23 display(array_to_latex(state2, prefix="\\text{Statevector before CCNOT gate:
   }"))
24 display(plot_bloch_multivector(state2))
```

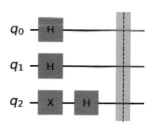

Statevector before CCNOT gate: $\left[\begin{array}{cccccccc} \frac{1}{\sqrt{8}} & \frac{1}{\sqrt{8}} & \frac{1}{\sqrt{8}} & \frac{1}{\sqrt{8}} & -\frac{1}{\sqrt{8}} & -\frac{1}{\sqrt{8}} & -\frac{1}{\sqrt{8}} & -\frac{1}{\sqrt{8}} \end{array}\right]$

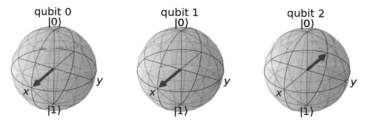

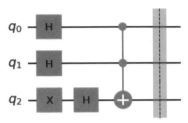

Statevector before CCNOT gate: $\left[\dfrac{1}{\sqrt{8}} \quad \dfrac{1}{\sqrt{8}} \quad \dfrac{1}{\sqrt{8}} \quad -\dfrac{1}{\sqrt{8}} \quad -\dfrac{1}{\sqrt{8}} \quad -\dfrac{1}{\sqrt{8}} \quad -\dfrac{1}{\sqrt{8}} \quad \dfrac{1}{\sqrt{8}} \right]$

上列的程式碼說明如下:

- 第 1 行為程式編號及註解。

- 第 2 行使用 import 敘述引入 qiskit 套件中的 QuantumCircuit 類別以及 Aer 類別。

- 第 3 行使用 import 敘述引入 qiskit.visualization 中的 array_to_latex 函數及 plot_bloch_multivector 函數。

- 第 4 行使用 Aer 類別的 get_backend('aer_simulator') 方法建構後端量子電腦模擬器物件,儲存於 sim 變數中。

- 第 5 行使用 QuantumCircuit(3) 建構一個包含 2 個量子位元的量子線路物件,儲存於 qc1 變數中。

- 第 6 行使用 qc1.h([0,1]) 呼叫 QuantumCircuit 類別的 h 方法,在量子線路 qc1 中索引值為 0 及 1 的量子位元加入 H 閘。

- 第 7 行使用 qc1.x(2) 呼叫 QuantumCircuit 類別的 x 方法,在量子線路 qc1 中索引值為 2 的量子位元加入 X 閘。

- 第 8 行使用 qc1.h(2) 呼叫 QuantumCircuit 類別的 h 方法,在量子線路 qc1 中索引值為 2 的量子位元加入 H 閘。

- 第 9 行使用 qc1.save_statevector() 呼叫 QuantumCircuit 類別的 save_statevector() 方法，指示將量子線路 qc1 的狀態儲存起來，在量子線路上此處會顯示一條垂直虛線。

- 第 10 行使用 sim.run(qc1).result().get_statevector() 呼叫 sim 對應的後端量子電腦模擬器的 run() 方法，帶入 qc1 參數，得到 qc1 對應量子線路的執行工作，然後再呼叫 result() 方法得到執行工作的結果，最後呼叫 get_statevector() 方法取得執行工作結果中對應 save_statevector() 方法所儲存的量子位元狀態。這個量子位元狀態以複數陣列物件的形式儲存在 state1 變數中。

- 第 11 行使用 display(qc1.draw('mpl')) 透過 Jupyter Notebook 提供的 display 函數顯示 QuantumCircuit 類別 draw 方法的執行結果，呼叫 draw 方法帶入的參數為 'mpl'，代表透過 matplotlib 套件顯示量子線路 qc1。

- 第 12 行使用 display 函數，透過 qiskit.visualization 中的 array_to_latex 方法將一個複數陣列物件 state1 以 LaTex 格式顯示出來，方法中的 prefix= "\\text{Statevector before CCNOT gate: }" 表示在顯示 statevector 物件前列出的前綴字串（prefix）為 "\text{Statevector before CNOT gate: }"。這個前綴字串是 LaTex 的排版指令，表示以文字模式顯示大括號中的文字。請注意，在 Python 語言中，必須使用 \\ 表示字元 \，因為 \ 為 '跳脫字元'（escape character），因此必須使用跳脫 '跳脫字元' 的方式回復為一個 '跳脫字元 \'。

- 第 13 行使用 display(plot_bloch_multivector(state1)) 透過 Jupyter Notebook 提供的 display 函數顯示 plot_bloch_multivector(state1) 方法的執行結果，代表顯示 state1 物件對應的布洛赫球面。

- 第 14 行使用 print('='*80) 顯示包含 80 個等號的字串，作為分隔線使用。

- 第 15 行使用 QuantumCircuit(3) 建構一個包含 3 個量子位元的量子線路物件，儲存於 qc2 變數中。

- 第 16 行使用 qc2.h([0,1]) 呼叫 QuantumCircuit 類別的 h 方法，在量子線路 qc2 中索引值為 0 以及 1 的量子位元加入 H 閘。

- 第 17 行使用 qc2.x(2) 呼叫 QuantumCircuit 類別的 x 方法，在量子線路 qc2 中索引值為 2 的量子位元加入 X 閘。

- 第 18 行使用 qc2.h(2) 呼叫 QuantumCircuit 類別的 h 方法，在量子線路 qc2 中索引值為 2 的量子位元加入 H 閘。

- 第 19 行使用 qc2.ccx(0,1,2) 呼叫 QuantumCircuit 類別的 ccx 方法，建立 CCNOT 閘，並以量子線路 qc2 中索引值為 0 以及 1 的量子位元為控制位元，以索引值為 2 的量子位元為目標位元。

- 第 20 行使用 qc2.save_statevector() 呼叫 QuantumCircuit 類別的 save_statevector() 方法，指示將量子線路 qc2 的量子位元狀態儲存起來，在量子線路上此處會顯示一條垂直虛線。

- 第 21 行使用 sim.run(qc2).result().get_statevector() 呼叫 sim 對應的後端量子電腦模擬器的 run() 方法，帶入 qc2 參數，得到 qc2 對應量子線路的執行工作，然後再呼叫 result() 方法得到執行工作的結果，最後呼叫 get_statevector() 方法取得執行工作結果中對應 save_statevector() 方法所儲存的量子位元狀態。這個量子位元狀態以複數陣列物件的形式儲存在 state2 變數中。

- 第 22 行使用 display(qc2.draw('mpl')) 透過 Jupyter Notebook 提供的 display 函數顯示 QuantumCircuit 類別 draw 方法的執行結果，呼叫 draw 方法帶入的參數為 'mpl'，代表透過 matplotlib 套件顯示量子線路 qc2。

- 第 23 行使用 display 函數，透過 qiskit.visualization 中的 array_to_latex 方法將一個複數陣列以 LaTex 格式來顯示 state1 物件，方法中的 prefix= "\\text{Statevector after CCNOT gate: }' 表示在顯示 statevector 物件前列出的前綴字串（prefix）為 '\text{Statevector after CNOT gate: }"。這個前綴字串是 LaTex 的排版指令，表示以文字模式顯示大括號中的文字。請注意，在 Python 語言中，必須使用 \\ 表示字元 \，因為 \ 為 ' 跳脫字元 '（escape character），因此必須使用跳脫 ' 跳脫字元 ' 的方式回復為一個 ' 跳脫字元 '\。

- 第 24 行使用 display(plot_bloch_multivector(state2)) 透過 Jupyter Notebook 提供的 display 函數顯示 plot_bloch_multivector(state2) 方法的執行結果，代表顯示 state2 物件對應的布洛赫球面。

以上範例程式展示 CCNOT 操作的相位回擊現象，這是搭配具疊加態|+)的 2 個控制位元，以及具疊加態 |−) 的 1 個目標位元所形成的相位回擊現象。很值得一提的是，在這個範例程式中兩個控制位元的布洛赫球面是以位於球心的點來表示。這

是因為這兩個控制位元處於糾纏態，而布洛赫球面僅能將單一不糾纏的量子位元表示為球面上的點，對於處於糾纏態的量子位元就以位於布洛赫球內部的點做為表示方式，而且以內部點距離球心的遠近代表量子位元糾纏的程度。上列範例程式中的 2 個控制位元處於完全糾纏狀態，因此這 2 個量子位元都以位於布洛赫球的球心的點來表示其狀態。

以上已經介紹完搭配 H 閘以及 CNOT 閘可以形成相位回擊現象，以下則再介紹單獨的受控 P 閘，或是相關的受控 Z 閘、受控 S 閘以及受控 T 閘都會產生相位反擊的現象。我們首先從受控 Z 閘的符號及么正矩陣談起，以下的範例程式顯示包含 1 個受控 Z 閘的量子線路及受控 Z 閘的么正矩陣：

In [12]:

```
 1 #Program 5.8 Show circuit containing CZ gate and CZ gate's unitary matrix
 2 from qiskit import QuantumCircuit, Aer
 3 from qiskit.visualization import array_to_latex
 4 sim = Aer.get_backend('aer_simulator')
 5 qc1 = QuantumCircuit(2)
 6 qc1.cz(0,1)
 7 qc1.save_unitary()
 8 unitary1 = sim.run(qc1).result().get_unitary()
 9 print("CZ Gate (q0 as control bit, q1 as target bit):")
10 display(qc1.draw('mpl'))
11 display(array_to_latex(unitary1, prefix="\\text{Unitray Matrix of CZ Gate
   (MSB as Target): }"))
12 print('='*60)
13 qc2 = QuantumCircuit(2)
14 qc2.cz(1,0)
15 qc2.save_unitary()
16 unitary2 = sim.run(qc2).result().get_unitary()
17 print("CZ Gate (q1 as control bit, q0 as target bit):")
18 display(qc2.draw('mpl'))
19 display(array_to_latex(unitary2, prefix="\\text{Unitray Matrix of CZ Gate
   (LSB as Target): }"))
```

CZ Gate (q0 as control bit, q1 as target bit):

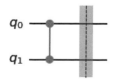

$$
\text{Unitray Matrix of CZ Gate (MSB as Target):} \begin{bmatrix} 1 & 0 & 0 & 0 \\ 0 & 1 & 0 & 0 \\ 0 & 0 & 1 & 0 \\ 0 & 0 & 0 & -1 \end{bmatrix}
$$

===

CZ Gate (q1 as control bit, q0 as target bit):

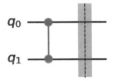

$$
\text{Unitray Matrix of CZ Gate (LSB as Target):} \begin{bmatrix} 1 & 0 & 0 & 0 \\ 0 & 1 & 0 & 0 \\ 0 & 0 & 1 & 0 \\ 0 & 0 & 0 & -1 \end{bmatrix}
$$

上列的程式碼說明如下：

- 第 1 行為程式編號及註解。

- 第 2 行使用 import 敘述引入 qiskit 套件中的 QuantumCircuit 類別以及 Aer 類別。

- 第 3 行使用 import 敘述引入 qiskit.visualization 中的 array_to_latex 函數。

- 第 4 行使用 Aer 類別的 get_backend('aer_simulator') 方法建構後端量子電腦模擬器物件，儲存於 sim 變數中。

- 第 5 行使用 QuantumCircuit(2) 建構一個包含 2 個量子位元的量子線路物件，儲存於 qc1 變數中。

- 第 6 行使用 qc1.cz(0,1) 呼叫 QuantumCircuit 類別的 cz 方法，建立 CZ 閘，並以量子線路 qc1 中索引值為 0 的量子位元為控制位元，以索引值為 1 的量子位元為目標位元。

- 第 7 行使用 qc1.save_unitary() 呼叫 QuantumCircuit 類別的 save_unitary 方法，指示將量子線路 qc1 狀態對應的么正矩陣儲存起來，在量子線路上此處會顯示一條垂直虛線。

- 第 8 行使用 unitary1=sim.run(qc1).result().get_unitary() 呼叫 sim 對應的後端量子電腦模擬器的 run() 方法，帶入 qc1 參數，得到 qc1 對應量子線路的執行工作，然後再呼叫 result() 方法得到執行工作的結果，最後呼叫 get_unitary() 方法取得執行工作結果中對應 save_unitary() 方法所儲存的么正矩陣，儲存在 unitary1 變數中。

- 第 9 行使用 print 函數顯示 "CZ Gate (q0 as control bit, q1 as target bit):" 訊息。

- 第 10 行使用 display(qc1.draw('mpl')) 透過 Jupyter Notebook 提供的 display 函數顯示 QuantumCircuit 類別 draw 方法的執行結果，呼叫 draw 方法帶入的參數為 'mpl'，代表透過 matplotlib 套件顯示量子線路 qc1。

- 第 11 行使用 display 函數，透過 qiskit.visualization 中的 array_to_latex 方法將一個物件 unitary1 以 LaTex 格式顯示出來，方法中的 prefix="\\text{Unitray Matrix of CZ Gate (MSB as Target): }" 表示在顯示 unitary1 物件前列出的前綴字串（prefix）為 "\text{Unitray Matrix of CZ Gate (MSB as Target): "。這個前綴字串是 LaTex 的排版指令，表示以文字模式顯示大括號中的文字。請注意，在 Python 語言中，必須使用 \\ 表示字元 \，因為 \ 是 ' 跳脫字元 '（escape character），因此必須使用跳脫 ' 跳脫字元 ' 的方式回復為一個 ' 跳脫字元 '\。

- 第 12 行使用 print('='*60) 顯示 60 個 = 號的字串，作為分隔線使用。

- 第 13 行使用 QuantumCircuit(2) 建構一個包含 2 個量子位元的量子線路物件，儲存於 qc2 變數中。

- 第 14 行使用 qc2.cz(0,1) 呼叫 QuantumCircuit 類別的 cz 方法，建立 CZ 閘，並以量子線路 qc2 中索引值為 0 的量子位元為控制位元，以索引值為 1 的量子位元為目標位元。

- 第 15 行使用 qc2.save_unitary() 呼叫 QuantumCircuit 類別的 save_unitary 方法，指示將量子線路 qc2 狀態對應的么正矩陣儲存起來，在量子線路上此處會顯示一條垂直虛線。

- 第 16 行使用 unitary2=sim.run(qc2).result().get_unitary() 呼叫 sim 對應的後端量子電腦模擬器的 run() 方法，帶入 qc2 參數，得到 qc2 對應量子線路的執行工作，然後再呼叫 result() 方法得到執行工作的結果，最後呼叫 get_unitary() 方法取得執行工作結果中對應 save_unitary() 方法所儲存的么正矩陣，儲存在 unitary2 變數中。

- 第 17 行使用 print 函數顯示 "CZ Gate (q1 as control bit, q0 as target bit):" 訊息。

- 第 18 行使用 display(qc2.draw('mpl')) 透過 Jupyter Notebook 提供的 display 函數顯示 QuantumCircuit 類別 draw 方法的執行結果，呼叫 draw 方法帶入的參數為 'mpl'，代表透過 matplotlib 套件顯示量子線路 qc2。

- 第 19 行使用 display 函數，透過 qiskit.visualization 中的 array_to_latex 方法將一個物件 unitary1 以 LaTex 格式顯示出來，方法中的 prefix="\\text{Unitray Matrix of CZ Gate (LSB as Target): }" 表示在顯示 unitary1 物件前列出的前綴字串（prefix）為 "\text{Unitray Matrix of CZ Gate (LSB as Target): "。這個前綴字串是 LaTex 的排版指令，表示以文字模式顯示大括號中的文字。請注意，在 Python 語言中，必須使用 \\ 表示字元 \，因為 \ 為 ' 跳脫字元 '（escape character），因此必須使用跳脫 ' 跳脫字元 ' 的方式回復為一個 ' 跳脫字元 \。

由以上的範例程式可以得知，不管 CZ 閘的控制位元是高位元還是低位元，它們的么正矩陣是完全相同的；而 CZ 閘顯示的符號也都完全一樣，就是兩個位元都顯示為控制位元。這是因為 CZ 閘的操作就是依照控制位元的狀態在目標位元上加上相位偏移，但是因為相位回擊的緣故，目標位元的狀態並未改變，而原本要作用在目標位元的相位偏移反而作用在控制位元上。綜合而言，因為相位回擊的緣故，我們很難分清楚 CZ 閘的兩個輸入位元哪一個是被改變的位元，因此都以控制位元的形式顯示。

除了 CZ 閘之外，只要是針對 Z 軸旋轉的量子閘，不管控制位元是高位元還是低位元，它們的么正矩陣都完全一樣，而兩個量子位元都使用控制位元的形式顯示。而前述對 Z 軸旋轉的量子閘包括 CP 閘（附帶任意介於 0 到 2π 的 Z 軸旋轉參數）、CS（以 CP 閘附帶 $\frac{\pi}{2}$ 的 Z 軸旋轉參數實現）、CT（以 CP 閘附帶 $\frac{\pi}{4}$ 的 Z 軸旋轉參數實現）等，以下的範例程式顯示包含這些針對 Z 軸旋轉量子閘的線路圖。

In [13]:

```
1  #Program 5.9 Show quantum circuit with CZ, CP, CS, CT gates
2  from qiskit import QuantumCircuit
3  from math import pi
4  qc = QuantumCircuit(8)
5  qc.cz(0,1)
6  qc.cp(pi,2,3)
7  qc.cp(pi/2,4,5)
```

```
8 qc.cp(pi/4,6,7)
9 display(qc.draw('mpl'))
```

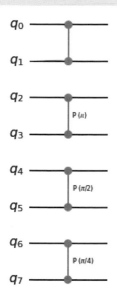

上列的程式碼說明如下：

- 第 1 行為程式編號及註解。

- 第 2 行使用 import 敘述引入 qiskit 套件中的 QuantumCircuit 類別。

- 第 3 行使用 import 敘述引入 math 中的 pi 常數。

- 第 4 行使用 QuantumCircuit(8) 建構一個包含 8 個量子位元的量子線路物件，儲存於 qc 變數中。

- 第 5 行使用 qc.cz(0,1) 呼叫 QuantumCircuit 類別的 cz 方法，建立 CZ 閘，並以量子線路 qc 中索引值為 0 的量子位元為控制位元，所以索引值為 1 的量子位元為目標位元。

- 第 6 行使用 qc.cp(pi,2,3) 呼叫 QuantumCircuit 類別的 cp 方法，建立 CP 閘，帶入參數 pi，代表對 Z 軸旋轉 π 強度，這相當於 CZ 閘的操作。CP 閘並以量子線路 qc 中索引值為 2 的量子位元為控制位元，以索引值為 3 的量子位元為目標位元。

- 第 7 行使用 qc.cp(pi/2,4,5) 呼叫 QuantumCircuit 類別的 cp 方法，建立 CP 閘，帶入參數 pi/2，代表對 Z 軸旋轉 $\pi/2$ 強度，這相當於 CS 閘的操作。CP 閘並以量子線路 qc 中索引值為 4 的量子位元為控制位元，以索引值為 5 的量子位元為目標位元。

- 第 8 行使用 qc.cp(pi/4,6,7) 呼叫 QuantumCircuit 類別的 cp 方法，建立 CP 閘，帶入參數 pi/4，代表對 Z 軸旋轉 $\pi/4$ 強度，這相當於 CT 閘的操作。CP 閘並以量子線路 qc 中索引值為 6 的量子位元為控制位元，以索引值為 7 的量子位元為目標位元。

- 第 9 行使用 display(qc.draw('mpl')) 透過 Jupyter Notebook 提供的 display 函數顯示 QuantumCircuit 類別 draw 方法的執行結果，呼叫 draw 方法帶入的參數為 'mpl'，代表透過 matplotlib 套件顯示量子線路 qc。

5.5　Deutsch–Jozsa 演算法測量結果分析

在了解相位回擊的概念之後，我們利用這個概念來說明 Deutsch–Jozsa 演算法測量結果的分析與使用。具體的說，我們要說明 Deutsch–Jozsa 演算法如何做到不需要測量輔助位元 y，而是透過相位回擊的現象，只需要測量輸入量子位元 $x_0, ..., x_n$ 或工作位元最終的狀態，就可以在測量到所有輸入量子位元最終狀態都是 |0⟩ 的機率為 100% 的情況下，確認黑箱函數是常數函數。反之，若測量所有輸入量子位元最終狀態都是 |0⟩ 的機率為 0%，則確認黑箱函數是平衡函數。

因為黑箱函數是 $y = f(x)$，當黑箱函數是常數函數時，則不管輸入量子位元 $x_0, ..., x_n$ 是什麼狀態，都與 y 的狀態沒有關係，也因此輸入量子位元不會被黑箱函數改變狀態。請注意，Deutsch–Jozsa 演算法針對輸入量子位元在一開始執行 H 閘操作，也在最後執行 H 閘操作形成輸入量子位元的最終的狀態。因為 H 閘是么正操作，因此若輸入量子位元的狀態在經過黑箱函數之後沒有任何變化，則連續對輸入量子位元執行 H 閘操作 2 次，則會使輸入量子位元的最終狀態回復到初始狀態，也就是全部為 |0⟩ 的狀態，因此測量到所有輸入量子位元最終狀態全部都是 |0⟩ 的機率為 100%。

另一方面，因為黑箱函數將輔助位元 y 轉變為 $y \oplus f(x)$，因此，當黑箱函數是平衡函數時，有一半輸入位元的疊加態，會透過 CNOT 閘操作對目標位元 y 進行反向操作，而有另一半輸入位元的疊加態，會透過 CNOT 閘的操作維持目標位元 y 的原本狀態。但是輸入黑箱函數的輔助位元 y 處於 $H|1\rangle = |+\rangle$ 狀態，而這是 X 閘的本徵態，因此會產生改變控制位元 $x_0, ..., x_n$ 相位的相位回擊現象。綜合而言，因為相位回擊的現象，當黑箱函數是平衡函數時，會有剛好一半輸入位元的疊加態形成反向相對相位偏移。也就是說，經過黑箱函數前的輸入位元量子態 $|\psi\rangle$ 與經過黑箱函數後的輸入位元量子態 $|\phi\rangle$ 是正交的，也就是兩個狀態的內積 $\langle\psi|\phi\rangle$ 為 0。令黑箱函數的么正矩陣為 U_f，則可推導得出：

$$|\psi\rangle = \frac{1}{\sqrt{2^n}} \begin{pmatrix} 1 \\ 1 \\ \vdots \\ 1 \\ 1 \end{pmatrix}, |\phi\rangle = U_f \frac{1}{\sqrt{2^n}} \begin{pmatrix} 1 \\ 1 \\ \vdots \\ 1 \\ 1 \end{pmatrix} = \frac{1}{\sqrt{2^n}} \begin{pmatrix} 1 \\ -1 \\ \vdots \\ -1 \\ 1 \end{pmatrix}, \text{所以可得 } \langle\psi|\phi\rangle = \frac{1}{2^n} \begin{pmatrix} 1 \\ 1 \\ \vdots \\ 1 \\ 1 \end{pmatrix}^{\dagger} \begin{pmatrix} 1 \\ -1 \\ \vdots \\ -1 \\ 1 \end{pmatrix} = 0$$

同樣的，所有的輸入量子位元在一開始也經過 H 閘操作，在最後則再經過 H 閘操作形成輸入量子位元的最終的狀態。很明顯的，輸入量子位元的最終的狀態與輸入量子位元的初始狀態 $|00...0\rangle$ 必定為正交，這表示輸入量子位元的最終狀態測量的結果全部都是 $|0\rangle$ 的機率為 0%。也就是說，當黑箱函數為平衡函數時，輸入量子位元最終狀態的測量結果全部都是 $|0\rangle$ 的機率必定為 0%。

5.6 結語

本章介紹一個著名的量子演算法──Deutsch-Jozsa 演算法，這個演算法由英國牛津大學 David Deutsch 教授與劍橋大學 Richard Jozsa 教授在 1992 年發表的論文「Rapid solutions of problems by quantum computation」中提出，用於解決常數 - 平衡函數判斷問題。早在 1985 年，Deutsch 教授就在一篇名為「Quantum theory, the Church-Turing principle and the universal quantum computer」的論文中提出 Deutsch 演算法，與 Deutsch-Jozsa 演算法一樣，這個演算法也是解決常數 - 平衡函數判斷問題，只是 Deutsch 演算法解決的問題是 1 個輸入位元的版本，而 Deutsch-Jozsa 演算法解決的是 n 個輸入位元的版本。本章使用範例程式展示如何以古典計算模式實現黑箱函數,也展現如何以古典演算法解決常數 - 平衡函數判斷問題。本章也另外透過範例程式展示如何實現量子計算模式下的黑箱函數,以及展示如何搭配量子計算模式下的黑箱函數以 Deutsch-Jozsa 演算法解決常數 - 平衡函數判斷問題。本章詳細從學理上推導 Deutsch-Jozsa 演算法的基本概念,並說明 Deutsch-Jozsa 演算法利用量子位元的疊加狀態只呼叫黑箱函數 1 次就可以解決問題,而最佳的古典演算法呼叫黑箱函數的次數在最差情況下則需要 $2^{n-1}+1$ 次,因此我們可以說 Deutsch-Jozsa 演算法利用量子計算的特性,達成指數量級的加速特性。

另外,因為 Deutsch-Jozsa 演算法使用相位回擊概念解決問題,所以本章也介紹相位回擊概念。除了 Deutsch-Jozsa 演算法之外,本書稍後即將介紹的演算法,如 Grover 演算法、量子相位估測演算法及 Shor 演算法也都使用到相位回擊概念,因此其重要性不言而喻。

練習

練習 5.1

基於下列常數 - 平衡函數判斷問題的黑箱函數 f,設計量子程式建構並顯示對應的 Deutsch-Jozsa 演算法量子線路,並在量子電腦模擬器上執行量子線路 1000 次,顯示其量子位元測量結果各種不同量子態被測量出的次數及其對應的直方圖,最後並說明為何測量結果代表黑箱函數 f 為常數函數。

$$f : \{0, 1\}^4 \to \{0, 1\}$$
$$y = f(x) = 1$$

練習 5.2

基於下列常數 - 平衡函數判斷問題的黑箱函數 f,設計量子程式建構並顯示對應的 Deutsch-Jozsa 演算法量子線路,並在實際量子電腦上執行量子線路 1000 次,顯示其量子位元測量結果各種不同量子態被測量出的次數及其對應的直方圖,最後並說明為何測量結果代表黑箱函數 f 為常數函數。

$$f : \{0, 1\}^4 \to \{0, 1\}$$
$$y = f(x) = 1$$

練習 5.3

基於下列常數 - 平衡函數判斷問題的黑箱函數 f，設計量子程式建構並顯示對應的 Deutsch-Jozsa 演算法量子線路，並在量子電腦模擬器上執行量子線路 1000 次，顯示其量子位元測量結果各種不同量子態被測量出的次數及其對應的直方圖，最後並說明為何測量結果代表黑箱函數 f 為平衡函數。

$$f : \{0, 1\}^3 \to \{0, 1\}$$

$$y = f(x_2 x_1 x_0) = \begin{cases} 1 & \text{if } x_0 = 1 \\ 0 & \text{if } x_0 \neq 1 \end{cases}$$

練習 5.4

設計量子程式建構以下量子線路，重新顯示這個量子線路，並以布洛赫球面呈現第一條壁疊線的量子位元狀態及第二條壁疊線的量子位元狀態。

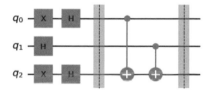

練習 5.5

Deutsch 演算法可以視為 Deutsch-Jozsa 演算法的簡化版，二個演算法都是解決常數 - 平衡函數判斷問題。但是 Deutsch 演算法所解決問題的輸入為 1 個位元；而 Deutsch-Jozsa 演算法所解決問題的輸入為 n 個位元，其中 $n > 1$。Deutsch 演算法所解決問題的定義如下：

給定一個黑箱函數（blackbox function）或神諭（oracle）f：

$$f : \{0, 1\} \to \{0, 1\}$$

判斷函數 f 是常數（constant）函數或是平衡（balanced）函數。其中，一個函數 $f, f : \{0, 1\} \rightarrow \{0, 1\}$，是常數函數，若且唯若針對任何的輸入 $x, x \in \{0, 1\}$，都得到 $f(x) = 0$ 或 $f(x) = 1$。而一個函數 $f, f : \{0, 1\} \rightarrow \{0, 1\}$ 是平衡函數，若且唯若針對任何的輸入 $x, x \in \{0, 1\}, f(x)$ 輸出 0 和 1 的次數相同。

Deutsch 問題一共有 4 種可能的黑箱函數，設計一個量子程式建構量子線路，可以針對所有 4 種可能的黑箱函數判斷其為常數函數或是平衡函數。這個量子線路具有 2 個量子位元 $q_0 = x$ 以及 $q_1 = y = f(x)$，若 f 是常數函數，則 q_0 測量結果為 $|0\rangle$ 的機率為 100%（或在實體量子電腦上測量結果非常接近 100%）；反之，若 f 是平衡函數，則 q_0 測量結果為 $|1\rangle$ 的機率為 100%（或在實體量子電腦上測量結果非常接近 100%）。請以量子電腦模擬器或是真實量子電腦執行量子程式，並以直方圖顯示 q_0 的測量結果。

Grover 演算法
量子程式設計

本章介紹格羅弗演算法（Grover's algorithm 或 Grover algorithm），又稱為量子搜尋（quantum search）演算法，是一個解決非結構搜尋（unstructured search）問題的演算法，可以在非結構化資料中快速找出特定的答案輸入（solution input）。Grover 演算法的基本概念為振幅放大（amplitude amplification），若所有可能輸入的總數為 N，則 Grover 演算法能夠在執行 $\sqrt{N}$ 個步驟（嚴謹的說是 $O(\sqrt{N})$ 個步驟）之後就搜尋到特定的答案輸入。因為相對應的古典演算法平均必須執行 $N/2$ 個步驟（嚴謹的說是 $O(N)$ 個步驟）才能搜尋到特定的答案輸入，所以 Grover 演算法相較於古典演算法而言具有平方量級的計算加速特性。

本章首先介紹非結構搜尋問題的定義，然後展示如何透過古典演算法解決這個問題，緊接著展示如何編寫量子程式實作 Grover 演算法來解決這個問題。另外，本章也展示如何應用 Grover 演算法解決一個著名的漢米爾頓循環（Hamiltonian cycle）問題，可以在給定的具有 N 個邊（edge）的圖（graph）中，在執行 $\sqrt{N}$ 個步驟（嚴謹的說是 $O(\sqrt{N})$ 個步驟）之後找到經過所有的點（node）恰好一次而且回到原點的漢彌爾頓循環。

6.1 非結構搜尋問題

非結構搜尋（unstructured search）問題定義。

給定一個黑箱函數（blackbox function）$f : \{0, 1\}^n \rightarrow \{0, 1\}$，其中唯一存在一個特定的答案輸入（solution input）$x^* \in \{0, 1\}^n$ 使得 $f(x^*) = 1$。f 函數定義為：

$$f(x) = \begin{cases} 1 & \text{if } x = x^* \\ 0 & \text{if } x \neq x^* \end{cases}$$

非結構搜尋問題的目的為找出答案輸入 x^*。

如前所述,黑箱函數也稱為神諭(oracle),是一個未知函數 (unknown function),我們只能向它提供輸入並得知計算之後的輸出結果。非結構搜尋問題對應的黑箱函數的輸入是非結構化的,也就是整體輸入不具有預先定義的模型,而且也不以預先定義的方式排列或組織,這是非結構搜尋問題名稱的由來。

6.2 非結構搜尋古典演算法

為了容易表示位元組合,以下採用字串表示函數的輸入與輸出。以下定義一個 2 個位元的黑箱函數 f1: f1(x)='1' if x='01'; otherwise f1(x)='0'。請注意,以下我們使用 f1('01')='1' 來表示這個函數定義。我們可以使用以下的古典計算模式範例程式實作黑箱函數 f1:

In [1]:

```
1 #program 6.1a Define classical oracle f1 for unstructured search
2 def f1(x):
3   if x=='01':
4     return '1'
5   else:
6     return '0'
7 print(f1('00'),f1('01'),f1('10'),f1('11'))
```

0 1 0 0

以下逐行說明上列古典計算模式範例程式:

- 第 1 行為程式編號及註解。

- 第 2 行使用 def f1(x): 定義黑箱函數 f1。

- 第 3 行使用 if x=='01' 檢查傳入 f1 函數的字串參數 x 的值是否為 '01'。

- 第 4 行使用 return '1' 在第 3 行檢查條件成立時回傳 '1'。

- 第 5 行使用 else: 表示第 3 行檢查條件不成立的狀況。

- 第 6 行使用 return '0' 在第 3 行檢查條件不成立時回傳 '0'。

- 第 7 行使用 print 函數顯示具有 2 個位元（在範例程式中實際上是具 2 個字元的字串）輸入的 f1 函數的所有可能輸入所對應的輸出。

上列古典計算模式範例程式定義黑箱函數 f1('01')='1'，這個範例程式並顯示具有 2 個位元輸入的 f1 函數所有可能輸入所對應的輸出。請注意，前述 "2 個位元 " 實際上在範例程式中為 " 具有 2 個字元的字串 "，在本章中我們都採用這種描述法。其中，當輸入 x 的值為 '01' 時，黑箱函數 f1 的輸出為 '1'，否則，f1 的輸出為 '0'。

以下假設輸入為 3 個位元的黑箱函數 f2 定義為 f2('001')='1'，我們可以使用以下的古典計算模式範例程式實作黑箱函數 f2：

In [2]:

```
1 #program 6.1b Define classical oracle f2 for unstructured search
2 def f2(x):
3   if x=='001':
4     return '1'
5   else:
6     return '0'
7 print(f2('000'),f2('001'),f2('010'),f2('011'),f2('100'),f2('101'),f2('110')
  ,f2('111'))
```

0 1 0 0 0 0 0 0

以下逐行說明上列古典計算模式的範例程式：

- 第 1 行為程式編號及註解。

- 第 2 行使用 def f2(x): 定義黑箱函數 f2。

- 第 3 行使用 if x=='001' 檢查傳入 f2 函數的字串參數 x 的值是否為 '001'。

- 第 4 行使用 return '1' 在第 3 行檢查條件成立時回傳 '1'。

- 第 5 行使用 else: 表示第 3 行檢查條件不成立的狀況。

- 第 6 行使用 return '0' 在第 3 行檢查條件不成立時回傳 '0'。

- 第 7 行使用 print 函數顯示具有 3 個位元輸入的 f2 函數的所有可能輸入所對應的輸出。

上列古典計算模式範例程式定義黑箱函數 f2('001')='1'，這個範例程式並顯示具有 3 個位元輸入的 f2 函數所有可能輸入所對應的輸出。其中，當輸入 x 的值為 '001' 時，黑箱函數 f2 的輸出為 '1'，否則，f2 的輸出為 '0'。

以下假設輸入為 3 個位元的黑箱函數 f3 定義為 f3('101')='1'，我們可以使用以下的古典計算模式範例程式實作黑箱函數 f3：

In [3]:

```
1 #program 6.1c Define classical oracle f3 for unstructured search
2 def f3(x):
3   if x=='101':
4     return '1'
5   else:
6     return '0'
7 print(f3('000'),f3('001'),f3('010'),f3('011'),f3('100'),f3('101'),f3('110')
  ,f3('111'))
```

0 0 0 0 0 1 0 0

以下逐行說明上列古典計算模式範例程式：

- 第 1 行為程式編號及註解。

- 第 2 行使用 def f3(x): 定義黑箱函數 f3。

- 第 3 行使用 if x=='101' 檢查傳入 f3 函數的字串參數 x 的值是否為 '101'。

- 第 4 行使用 return '1' 在第 3 行檢查條件成立時回傳 '1'。

- 第 5 行使用 else: 表示第 3 行檢查條件不成立的狀況。

- 第 6 行使用 return '0' 在第 3 行檢查條件不成立時回傳 '0'。

- 第 7 行使用 print 函數顯示具有 3 個位元輸入的 f3 函數的所有可能輸入所對應的輸出。

上列的古典計算模式範例程式定義黑箱函數 f3('101')='1'，這個範例程式可以顯示具有 3 個位元輸入的 f3 函數所有可能輸入所對應的輸出。其中，當輸入 x 的值為 '101' 時，黑箱函數 f3 的輸出為 '1'，否則，f3 的輸出為 '0'。

以下的古典計算模式範例程式可以針對黑箱函數 f1、f2、f3 解決非結構搜尋問題：

In [4]:

```
1  #Program 6.1d Solve unstructured search prob. with classical code
2  import itertools
3  def unstructured_search(f,n):
4    iter = itertools.product([0,1], repeat=n)
5    lst = [''.join(map(str, item)) for item in iter]
6    for s in lst:
7      if f(s)=='1':
8        return s
9  print(unstructured_search(f1,2))
10 print(unstructured_search(f2,3))
11 print(unstructured_search(f3,3))
```

```
01
001
101
```

以下逐行說明上列古典計算模式範例程式：

- 第 1 行為程式編號及註解。

- 第 2 行使用 import 敘述引入 itertools 套件，這個套件具有許多可以產生各種迭代器（iterator）的函數。迭代器是一個物件，可以用於確保使用者在容器（container）物件（例如字串、串列或元組等）上遍訪所有成員，使用者使用迭代器時無須關心容器物件的記憶體分配、取用與儲存的細節。

- 第 3 行使用 def unstructured_search(f,n): 定義非結構搜尋函數 unstructured_search，它具有兩個參數——f 為被檢查的黑箱函數，n 為黑箱函數的輸入位元個數。

- 第 4 行使用 itertools.product([0,1], repeat=n) 呼叫 itertools 套件的 product 函數產生一個迭代器，可以遍訪 (traverse)[0,1] 的 n 次張量積（也就是 $[0,1]^{\otimes n}$）的所有成員。但要注意的是，product 函數返回的每個被遍訪的成員為元組。以 n=3 為例，產出的迭代器可以遍訪的成員為 (0, 0, 0), (0, 0, 1), (0, 1, 0), (0, 1, 1), (1, 0, 0), (1, 0, 1), (1, 1, 0), (1, 1, 1)，而每個元組都由 3 個位元 0 或 1 構成。最後，產出的迭代器儲存於 iter 變數中。

- 第 5 行使用 [''.join(map(str, item)) for item in iter] 產生一個串列,其中每個串列成員為字串,每個字串由 ''.join(map(str, item)) for item in iter 產生,說明如下:map(str, item) for item in iter 表示將 str 函數對應作用到每一個 iter 迭代器中的元組成員的每一個整數 item。例如,若元組成員 (0, 0, 0) 經過這個對應作用將成為 ('0', '0', '0')。另外,join 是字串類別(型別)附屬的方法,可以給定一個字串迭代器物件為參數,可以將迭代器中所有字串成員全部合併在一起。例如 ,''.join(('0','0','0')) 計算的結果為 '000'。綜合舉例而言,當 n=3 時,[''.join(map(str, item)) for item in iter] 將產生一個具有 8 個成員的串列,如下所列:['000', '001', '010', '011', '100', '101', '110', '111'],這個串列將儲存於 lst 變數中。

- 第 6 行使用 for s in lst: 產生一個 for 迴圈,每次迴圈迭代均由 lst 串列中取得一個字串成員 s。

- 第 7 行使用 if f(s)=='1': 檢查條件 f(s) 是否為 '1'。

- 第 8 行使用 return s 在第 7 行檢查的條件成立時回傳 s,代表 s 就是我們要搜尋的答案輸入。

- 第 9 行使用 print 函數顯示出呼叫 unstructured_search(f1,2) 的執行結果,也就是顯示出具有 2 個位元輸入的 f1 函數非結構搜尋的答案輸入,執行結果顯示 '01' 代表 '01' 是 f1 函數的答案輸入。

- 第 10 行使用 print 函數顯示出呼叫 unstructured_search(f2,3) 的執行結果,也就是顯示出具有 3 個位元輸入的 f2 函數非結構搜尋的答案輸入,執行結果顯示 '001' 代表 '001' 是 f2 函數的答案輸入。

- 第 11 行使用 print 函數顯示出呼叫 unstructured_search(f3,3) 的執行結果,也就是顯示出具有 3 個位元輸入的 f3 函數非結構搜尋的答案輸入,執行結果顯示 '101' 代表 '101' 是 f3 函數的答案輸入。

上列古典計算模式範例程式中的 unstructured_search 函數對應一個古典演算法,可以針對一個黑箱函數 *f* 進行非結構搜尋,找出特定的答案輸入。以下我們分析 unstructured_search 函數所對應古典演算法的時間複雜度:

因為 f 函數的輸入有 n 個位元，因此總共有 $N = 2^n$ 種可能的輸入。在古典計算模式下，演算法必須呼叫 f 函數，並測試每一個可能的輸入來搜尋特定的答案輸入。在最佳狀況下，古典演算法只需要測試輸入 1 次就能搜尋出答案輸入，這發生在第 1 個測試的輸入就是要搜尋的答案輸入。但是在最差狀況下，古典演算法必須測試輸入 N 次才能搜尋出答案輸入，這發生在最後一個測試的輸入才是要搜尋的答案輸入。當然，若假設第 $i, 1 \le i \le N$, 次輸入時搜尋到答案輸入的機率都是均等的，也就是都是 $\dfrac{1}{N}$，所以在平均狀況下需要 $\displaystyle\sum_{i=1}^{N} \dfrac{i}{N} = \dfrac{N+1}{2} = O(N)$ 次的輸入測試才能搜尋到答案輸入。

6.3　Grover 演算法

本節說明如何使用 Grover 量子演算法解決非結構搜尋問題，以下先定義量子位元版本的相位黑箱函數或相位神諭（phase oracle）。

給定答案輸入為 x^* 的黑箱函數 f，令其相關的相位黑箱函數對應的么正矩陣為 U_f。當函數的輸入為答案輸入 x^* 時，相位黑箱函數會針對輸入進行相位反轉，否則即不進行任何運作。具體的說，針對輸入量子位元狀態 $|x\rangle$，相位黑箱函數定義如下：

$$U_f |x\rangle = \begin{cases} |x\rangle & \text{if } x \ne x^* \\ -|x\rangle & \text{if } x = x^* \end{cases}$$

以下連續 4 個範例程式實作輸入為 2 個量子位元的相位黑箱函數，分別針對答案輸入 x^* 為 $|00\rangle$、$|01\rangle$、$|10\rangle$ 及 $|11\rangle$ 的情況建立相位黑箱函數的量子線路：

In [5]:

```
1 #Program 6.2 Define quantum oracle for input solution='00'
2 from qiskit import QuantumRegister,QuantumCircuit
3 qrx = QuantumRegister(2,'x')
4 qc = QuantumCircuit(qrx)
5 qc.x([0,1])
6 qc.cz(0,1)
7 qc.x([0,1])
8 print("The quantum circuit of phase oracle for input solution='00':")
9 qc.draw('mpl')
```

The quantum circuit of phase oracle for input solution='00':

Out[5]:

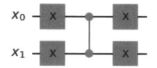

上列的程式碼說明如下:

- 第 1 行為程式編號及註解。

- 第 2 行使用 import 敘述引入 qiskit 套件中的 QuantumRegister 及 QuantumCircuit 類別。

- 第 3 行使用 qrx=QuantumRegister(2,'x') 建構一個包含 2 個量子位元的量子暫存器物件,顯示標籤設定為 'x',儲存於 qrx 變數中,這 2 個位元在 qrx 的區域索引值為 0、1,全域索引值為 0、1。

- 第 4 行使用 qc=QuantumCircuit(qrx) 建構一個包含量子暫存器物件 qrx 的 2 個量子位元的量子線路物件,儲存於 qc 變數中。

- 第 5 行使用 qc.x([0,1]) 呼叫 QuantumCircuit 類別的 x 方法,針對量子線路中索引值為 0 與 1 的量子位元加入 X 閘。

- 第 6 行使用 qc.cz(0,1) 呼叫 QuantumCircuit 類別的 cz 方法,加入控制 Z 閘(controlled Z gate),並以索引值為 0 的量子位元為控制位元,以索引值為 1 的量子位元為目標位元。

- 第 7 行使用 qc.x([0,1]) 呼叫 QuantumCircuit 類別的 x 方法,針對量子線路中索引值為 0 與 1 的量子位元加入 X 閘。

- 第 8 行使用 print 函數顯示 "The quantum circuit of phase oracle for input solution='00':" 訊息。

- 第 9 行使用 qc.draw('mpl') 呼叫 QuantumCircuit 類別的 draw 方法,並帶入參數 'mpl',代表透過 matplotlib 套件顯示量子線路。

上列程式以 cz(0,1) 呼叫 QuantumCirciut 類別的 cz 方法，以索引值為 0 的量子位元為控制位元，並以索引值為 1 的量子位元為目標位元建立受控 Z 閘（controlled Z gate）或稱為 CZ 閘。

如前章中所述，因為相位回擊的緣故，不管 CZ 閘的控制位元是高位元還是低位元，它們的么正矩陣是完全相同的；而 CZ 閘顯示的符號也都完全一樣，就是兩個位元都顯示為控制位元。CZ 閘的么正矩陣如下所列：

$$\begin{pmatrix} 1 & 0 & 0 & 0 \\ 0 & 1 & 0 & 0 \\ 0 & 0 & 1 & 0 \\ 0 & 0 & 0 & -1 \end{pmatrix}$$

若上列範例程式所對應量子線路的 2 個輸入量子位元為透過 H 閘形成的疊加態，也就是疊加態 $|++\rangle = \frac{1}{2}(|00\rangle + |01\rangle + |10\rangle + |11\rangle)$，則經過相位黑箱函數之後，2 個量子位元的狀態為：

$$X^{\otimes 2} \cdot (CZ \cdot (X^{\otimes 2}|++\rangle)) =$$

$$\begin{pmatrix} 0 & 0 & 0 & 1 \\ 0 & 0 & 1 & 0 \\ 0 & 1 & 0 & 0 \\ 1 & 0 & 0 & 0 \end{pmatrix}\begin{pmatrix} 1 & 0 & 0 & 0 \\ 0 & 1 & 0 & 0 \\ 0 & 0 & 1 & 0 \\ 0 & 0 & 0 & -1 \end{pmatrix}\begin{pmatrix} 0 & 0 & 0 & 1 \\ 0 & 0 & 1 & 0 \\ 0 & 1 & 0 & 0 \\ 1 & 0 & 0 & 0 \end{pmatrix}\begin{pmatrix} \frac{1}{2} \\ \frac{1}{2} \\ \frac{1}{2} \\ \frac{1}{2} \end{pmatrix} = \begin{pmatrix} -\frac{1}{2} \\ \frac{1}{2} \\ \frac{1}{2} \\ \frac{1}{2} \end{pmatrix}$$

$$= \frac{1}{2}(-|00\rangle + |01\rangle + |10\rangle + |11\rangle)$$

這樣的量子位元狀態代表在量子位元為 $|00\rangle$ 時會進行相位反轉。

以上的範例程式針對答案輸入 $x^* = |00\rangle$ 建立相位黑箱函數量子線路，而以下的範例程式則針對答案輸入 $x^* = |01\rangle$ 建立相位黑箱函數量子線路：

In [6]:

```
1  #Program 6.3 Define quantum oracle for input solution='01'
2  from qiskit import QuantumRegister,QuantumCircuit
3  qrx = QuantumRegister(2,'x')
4  qc = QuantumCircuit(qrx)
```

```
5  qc.x(1)
6  qc.cz(0,1)
7  qc.x(1)
8  print("The quantum circuit of phase oracle for input solution='01':")
9  qc.draw('mpl')
```

The quantum circuit of phase oracle for input solution='01':

Out[6]:

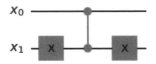

上列的程式碼說明如下：

- 第 1 行為程式編號及註解。

- 第 2 行使用 import 敘述引入 qiskit 套件中的 QuantumRegister 與 QuantumCircuit 類別。

- 第 3 行使用 qrx=QuantumRegister(2,'x') 建構一個包含 2 個量子位元的量子暫存器物件，設定顯示標籤為 'x' 以代表函數輸入，儲存於 qrx 變數中。

- 第 4 行使用 qc=QuantumCircuit(qrx) 建構一個包含量子暫存器物件 qrx 的 2 個量子位元的量子線路物件，儲存於 qc 變數中。

- 第 5 行使用 qc.x(1) 呼叫 QuantumCircuit 類別的 x 方法，在索引值為 1 的量子位元上加入 x 閘。

- 第 6 行使用 qc.cz(0,1) 呼叫 QuantumCircuit 類別的 cz 方法，加入控制 Z 閘（controlled Z gate），並以索引值為 0 的量子位元為控制位元，以索引值為 1 的量子位元為目標位元。

- 第 7 行使用 qc.x(1) 呼叫 QuantumCircuit 類別的 x 方法，在索引值為 1 的量子位元上加入 x 閘。

- 第 8 行使用 print 函數顯示 "The quantum circuit of phase oracle for input solution='01':" 訊息。

- 第 9 行使用 qc.draw('mpl') 呼叫 QuantumCircuit 類別的 draw 方法，並帶入參數 'mpl'，代表透過 matplotlib 套件顯示量子線路。

若上列範例程式所對應量子線路的 2 個輸入量子位元為透過 H 閘形成的疊加態，也就是疊加態 $|++\rangle = \frac{1}{2}(|00\rangle + |01\rangle + |10\rangle + |11\rangle)$，則經過相位黑箱函數之後，2 個量子位元的狀態為：

$$(X \otimes I) \cdot (CZ \cdot (X \otimes I)|++\rangle)) =$$

$$\begin{pmatrix} 0 & 0 & 1 & 0 \\ 0 & 0 & 0 & 1 \\ 1 & 0 & 0 & 0 \\ 0 & 1 & 0 & 0 \end{pmatrix} \begin{pmatrix} 1 & 0 & 0 & 0 \\ 0 & 1 & 0 & 0 \\ 0 & 0 & 1 & 0 \\ 0 & 0 & 0 & -1 \end{pmatrix} \begin{pmatrix} 0 & 0 & 1 & 0 \\ 0 & 0 & 0 & 1 \\ 1 & 0 & 0 & 0 \\ 0 & 1 & 0 & 0 \end{pmatrix} \begin{pmatrix} \frac{1}{2} \\ \frac{1}{2} \\ \frac{1}{2} \\ \frac{1}{2} \end{pmatrix} = \begin{pmatrix} \frac{1}{2} \\ -\frac{1}{2} \\ \frac{1}{2} \\ \frac{1}{2} \end{pmatrix}$$

$$= \frac{1}{2}(|00\rangle - |01\rangle + |10\rangle + |11\rangle)$$

這樣的量子位元狀態代表在量子位元為 $|01\rangle$ 時會進行相位反轉。

以上的範例程式針對答案輸入 $x^* = |01\rangle$ 建立相位黑箱函數量子線路，而以下的範例程式則針對答案輸入 $x^* = |10\rangle$ 建立相位黑箱函數量子線路：

In [7]:

```
1 #Program 6.4 Define quantum oracle for input solution='10'
2 from qiskit import QuantumRegister,QuantumCircuit
3 qrx = QuantumRegister(2,'x')
4 qc = QuantumCircuit(qrx)
5 qc.x(0)
6 qc.cz(1,0)
7 qc.x(0)
8 print("The quantum circuit of phase oracle for input solution='10':")
9 qc.draw('mpl')
```

The quantum circuit of phase oracle for input solution='10':

Out[7]:

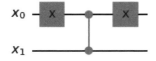

上列的程式碼說明如下：

- 第 1 行為程式編號及註解。

- 第 2 行使用 import 敘述引入 qiskit 套件中的 QuantumRegister 與 QuantumCircuit 類別。

- 第 3 行使用 qrx=QuantumRegister(2,'x') 建構一個包含 2 個量子位元的量子暫存器物件，設定顯示標籤為 'x' 以代表函數輸入，儲存於 qrx 變數中。

- 第 4 行使用 qc=QuantumCircuit(qrx) 建構一個包含量子暫存器物件 qrx 的 2 個量子位元的量子線路物件，儲存於 qc 變數中。

- 第 5 行使用 qc.x(0) 呼叫 QuantumCircuit 類別的 x 方法，在索引值為 0 的量子位元上加入 x 閘。

- 第 6 行使用 qc.cz(1,0) 呼叫 QuantumCircuit 類別的 cz 方法，加入控制 Z 閘，並以索引值為 1 的量子位元為控制位元，以索引值為 0 的量子位元為目標位元。

- 第 7 行使用 qc.x(0) 呼叫 QuantumCircuit 類別的 x 方法，在索引值為 0 的量子位元上加入 x 閘。

- 第 8 行使用 print 函數顯示 "The quantum circuit of phase oracle for input solution='10':" 訊息。

- 第 9 行使用 qc.draw('mpl') 呼叫 QuantumCircuit 類別的 draw 方法，並帶入參數 'mpl'，代表透過 matplotlib 套件顯示量子線路。

若上列範例程式所對應量子線路的 2 個輸入量子位元為透過 H 閘形成的疊加態，也就是疊加態 $|++\rangle = \frac{1}{2}(|00\rangle + |01\rangle + |10\rangle + |11\rangle)$，則經過相位黑箱函數之後，2 個量子位元的狀態為：

$$(I \otimes X) \cdot (CZ \cdot (I \otimes X)|++\rangle)) =$$

$$\begin{pmatrix} 0 & 1 & 0 & 0 \\ 1 & 0 & 0 & 0 \\ 0 & 0 & 0 & 1 \\ 0 & 0 & 1 & 0 \end{pmatrix} \begin{pmatrix} 1 & 0 & 0 & 0 \\ 0 & 1 & 0 & 0 \\ 0 & 0 & 1 & 0 \\ 0 & 0 & 0 & -1 \end{pmatrix} \begin{pmatrix} 0 & 1 & 0 & 0 \\ 1 & 0 & 0 & 0 \\ 0 & 0 & 0 & 1 \\ 0 & 0 & 1 & 0 \end{pmatrix} \begin{pmatrix} \frac{1}{2} \\ \frac{1}{2} \\ \frac{1}{2} \\ \frac{1}{2} \end{pmatrix} = \begin{pmatrix} \frac{1}{2} \\ \frac{1}{2} \\ -\frac{1}{2} \\ \frac{1}{2} \end{pmatrix}$$

$$= \frac{1}{2}(|00\rangle + |01\rangle - |10\rangle + |11\rangle)$$

這樣的量子位元狀態代表在量子位元為 $|10\rangle$ 時會進行相位反轉。

以上的範例程式針對答案輸入 $x^* = |10\rangle$ 建立相位黑箱函數量子線路，而以下的範例程式則針對答案輸入 $x^* = |11\rangle$ 建立相位黑箱函數量子線路：

In [8]:

```
1  #Program 6.5 Define quantum oracle for input solution='11'
2  from qiskit import QuantumRegister,QuantumCircuit
3  qrx = QuantumRegister(2,'x')
4  qc = QuantumCircuit(qrx)
5  qc.cz(1,0)
6  print("The quantum circuit of phase oracle for input solution='11':")
7  qc.draw('mpl')
```

The quantum circuit of phase oracle for input solution='11':

Out[8]:

上列的程式碼說明如下：

- 第 1 行為程式編號及註解。

- 第 2 行使用 import 敘述引入 qiskit 套件中的 QuantumRegister 與 QuantumCircuit 類別。

- 第 3 行使用 qrx=QuantumRegister(2,'x') 建構一個包含 2 個量子位元的量子暫存器物件，設定顯示標籤為 'x' 以代表函數輸入，儲存於 qrx 變數中。

- 第 4 行使用 qc=QuantumCircuit(qrx) 建構一個包含量子暫存器物件 qrx 的 2 個量子位元的量子線路物件，儲存於 qc 變數中。

- 第 5 行使用 qc.cz(1,0) 呼叫 QuantumCircuit 類別的 cz 方法，加入控制 Z 閘，並以索引值為 1 的量子位元為控制位元，以索引值為 0 的量子位元為目標位元。

- 第 6 行使用 print 函數顯示 "The quantum circuit of phase oracle for input solution='11':" 訊息。

- 第 7 行使用 qc.draw('mpl') 呼叫 QuantumCircuit 類別的 draw 方法，並帶入參數 'mpl'，代表透過 matplotlib 套件顯示量子線路。

若上列範例程式所對應量子線路的 2 個輸入量子位元為透過 H 閘形成的疊加態，也就是疊加態 $|++\rangle = \frac{1}{2}(|00\rangle + |01\rangle + |10\rangle + |11\rangle)$，則經過相位黑箱函數之後，2 個量子位元的狀態為：

$$CZ|++\rangle =$$

$$\begin{pmatrix} 1 & 0 & 0 & 0 \\ 0 & 1 & 0 & 0 \\ 0 & 0 & 1 & 0 \\ 0 & 0 & 0 & -1 \end{pmatrix}\begin{pmatrix} \frac{1}{2} \\ \frac{1}{2} \\ \frac{1}{2} \\ \frac{1}{2} \end{pmatrix} = \begin{pmatrix} \frac{1}{2} \\ \frac{1}{2} \\ \frac{1}{2} \\ -\frac{1}{2} \end{pmatrix}$$

$$= \frac{1}{2}(|00\rangle + |01\rangle + |10\rangle - |11\rangle)$$

這樣的量子位元狀態代表在量子位元為 $|11\rangle$ 時會進行相位反轉。

以上的範例程式針對答案輸入 $x^* = |11\rangle$ 建立相位黑箱函數量子線路。到目前為止，我們已經以 2 個量子位元為例，建構 Grover 演算法所有可能的相位黑箱函數。以下緊接著說明 Grover 演算法的整體基本概念，Grover 演算法的量子線路如圖 6.1 所示。

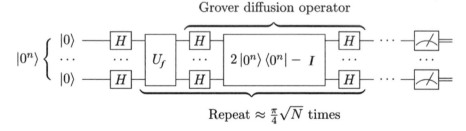

圖 6.1　Grover 演算法的量子線路圖（修改自圖片來源：*https://commons. wikimedia.org/wiki/File:Grover's_algorithm_circuit.svg*, by Fawly, CC BY-SA 4.0）

以下分幾個步驟說明 Grover 演算法量子線路細節：

步驟 1：準備 n 個處於 $|0\rangle$ 狀態的工作量子位元，也就是 $|0\rangle^{\otimes n}$。

步驟 2：讓所有量子位元都經過 H 閘，使量子位元處於一致疊加（uniform superposition）狀態，如下式所示：

$$H^{\otimes n}|0\rangle^{\otimes n} = \frac{1}{\sqrt{N}} \sum_{x=0}^{N-1} |x\rangle \text{，其中 } N = 2^n$$

步驟 3： 讓處於疊加狀態的量子位元通過相位黑箱函數 U_f，進行相位反轉（phase inversion），U_f 的定義如下：

$$U_f|x\rangle = (-1)^{f(x)}|x\rangle$$

也就是說，當 $x \neq x^*$ 時，$f(x) = 0$ 而 U_f 並未對量子位元進行任何操作；但是當 $x = x^*$ 時，$f(x) = 1$ 而 U_f 則翻轉量子位元的相位，量子位元相位反轉的結果則形成反向振幅。因為只有當 $x = x^*$ 時會產生反向振幅，因此是唯一一個反向振幅。

步驟 4： 讓所有量子位元都經過擴散（diffusion）操作 U_s，也就是進行振幅平均值以上反轉（inversion above mean），U_s 定義如下：

$$U_s = H^{\otimes n}(2|0^n\rangle\langle 0^n| - I)H^{\otimes n}$$

如圖 6.2 所示，擴散操作讓所有量子位元振幅都根據振幅平均值 μ 進行振幅平均值以上反轉，因此原先的正振幅改變不大，其中高於平均值的振幅反轉向下而變小，低於平均值的振幅反轉向上而變大；而原先唯一的負振幅則反轉向上成為很大的正振幅。

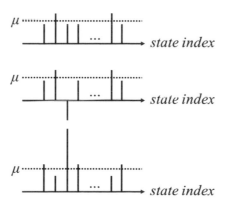

圖 6.2 Grover 演算法擴散（diffusion）操作示意圖。上圖：原來的量子狀態振幅（假設有大小不同振幅以方便解釋）；中圖：其中一個量子狀態進行相位反轉形成負振幅；下圖：所有量子狀態進行振幅平均值以上反轉（inversion above mean），負振幅因而成為很大的正振幅。

步驟 5：重複執行步驟 3 及步驟 4 共計 $\frac{\pi}{4}\sqrt{N}$ =O($\sqrt{N}$) 次。

步驟 6：進行量子測量，出現機率最高的量子位元組合就是答案輸入。

如前所述，擴散操作 $U_s = H^{\otimes n}(2|0^n\rangle\langle 0^n| - I)H^{\otimes n}$ 可以達成振幅平均值以上反轉（inversion above mean），造成原先的正振幅變動不大，而原先唯一的負振幅則變為很大的正振幅。以 2 量子位元為例，其均勻疊加態為 $|\psi\rangle = \frac{1}{2}|00\rangle + \frac{1}{2}|01\rangle + \frac{1}{2}|10\rangle + \frac{1}{2}|11\rangle$，其中測量到各種量子位元組合出現機率均相同。現在假設答案輸入為 $|11\rangle$，則經過相位黑箱函數運作之後可以得到新的疊加態 $|\psi'\rangle = \frac{1}{2}|00\rangle + \frac{1}{2}|01\rangle + \frac{1}{2}|10\rangle - \frac{1}{2}|11\rangle$。另外，再經過擴散操作之後，可以得到另一個新的疊加態 $|\psi''\rangle = \frac{1}{\sqrt{12}}|00\rangle + \frac{1}{\sqrt{12}}|01\rangle + \frac{1}{\sqrt{12}}|10\rangle + \frac{\sqrt{3}}{2}|11\rangle$。這是一個不均勻疊加態，在這個疊加態中，$|11\rangle$ 的機率振幅放大，而其他位元組合的機率振幅縮小，因而造成測量到 $|11\rangle$ 的機率為 $\frac{3}{4}$，而測量到其他量子位元組合的機率各為 $\frac{1}{12}$。擴散操作 U_s 是由擴散方程式 $\frac{\partial \rho(t)}{\partial t} = \nabla \cdot \nabla \rho(t)$ 的離散版本推導而得的，其中 ρ 是透過空間擴散的密度。擴散操作 U_s 的推導過程請讀者參考 Grover 與 1996 年發表 Grover 演算法的論文，其篇名為「A fast quantum mechanical algorithm for database search」。

以下說明如何以量子閘來完成擴散（diffusion）操作，也就是振幅平均值以上反轉（inversion above mean）的操作 U_s。如前所述，U_s 定義如下：

$$U_s = H^{\otimes n}(2|0^n\rangle\langle 0^n| - I)H^{\otimes n}$$

U_s 的開頭與結束都是 H 閘，因此以下說明如何以量子閘完成 $2|0^n\rangle\langle 0^n| - I$。首先注意到 $|0^n\rangle\langle 0^n|$ 代表 $n\times 1$ 矩陣與 $1\times n$ 矩陣的外積（outer product），這會形成一個 $n\times n$ 矩陣，如下所列：

$$|0^n\rangle\langle 0^n| = \begin{pmatrix} 1 & 0 & \cdots & 0 \\ 0 & 0 & \cdots & 0 \\ \vdots & \vdots & \ddots & 0 \\ 0 & 0 & 0 & 0 \end{pmatrix}$$

因此，我們可得以下式子：

$$2|0^n\rangle\langle 0^n|-I = 2\begin{pmatrix} 1 & 0 & \cdots & 0 \\ 0 & 0 & \cdots & 0 \\ \vdots & \vdots & \ddots & 0 \\ 0 & 0 & 0 & 0 \end{pmatrix} - I = \begin{pmatrix} 2 & 0 & \cdots & 0 \\ 0 & 0 & \cdots & 0 \\ \vdots & \vdots & \ddots & 0 \\ 0 & 0 & 0 & 0 \end{pmatrix} - \begin{pmatrix} 1 & 0 & \cdots & 0 \\ 0 & 1 & \cdots & 0 \\ \vdots & \vdots & \ddots & 0 \\ 0 & 0 & 0 & 1 \end{pmatrix}$$

$$= \begin{pmatrix} 1 & 0 & \cdots & 0 \\ 0 & -1 & \cdots & 0 \\ \vdots & \vdots & \ddots & 0 \\ 0 & 0 & 0 & -1 \end{pmatrix}$$

以上的轉換矩陣，可以將 $|0^n\rangle$ 以外的狀態都進行相位反轉。若在以上的轉換矩陣之前乘上 -1，則得到的轉換矩陣僅針對 $|0^n\rangle$ 這個狀態進行相位反轉，如以下等號右方的矩陣：

$$-1\begin{pmatrix} 1 & 0 & \cdots & 0 \\ 0 & -1 & \cdots & 0 \\ \vdots & \vdots & \ddots & 0 \\ 0 & 0 & 0 & -1 \end{pmatrix} = \begin{pmatrix} -1 & 0 & \cdots & 0 \\ 0 & 1 & \cdots & 0 \\ \vdots & \vdots & \ddots & 0 \\ 0 & 0 & 0 & 1 \end{pmatrix}$$

若在每個量子位元加上 X 閘，則上列矩陣變成只針對 $|1^n\rangle$ 進行相位反轉。而只針對 $|1^n\rangle$ 進行相位反轉可以透過受控 Z 閘來完成，這個受控 Z 閘的目標位元為量子位元中的最後一個位元，而其他的量子位元為控制位元。最後，我們同樣在每個量子位元加上 X 閘，再還原回到原來的量子位元狀態。

因我，我們可以得到：

$$(2|0^n\rangle\langle 0^n| - I) = -1 X^{\otimes n}[MCZ]X^{\otimes n}$$

其中 [MCZ] 代表多控 Z（multi-controlled-Z）閘的轉換矩陣或么正矩陣。請注意，在轉換矩陣前乘上 -1 代表所有位元的共同相位（global phase）反轉，因為共同相位無法觀察，或是說它對最後量子位元的測量結果不會有影響，因此是可以忽略的。

綜合而言，我們可以使用以下的方式產生擴散操作 $U_s = H^{\otimes n}(2|0^n\rangle\langle 0^n| - I)H^{\otimes n}$ 的量子線路：

1. 在每個量子位元加入 H 閘。

2. 在每個量子位元加入 X 閘。

3. 在量子線路加上 MCZ 閘，以最後一個量子位元為目標位元，而其他量子位元為控制位元。

4. 在每個量子位元加入 X 閘。

5. 在每個量子位元加入 H 閘。

以下以轉換矩陣的方式驗證擴散操作的實際作用，以下是擴散操作對應的矩陣：

$$U_s = H^{\otimes n}(2|0^n\rangle\langle 0^n|-I)H^{\otimes n} = H^{\otimes n}X^{\otimes n}\, MCZ\, X^{\otimes n}H^{\otimes n} = \begin{pmatrix} \frac{2}{N}-1 & \frac{2}{N} & \cdots & \frac{2}{N} \\ \frac{2}{N} & & & \\ \vdots & & \ddots & \\ \frac{2}{N} & & & \frac{2}{N}-1 \end{pmatrix}$$

我們以 2 個量子位元為例，計算 $U_s = H^{\otimes n}(2|0^n\rangle\langle 0^n| - I)H^{\otimes n}$ 對應的轉換矩陣如下：

$(H \otimes H)(X \otimes X)\, CZ\, (X \otimes X)(H \otimes H)$

$$= \begin{pmatrix} \frac{1}{2} & \frac{1}{2} & \frac{1}{2} & \frac{1}{2} \\ \frac{1}{2} & \frac{-1}{2} & \frac{1}{2} & \frac{-1}{2} \\ \frac{1}{2} & \frac{1}{2} & \frac{-1}{2} & \frac{-1}{2} \\ \frac{1}{2} & \frac{-1}{2} & \frac{-1}{2} & \frac{1}{2} \end{pmatrix} \begin{pmatrix} 0 & 0 & 0 & 1 \\ 0 & 0 & 1 & 0 \\ 0 & 1 & 0 & 0 \\ 1 & 0 & 0 & 0 \end{pmatrix} \begin{pmatrix} 1 & 0 & 0 & 0 \\ 0 & 1 & 0 & 0 \\ 0 & 0 & 1 & 0 \\ 0 & 0 & 0 & -1 \end{pmatrix} \begin{pmatrix} 0 & 0 & 0 & 1 \\ 0 & 0 & 1 & 0 \\ 0 & 1 & 0 & 0 \\ 1 & 0 & 0 & 0 \end{pmatrix} \begin{pmatrix} \frac{1}{2} & \frac{1}{2} & \frac{1}{2} & \frac{1}{2} \\ \frac{1}{2} & \frac{-1}{2} & \frac{1}{2} & \frac{-1}{2} \\ \frac{1}{2} & \frac{1}{2} & \frac{-1}{2} & \frac{-1}{2} \\ \frac{1}{2} & \frac{-1}{2} & \frac{-1}{2} & \frac{1}{2} \end{pmatrix}$$

$$= \begin{pmatrix} \frac{-1}{2} & \frac{1}{2} & \frac{1}{2} & \frac{1}{2} \\ \frac{1}{2} & \frac{-1}{2} & \frac{1}{2} & \frac{1}{2} \\ \frac{1}{2} & \frac{1}{2} & \frac{-1}{2} & \frac{1}{2} \\ \frac{1}{2} & \frac{1}{2} & \frac{1}{2} & \frac{-1}{2} \end{pmatrix}$$

上式中，$H \otimes H = \begin{pmatrix} \frac{1}{\sqrt{2}} & \frac{1}{\sqrt{2}} \\ \frac{1}{\sqrt{2}} & \frac{-1}{\sqrt{2}} \end{pmatrix} \otimes \begin{pmatrix} \frac{1}{\sqrt{2}} & \frac{1}{\sqrt{2}} \\ \frac{1}{\sqrt{2}} & \frac{-1}{\sqrt{2}} \end{pmatrix} = \begin{pmatrix} \frac{1}{2} & \frac{1}{2} & \frac{1}{2} & \frac{1}{2} \\ \frac{1}{2} & \frac{-1}{2} & \frac{1}{2} & \frac{-1}{2} \\ \frac{1}{2} & \frac{1}{2} & \frac{-1}{2} & \frac{-1}{2} \\ \frac{1}{2} & \frac{-1}{2} & \frac{-1}{2} & \frac{1}{2} \end{pmatrix}$

另外，$X \otimes X = \begin{pmatrix} 0 & 1 \\ 1 & 0 \end{pmatrix} \otimes \begin{pmatrix} 0 & 1 \\ 1 & 0 \end{pmatrix} = \begin{pmatrix} 0 & 0 & 0 & 1 \\ 0 & 0 & 1 & 0 \\ 0 & 1 & 0 & 0 \\ 1 & 0 & 0 & 0 \end{pmatrix}$

最後，$MCZ = \begin{pmatrix} 1 & 0 & 0 & 0 \\ 0 & 1 & 0 & 0 \\ 0 & 0 & 1 & 0 \\ 0 & 0 & 0 & -1 \end{pmatrix}$

上式的最結果，的確等於 $U_s = \begin{pmatrix} \frac{2}{N}-1 & \frac{2}{N} & \cdots & \frac{2}{N} \\ \frac{2}{N} & & & \\ \vdots & & \ddots & \\ \frac{2}{N} & & & \frac{2}{N}-1 \end{pmatrix}$，其中 N 代入 4。

令 $|x\rangle = \sum_{i=0}^{N-1} \alpha_i \cdot x_i$，其中 α_i 是量子位元組合 $|x_i\rangle$ 的機率振幅。我們可得：

$$U_s|X\rangle = \sum_{i=0}^{N-1} (2\mu - \alpha_i) \cdot x_i = \sum_{i=0}^{N-1} (\mu - (\alpha_i - \mu)) \cdot x_i$$

在上式中，μ 是所有量子位元組合機率振幅的平均值，因此，$U_s|X\rangle$ 就是針對每一個量子位元組合機率振幅 α_i 超出平均值的部分進行振幅平均值以上反轉。

以下的範例程式展示答案輸入為 '10' 的 2 量子位元 Grover 演算法的量子線路：

In [9]:

```
 1 #Program 6.6 Grover alg. with oracle for input solution='10'
 2 from qiskit import QuantumCircuit,execute
 3 from qiskit.providers.aer import AerSimulator
 4 from qiskit.visualization import plot_histogram
 5 qc = QuantumCircuit(2,2)
 6 qc.h([0,1])
 7 qc.barrier()
 8 qc.x(0)
 9 qc.cz(1,0)
10 qc.x(0)
11 qc.barrier()
12 qc.h([0,1])
13 qc.x([0,1])
```

```
14  qc.cz(0,1)
15  qc.x([0,1])
16  qc.h([0,1])
17  qc.barrier()
18  qc.measure([0,1],[0,1])
19  print("The quantum circuit of Grover's algorithm for input solution='10':")
20  display(qc.draw('mpl'))
21  sim = AerSimulator()
22  job=execute(qc, backend=sim, shots=1000)
23  result = job.result()
24  counts = result.get_counts(qc)
25  print("Total counts for qubit states are:",counts)
26  display(plot_histogram(counts))
```

The quantum circuit of Grover's algorithm for input solution='10':

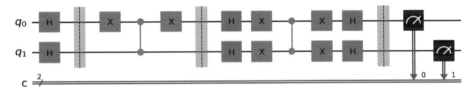

Total counts for qubit states are: {'10': 1000}

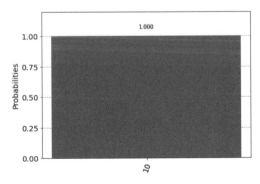

上列的程式碼說明如下：

- 第 1 行為程式編號及註解。

- 第 2 行使用 import 敘述引入 qiskit 套件中的 QuantumCircuit 類別以及 execute 函數。

- 第 3 行使用 import 敘述引入 qiskit.providers.aer 中的 AerSimulator 類別。

- 第 4 行使用 import 敘述引入 qiskit.visualization 中的 plot_histogram 函數。

- 第 5 行使用 qc=QuantumCircuit(2,2) 建構一個量子線路物件，儲存於 qc 變數中。這個量子線路物件包含 2 個量子位元以及 2 個古典位元。

- 第 6 行使用 qc.h([0,1]) 呼叫 QuantumCircuit 類別的 h 方法，在量子線路 qc 中全域索引值為 0 及 1 的量子位元加入 H 閘。

- 第 7 行使用 qc.barrier() 呼叫 QuantumCircuit 類別的 barrier 方法，在量子線路中加入壁壘（barrier），這會在稍後顯示量子線路的時候產生一條垂直的壁壘線，表示到目前為止是使輸入量子位元呈現均勻疊加態的量子線路。

- 第 8 行使用 qc.x(0) 呼叫 QuantumCircuit 類別的 x 方法，在量子線路 qc 中全域索引值為 0 的量子位元加入 X 閘。

- 第 9 行使用 qc.cz(1,0) 呼叫 QuantumCircuit 類別的 cz 方法，在量子線路 qc 中加入受控 Z 閘，並以全域索引值為 1 的量子位元為控制位元，以全域索引值為 0 的量子位元為目標位元。

- 第 10 行使用 qc.x(0) 呼叫 QuantumCircuit 類別的 x 方法，在量子線路 qc 中全域索引值為 0 的量子位元加入 X 閘。

- 第 11 行使用 qc.barrier() 呼叫 QuantumCircuit 類別的 barrier 方法，在量子線路中加入壁壘（barrier），這會在稍後顯示量子線路的時候產生一條垂直的壁壘線。表示在前一條壁壘線到目前為止是反相黑箱函數的量子線路。

- 第 12 行使用 qc.h([0,1]) 呼叫 QuantumCircuit 類別的 h 方法，在量子線路 qc 中全域索引值為 0 及 1 的量子位元加入 H 閘。

- 第 13 行使用 qc.x([0,1]) 呼叫 QuantumCircuit 類別的 x 方法，在量子線路 qc 中全域索引值為 0 及 1 的量子位元加入 X 閘。

- 第 14 行使用 qc.cz(0,1) 呼叫 QuantumCircuit 類別的 cz 方法，在量子線路 qc 中加入受控 Z 閘，並以全域索引值為 0 的量子位元為控制位元，以全域索引值為 1 的量子位元為目標位元。

- 第 15 行使用 qc.x([0,1]) 呼叫 QuantumCircuit 類別的 x 方法，在量子線路 qc 中全域索引值為 0 及 1 的量子位元加入 X 閘。

- 第 16 行使用 qc.h([0,1]) 呼叫 QuantumCircuit 類別的 h 方法，在量子線路 qc 中全域索引值為 0 及 1 的量子位元加入 H 閘。

- 第 17 行使用 qc.barrier() 呼叫 QuantumCircuit 類別的 barrier 方法,在量子線路中加入壁壘(barrier),這會在稍後顯示量子線路的時候產生一條垂直的壁壘線。表示在前一條壁壘線到目前為止是對應擴散操作的量子線路。

- 第 18 行使用 QuantumCircuit 類別的 measure 方法在量子線路中加入測量單元,傳入的兩個串列參數都是 [0,1],代表測量索引值為 0 及 1 的量子位元,並分別將測量結果儲存於索引值為 0 及 1 的古典位元中。

- 第 19 行使用 print 函數顯示 "The quantum circuit of Grover's algorithm for input solution='10':" 訊息。

- 第 20 行使用 display(qc.draw('mpl')) 透過 Jupyter Notebook 提供的 display 函數顯示 QuantumCircuit 類別 draw 方法的執行結果,draw 方法帶入的參數為 'mpl',代表透過 matplotlib 套件顯示量子線路。

- 第 21 行使用 AerSimulator() 建構量子電腦模擬器物件,儲存於 sim 變數中。

- 第 22 行呼叫 execute 函數建立一個工作,儲存於 job 變數中,其中傳入參數 qc 表示要執行 qc 所對應的量子線路,backend=sim 設定在後端使用 sim 物件所指定的量子電腦模擬器,shots=1000 設定在後端量子電腦模擬器上執行量子線路 1000 次,而每次執行都測量量子位元並將測量結果儲存於古典位元中保存下來。

- 第 23 行使用 job 物件的 result 方法取得 job 物件的執行相關資訊,儲存於物件變數 result 中。執行相關資訊除了執行環境之外,也包括執行結果,也就是量子線路在量子電腦模擬器上的執行結果。

- 第 24 行使用 result 物件的 get_counts(qc) 方法取出有關量子線路各種測量結果的計數(counts),並以字典(dict)型別儲存於變數 counts 中。

- 第 25 行使用 print 函數顯示 'Total counts for qubit states are:' 字串及字典型別變數 counts 的值,在這個程式中 counts 變數的值為 {'10': 1000},也就是 2 個量子位元的測量結果只有一種,就是 '10',而且其計數結果為 1000 次。

- 第 26 行呼叫 display(plot_histogram(counts)) 透過 Jupyter Notebook 提供的 display 函數,顯示 plot_histogram 函數將字典型別變數 counts 中所有鍵出現的機率繪製為直方圖(histogram)的結果。因為 counts 的鍵只有一個(也就是 '10'),而其對應的機率為 1.000,因此直方圖中就只出現這個唯一的鍵與其對應的機率。

上列範例程式可以建構答案輸入為 '10' 的 2 量子位元 Grover 演算法的量子線路。
讀者或許已經觀察到，若答案輸入中相對應的位元為 0，則黑箱函數量子線路中相
對應的位元會在開始與結束的地方加上 X 閘，反之則不加上 X 閘，而中間則加上
受控 Z 閘。如前所述，因為相位回擊作用的緣故，受控 Z 閘以哪幾個位元當做控
制位元，哪一個當作目標位元最後的結果是相同的；本書的範例程式中則以高位
元為目標位元，而其他位元為控制位元。在黑箱函數之後則是進行擴散操作。而
黑箱函數與擴散操作一共需要進行 $\frac{\pi}{4}\sqrt{2^n}$，其中 n 為輸入的位元數。當 $n=2$ 時，
$\frac{\pi}{4}\sqrt{2^n} = 1.5707963$，也就是說只要進行 1 次黑箱函數與擴散操作就可以很高的機率
測量到答案輸入的值。

根據上述的 Grover 演算法相位黑箱函數量子線路設計概念，以下的範例程式建構
答案輸入為 '101' 的 3 量子位元 Grover 演算法的量子線路。請注意，因為 3 個量子
位元 Grover 演算法的量子線路對應的 $\frac{\pi}{4}\sqrt{2^n} = 2.2214414$，因此需要進行 2 次黑箱
函數與擴散操作才能夠以很高的機率測量得到答案輸入。

In [10]:

```
 1 #Program 6.7 Grover alg. with oracle for input solution='101'
 2 from qiskit import QuantumCircuit,execute
 3 from qiskit.providers.aer import AerSimulator
 4 from qiskit.visualization import plot_histogram
 5 from math import pi
 6 qc = QuantumCircuit(3,3)
 7 qc.h([0,1,2])
 8 qc.barrier()
 9 for repeat in range(2):
10   qc.x(1)
11   qc.mcp(pi,[0,1],2)
12   qc.x(1)
13   qc.barrier()
14   qc.h([0,1,2])
15   qc.x([0,1,2])
16   qc.mcp(pi,[0,1],2)
17   qc.x([0,1,2])
18   qc.h([0,1,2])
19   qc.barrier()
20 qc.measure([0,1,2],[0,1,2])
21 print("The quantum circuit of Grover's algorithm for input solution='101':")
22 display(qc.draw('mpl'))
```

```
23  sim = AerSimulator()
24  job=execute(qc, backend=sim, shots=1000)
25  result = job.result()
26  counts = result.get_counts(qc)
27  print("Total counts for qubit states are:",counts)
28  display(plot_histogram(counts))
```

The quantum circuit of Grover's algorithm for input solution='101':

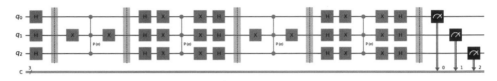

Total counts for qubit states are: {'100': 9, '110': 9, '101': 943, '001': 10, '010': 5, '000': 9, '011': 7, '111': 8}

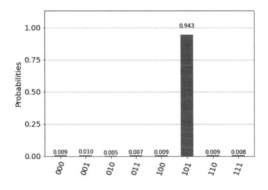

上列的程式碼說明如下：

- 第 1 行為程式編號及註解。

- 第 2 行使用 import 敘述引入 qiskit 套件中的 QuantumCircuit 類別以及 execute 函數。

- 第 3 行使用 import 敘述引入 qiskit.providers.aer 中的 AerSimulator 類別。

- 第 4 行使用 import 敘述引入 qiskit.visualization 中的 plot_histogram 函數。

- 第 5 行使用 import 敘述引入 math 中的 pi 常數。

- 第 6 行使用 qc=QuantumCircuit(3,3) 建構一個量子線路物件，儲存於 qc 變數中。這個量子線路物件包含 3 個量子位元以及 3 個古典位元。

- 第 7 行使用 qc.h([0,1,2]) 呼叫 QuantumCircuit 類別的 h 方法，在量子線路 qc 中全域索引值為 0、1 及 2 的量子位元加入 H 閘。

- 第 8 行使用 qc.barrier() 呼叫 QuantumCircuit 類別的 barrier 方法，在量子線路中加入壁壘（barrier），這會在稍後顯示量子線路的時候產生一條垂直的壁壘線，表示到目前為止是使輸入量子位元呈現均勻疊加態的量子線路。

- 第 9 行是 for 迴圈的開頭，針對 range(2) 可迭代物件中的每一個數值 repeat 進行迴圈迭代，因此迴圈會進行 2 次迭代，每次迭代中 repeat 分別為 0 及 1。

- 第 10 行使用 qc.x(1) 呼叫 QuantumCircuit 類別的 x 方法，在量子線路 qc 中全域索引值為 1 的量子位元加入 X 閘。

- 第 11 行使用 qc.mcp(pi,[0,1],2) 呼叫 QuantumCircuit 類別的 mcp 方法，在量子線路 qc 中加入多重受控 P 閘並帶入參數 pi，相當於加入多重受控 Z 閘，其中以全域索引值為 0 及 1 的量子位元為控制位元，以全域索引值為 2 的量子位元為目標位元。

- 第 12 行使用 qc.x(1) 呼叫 QuantumCircuit 類別的 x 方法，在量子線路 qc 中全域索引值為 1 的量子位元加入 X 閘。

- 第 13 行使用 qc.barrier() 呼叫 QuantumCircuit 類別的 barrier 方法，在量子線路中加入壁壘（barrier），這會在稍後顯示量子線路的時候產生一條垂直的壁壘線。表示在前一條壁壘線到目前為止是反相黑箱函數的量子線路。

- 第 14 行使用 qc.h([0,1,2]) 呼叫 QuantumCircuit 類別的 h 方法，在量子線路 qc 中全域索引值為 0、1 及 2 的量子位元加入 H 閘。

- 第 15 行使用 qc.x([0,1,2]) 呼叫 QuantumCircuit 類別的 x 方法，在量子線路 qc 中全域索引值為 0、1 及 2 的量子位元加入 X 閘。

- 第 16 行使用 qc.mcp(pi,[0,1],2) 呼叫 QuantumCircuit 類別的 mcp 方法，在量子線路 qc 中加入多重受控 P 閘並帶入參數 pi，相當於加入多重受控 Z 閘，其中以全域索引值為 0 及 1 的量子位元為控制位元，以全域索引值為 2 的量子位元為目標位元。

- 第 17 行使用 qc.x([0,1,2]) 呼叫 QuantumCircuit 類別的 x 方法，在量子線路 qc 中全域索引值為 0、1 及 2 的量子位元加入 X 閘。

- 第 18 行使用 qc.h([0,1,2]) 呼叫 QuantumCircuit 類別的 h 方法，在量子線路 qc 中全域索引值為 0、1 及 2 的量子位元加入 H 閘。

- 第 19 行使用 qc.barrier() 呼叫 QuantumCircuit 類別的 barrier 方法，在量子線路中加入壁壘（barrier），這會在稍後顯示量子線路的時候產生一條垂直的壁壘線。表示在前一條壁壘線到目前為止是對應擴散操作的量子線路。

- 第 20 行使用 QuantumCircuit 類別的 measure 方法在量子線路中加入測量單元，傳入的兩個串列參數都是 [0,1,2]，代表測量索引值為 0、1 及 2 的量子位元，並分別將測量結果儲存於索引值為 0、1 及 2 的古典位元中。

- 第 21 行使用 print 函數顯示 "The quantum circuit of Grover's algorithm for input solution='101':" 訊息。

- 第 22 行使用 display(qc.draw('mpl')) 透過 Jupyter Notebook 提供的 display 函數顯示 QuantumCircuit 類別 draw 方法的執行結果，draw 方法帶入的參數為 'mpl'，代表透過 matplotlib 套件顯示量子線路。

- 第 23 行使用 AerSimulator() 建構量子電腦模擬器物件，儲存於 sim 變數中。

- 第 24 行呼叫 execute 函數建立一個工作，儲存於 job 變數中，其中傳入參數 qc 表示要執行 qc 所對應的量子線路，backend=sim 設定在後端使用 sim 物件所指定的量子電腦模擬器，shots=1000 設定在後端量子電腦模擬器上執行量子線路 1000 次，而每次執行都測量量子位元並將測量結果儲存於古典位元中保存下來。

- 第 25 行使用 job 物件的 result 方法取得 job 物件的執行相關資訊，儲存於物件變數 result 中。執行相關資訊除了執行環境之外，也包括執行結果，也就是量子線路在量子電腦模擬器上的執行結果。

- 第 26 行使用 result 物件的 get_counts(qc) 方法取出有關量子線路各種測量結果的計數（counts），並以字典（dict）型別儲存於變數 counts 中。

- 第 27 行使用 print 函數顯示 'Total counts for qubit states are:' 字串及字典型別變數 counts 的值，顯示 3 個量子位元的測量結果。

- 第 28 行 呼 叫 display(plot_histogram(counts)) 透 過 Jupyter Notebook 提 供 的 display 函數，顯示 plot_histogram 函數將字典型別變數 counts 中所有鍵出現 的機率繪製為直方圖（histogram）的結果。在直方圖中，測量結果 '101' 對應 的機率非常接近 1.000，而其他測量結果對應的機率則接近 0，因此可以得知 '101' 是黑箱函數的答案輸入。

最後量測得到坍縮的量子位元狀態有非常高的機率就是確實符合條件的位元組合。 我們可以清楚地看出 Grover 搜尋演算法的時間複雜度為 $O(\sqrt{N})$，相對於古典循序 搜尋演算法的 $O(N)$ 的時間複雜度，確實具有平方量級的加速。

6.4 Grover 演算法應用

本節舉漢米爾頓循環（Hamiltonian cycle）問題作為 Grover 演算法的應用範例。以 下先定義漢米爾頓循環問題：

- 漢米爾頓循環（Hamiltonian cycle）問題定義：

  給定一個圖（graph）G=(V,E)，其中 V 為點（vertex）或節點（node）構成的集 合，E 為邊（edge）所構成的集合，圖 G 的漢米爾頓循環 HC 定義為一個經過 所有的點恰好一次的循環（cycle）。

圖 6.3 中顯示一個漢米爾頓循環問題的範例。在這個範例中，圖 G 具有 6 個點以 及 11 個邊，而其中標註為粗線的邊恰好經過所有的點一次，因此就形成一個漢 米爾頓循環。漢米爾頓循環問題是著名的旅行銷售員問題（traveling salesperson problem, TSP）的一個特例。旅行銷售員問題定義為如何在一個給定的加權圖 （weighted graph）中，尋找出一個最小成本循環；也就是找出可以通過所有的點 恰好一次的循環，而且使通過所有邊的權重加總最小。若將圖 G 中的點視為一個 城市，而將邊視為連接城市間的道路，且將邊的加權視為對應的道路經過成本， 則旅行銷售員問題就是要找出可以拜訪所有城市恰好一次並回到原城市的最小成 本循環了。旅行銷售員問題是非常著名的問題，應用非常廣泛，讀者應該可以觀 察到，若將旅行銷售員問題加權圖中邊的加權都設為 1，那就是一個漢米爾頓循環 問題。

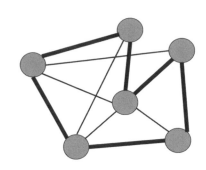

圖 6.3　一個漢米爾頓循環（Hamiltonian cycle）範例，其中標註為粗線的邊以及所經過的點形成漢米爾頓循環。

漢米爾頓循環問題是典型的不容易找到答案但是容易確認答案的問題，也就是說，雖然我們很難找到漢米爾頓循環，但是我們很容易檢查一個循環是不是漢米爾頓循環。針對 Grover 量子演算法而言，黑箱函數或神諭就是一個決定線路（decision circuit），可以決定輸入的量子狀態是否滿足問題的指定條件。我們可以使用這個黑箱函數或決定線路，一一輸入所有可能的量子態，就可以找出答案。

若城市之間具有 n 個邊，則邊被選擇或不被選擇的所有可能組合為 $N = 2^n$。因為決定線路為量子線路，可以輸入量子位元的疊加狀態，並針對滿足答案條件的量子狀態進行機率振幅的增幅，只要重複呼叫神諭 $O(\sqrt{N})$ 次便能夠找出答案。

以下的範例程式展示使用 Grover 演算法解決具 4 個節點（node）及 6 個邊（edge）的全連接圖（fully connected graph）或完全圖（complete graph）的漢米爾頓循環問題。圖 6.4 顯示具 4 個節點及 6 個邊的完全圖，其中 4 個節點標示為 n_0、...、n_3，6 個邊則標示為 e_0、...、e_5。範例程式所建構的量子線路具有 6 個量子位元 q_0、...、q_5，每個量子位元 q_i 對應邊 e_i，$0 \le i \le 5$。若量子位元 q_i 最後測量為 1，則代表邊 e_i 是漢米爾頓循環中的一個邊。圖 6.4 中也顯示出完全圖相關的漢米爾頓循環資訊，包括對應的循環中節點序列（node sequence in cycle）、循環中邊序列（edge sequence in cycle）以及對應每個邊的量子位元的值。

已知一個具有 v 個節點的完全圖共有 $(v-1)!/2$ 個漢米爾頓循環，因此，圖 6.4 中的 4 節點完全圖具有 (3-1)!/2=3 個漢米爾頓循環。也就是說，範例程式中實作的 Grover 演算法具有 3 個答案輸入。範例程式量子線路中的反相黑箱函數操作及擴散操作一共執行 $t = 3$ 次。這是因為根據 Chen 等人在 2001 年論文「Grover's algorithm for multiobject search in quantum computing」，若輸入位元個數為 n，而且已知答案輸入的個數為 m，則反相黑箱函數操作及擴散操作一共需要執行

$$t = \left\lceil \frac{\pi}{4} \sqrt{\frac{2^n}{m}} \right\rceil = \left\lceil \frac{\pi}{4} \sqrt{\frac{2^6}{3}} \right\rceil = \lfloor 3.62759872847 \rfloor = 3 \text{ 次}。另外，若答案輸入的個數無法}$$

事先知道，則可以參考 Boyer 等人在 1998 年發表的論文「Tight bounds on quantum searching」中的討論來處理這個狀況。

node sequence in cycle	edge sequence in cycle	q_5	q_4	q_3	q_2	q_1	q_0
$n_0 \rightarrow n_1 \rightarrow n_2 \rightarrow n_3$	$e_0 \rightarrow e_1 \rightarrow e_2 \rightarrow e_3$	0	0	1	1	1	1
$n_0 \rightarrow n_1 \rightarrow n_3 \rightarrow n_2$	$e_0 \rightarrow e_5 \rightarrow e_2 \rightarrow e_4$	1	1	0	1	0	1
$n_0 \rightarrow n_2 \rightarrow n_1 \rightarrow n_3$	$e_4 \rightarrow e_1 \rightarrow e_5 \rightarrow e_3$	1	1	1	0	1	0

圖 6.4　具 4 個節點及 6 個邊的完全圖 (complete graph) 及對應的漢米爾頓循環（Hamiltonian cycle）資訊。

In [11]:

```
1  #Program 6.8 Solve Hamiltonian cycle prob. for clique-4 with Grover alg.
2  from qiskit import QuantumCircuit,execute
3  from qiskit.providers.aer import AerSimulator
4  from qiskit.visualization import plot_histogram
5  from math import pi
6  qc = QuantumCircuit(6,6)
7  qc.h(range(6))
8  qc.barrier()
9  for repeat in range(3):
10   qc.x([4,5])
11   qc.mcp(pi,list(range(5)),5)
12   qc.x([4,5])
13   qc.barrier()
14   qc.x([1,3])
15   qc.mcp(pi,list(range(5)),5)
16   qc.x([1,3])
17   qc.barrier()
```

```
18    qc.x([0,2])
19    qc.mcp(pi,list(range(5)),5)
20    qc.x([0,2])
21    qc.barrier()
22    qc.h(range(6))
23    qc.x(range(6))
24    qc.mcp(pi,list(range(5)),5)
25    qc.x(range(6))
26    qc.h(range(6))
27    qc.barrier()
28 qc.measure(range(6),range(6))
29 print("The quantum circuit of Grover's algorithm:")
30 display(qc.draw('mpl'))
31 sim = AerSimulator()
32 job=execute(qc, backend=sim, shots=1000)
33 result = job.result()
34 counts = result.get_counts(qc)
35 display(plot_histogram(counts))
36 print("Total counts for qubit states are:",counts)
37 sorted_counts=sorted(counts.items(),key=lambda x:x[1], reverse=True)
38 print("The solutions to the Hamiltonian cycle problem are:")
39 find_all_ones=lambda s:[x for x in range(len(s)) if s[x]=='1']
40 for i in range(3):  #It is konw there are (4-1)!/2=3 solutions
41    scstr=sorted_counts[i][0] #scstr: string in sorted_counts
42    print(scstr,end=' (')
43    reverse_scstr=scstr[::-1] #reverse scstr for LSB at the right
44    all_ones=find_all_ones(reverse_scstr)
45    for one in all_ones[0:-1]:
46      print('e'+str(one)+'->',end='')
47    print('e'+str(all_ones[-1])+')')
```

The quantum circuit of Grover's algorithm:

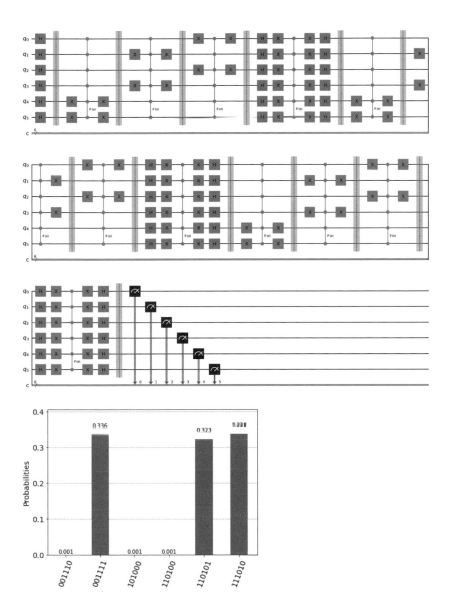

Total counts for qubit states are: {'001110': 1, '110100': 1, '101000': 1,
'001111': 336, '111010': 338, '110101': 323}
The solutions to the Hamiltoniann cycle problem are:
111010 (e1->e3->e4->e5)
001111 (e0->e1->e2->e3)
110101 (e0->e2->e4->e5)

195

上列的程式碼說明如下：

- 第 1 行為程式編號及註解。

- 第 2 行使用 import 敘述引入 qiskit 套件中的 QuantumCircuit 類別以及 execute 函數。

- 第 3 行使用 import 敘述引入 qiskit.providers.aer 中的 AerSimulator 類別。

- 第 4 行使用 import 敘述引入 qiskit.visualization 中的 plot_histogram 函數。

- 第 5 行使用 import 敘述引入 math 中的 pi 常數。

- 第 6 行使用 qc=QuantumCircuit(6,6) 建構一個量子線路物件，儲存於 qc 變數中。這個量子線路物件包含 6 個量子位元以及 6 個古典位元。

- 第 7 行使用 qc.h(range(6)) 呼叫 QuantumCircuit 類別的 h 方法，在量子線路 qc 中全域索引值為 0、1、...、5 的量子位元加入 H 閘。

- 第 8 行使用 qc.barrier() 呼叫 QuantumCircuit 類別的 barrier 方法，在量子線路中加入壁壘（barrier），這會在稍後顯示量子線路的時候產生一條垂直的壁壘線，表示到目前為止是使輸入量子位元呈現均勻疊加態的量子線路。

- 第 9 行是 for 迴圈的開頭，針對 range(3) 可迭代物件中的每一個數值 repeat 進行迴圈迭代，因此迴圈會進行 3 次迭代，每次迭代中 repeat 分別為 0、1 及 2。

- 第 10 行使用 qc.x([4,5]) 呼叫 QuantumCircuit 類別的 x 方法，在量子線路 qc 中全域索引值為 4 及 5 的量子位元加入 X 閘。

- 第 11 行使用 qc.mcp(pi,list(range(5)),5) 呼叫 QuantumCircuit 類別的 mcp 方法，在量子線路 qc 中加入多重受控 P 閘並帶入參數 pi，相當於加入多重受控 Z 閘，其中以全域索引值為 0、1、...、4 的量子位元為控制位元，以全域索引值為 5 的量子位元為目標位元。

- 第 12 行使用 qc.x([4,5]) 呼叫 QuantumCircuit 類別的 x 方法，在量子線路 qc 中全域索引值為 4 及 5 的量子位元加入 X 閘。

- 第 13 行使用 qc.barrier() 呼叫 QuantumCircuit 類別的 barrier 方法,在量子線路中加入壁壘(barrier),這會在稍後顯示量子線路的時候產生一條垂直的壁壘線。表示在前一條壁壘線到目前為止是反相黑箱函數針對第 1 個答案輸入的量子線路。

- 第 14 行使用 qc.x([1,3]) 呼叫 QuantumCircuit 類別的 x 方法,在量子線路 qc 中全域索引值為 1 及 3 的量子位元加入 X 閘。

- 第 15 行使用 qc.mcp(pi,list(range(5)),5) 呼叫 QuantumCircuit 類別的 mcp 方法,在量子線路 qc 中加入多重受控 P 閘並帶入參數 pi,相當於加入多重受控 Z 閘,其中以全域索引值為 0、1、...、4 的量子位元為控制位元,以全域索引值為 5 的量子位元為目標位元。

- 第 16 行使用 qc.x([1,3]) 呼叫 QuantumCircuit 類別的 x 方法,在量子線路 qc 中全域索引值為 1 及 3 的量子位元加入 X 閘。

- 第 17 行使用 qc.barrier() 呼叫 QuantumCircuit 類別的 barrier 方法,在量子線路中加入壁壘(barrier),這會在稍後顯示量子線路的時候產生一條垂直的壁壘線。表示在前一條壁壘線到目前為止是反相黑箱函數針對第 2 個答案輸入的量子線路。

- 第 18 行使用 qc.x([0,2]) 呼叫 QuantumCircuit 類別的 x 方法,在量子線路 qc 中全域索引值為 0 及 2 的量子位元加入 X 閘。

- 第 19 行使用 qc.mcp(pi,list(range(5)),5) 呼叫 QuantumCircuit 類別的 mcp 方法,在量子線路 qc 中加入多重受控 P 閘並帶入參數 pi,相當於加入多重受控 Z 閘,其中以全域索引值為 0、1、...、4 的量子位元為控制位元,以全域索引值為 5 的量子位元為目標位元。

- 第 20 行使用 qc.x([0,2]) 呼叫 QuantumCircuit 類別的 x 方法,在量子線路 qc 中全域索引值為 0 及 2 的量子位元加入 X 閘。

- 第 21 行使用 qc.barrier() 呼叫 QuantumCircuit 類別的 barrier 方法,在量子線路中加入壁壘(barrier),這會在稍後顯示量子線路的時候產生一條垂直的壁壘線。表示在前一條壁壘線到目前為止是反相黑箱函數針對第 3 個答案輸入的量子線路。

- 第 22 行使用 qc.h(range(6)) 呼叫 QuantumCircuit 類別的 h 方法，在量子線路 qc 中全域索引值為 0、1、...、5 的量子位元加入 H 閘。

- 第 23 行使用 qc.x(range(6)) 呼叫 QuantumCircuit 類別的 x 方法，在量子線路 qc 中全域索引值為 0、1、...、5 的量子位元加入 X 閘。

- 第 24 行使用 qc.mcp(pi,list(range(5)),5) 呼叫 QuantumCircuit 類別的 mcp 方法，在量子線路 qc 中加入多重受控 P 閘並帶入參數 pi，相當於加入多重受控 Z 閘，其中以全域索引值為 0、1、...、4 的量子位元為控制位元，以全域索引值為 5 的量子位元為目標位元。

- 第 25 行使用 qc.x(range(6)) 呼叫 QuantumCircuit 類別的 x 方法，在量子線路 qc 中全域索引值為 0、1、...、5 的量子位元加入 X 閘。

- 第 26 行使用 qc.h(range(6)) 呼叫 QuantumCircuit 類別的 h 方法，在量子線路 qc 中全域索引值為 0、1、...、5 的量子位元加入 H 閘。

- 第 27 行使用 qc.barrier() 呼叫 QuantumCircuit 類別的 barrier 方法，在量子線路中加入壁壘（barrier），這會在稍後顯示量子線路的時候產生一條垂直的壁壘線。表示在前一條壁壘線到目前為止是對應擴散操作的量子線路。

- 第 28 行使用 QuantumCircuit 類別的 measure 方法在量子線路中加入測量單元，傳入的兩個參數都是 range(6)，代表測量索引值為 0、1、...、5 的量子位元，並分別將測量結果儲存於索引值為 0、1、...、5 的古典位元中。

- 第 29 行使用 print 函數顯示 "The quantum circuit of Grover's algorithm:" 訊息。

- 第 30 行使用 display(qc.draw('mpl')) 透過 Jupyter Notebook 提供的 display 函數顯示 QuantumCircuit 類別 draw 方法的執行結果，draw 方法帶入的參數為 'mpl'，代表透過 matplotlib 套件顯示量子線路。

- 第 31 行使用 AerSimulator() 建構量子電腦模擬器物件，儲存於 sim 變數中。

- 第 32 行呼叫 execute 函數建立一個工作，儲存於 job 變數中，其中傳入參數 qc 表示要執行 qc 所對應的量子線路，backend=sim 設定在後端使用 sim 物件所指定的量子電腦模擬器，shots=1000 設定在後端量子電腦模擬器上執行量子線路 1000 次，而每次執行都測量量子位元並將測量結果儲存於古典位元中保存下來。

- 第 33 行使用 job 物件的 result 方法取得 job 物件的執行相關資訊，儲存於物件變數 result 中。執行相關資訊除了執行環境之外，也包括執行結果，也就是量子線路在量子電腦模擬器上的執行結果。

- 第 34 行使用 result 物件的 get_counts(qc) 方法取出有關量子線路各種測量結果的計數（counts），並以字典（dict）型別儲存於變數 counts 中。

- 第 35 行 呼 叫 display(plot_histogram(counts)) 透 過 Jupyter Notebook 提 供 的 display 函數，顯示 plot_histogram 函數將字典型別變數 counts 中所有鍵出現的機率繪製為直方圖（histogram）的結果。counts 有多個鍵，其中出現機率最高的前 3 個對應答案輸入。

- 第 36 行使用 print 函數顯示 "Total counts for qubit states are:" 字串及字典型別變數 counts 的值。

- 第 37 行 使 用 sorted_counts=sorted(counts.items(),key=lambda x:x[1], reverse=True) 呼叫 items 方法取得字典型別變數 counts 可遍訪（traverse）的元組（即字典型別中的鍵值對均以元組表示），然後呼叫 sorted 函數將函數將元組資料排序。因為 reverse 設為 True，因此排序的結果為由大到小排序。另外，sorted 函數可以透過 key 參數設定排序的依據，在此範例程式中利用 lambda 定義匿名函數 lambda x:x[1]，將排序的依據設定為元組中索引值為 1 的元素，也就是對應字典型別變數 counts 鍵值對中的值（也就是鍵的出現次數）排序。

- 第 38 行 使 用 print 函 數 顯 示 "The solutions to the Hamiltonian cycle problem are:" 訊息。

- 第 39 行使用 find_all_ones=lambda s:[x for x in range(len(s)) if s[x]=='1']，定義函數 find_all_ones，使用串列包含（list comprehension）來回傳一個串列。這個串列利用 for 指定範圍，利用 if 指定過濾條件，使得回傳串列包含輸入字串 s 中所有 '1' 字元的索引值。

- 第 40 行是外層 for 迴圈的開頭，針對 range(3) 可迭代物件對應的每一個數值 i 進行迴圈迭代，因此迴圈會進行 3 次迭代，每次迭代中 i 分別為 0、1 及 2。

- 第 41 行使用 scstr=sorted_counts[i][0] 取出依出現次數由大而小排序元組序列變數 sorted_counts 中，索引值為 i 的元組中索引值為 0 的字串，也就是測量出來的量子位元組合字串。

- 第 42 行使用 print 函數顯示 scstr 字串，顯示完 scstr 字串之後不是使用預設的跳行控制字串 '\n' 作為結束字串，而是利用 end=' (' 設定以 ' (' 作為結束字串。

- 第 43 行使用 reverse_scstr=scstr[::-1]，利用串列切片（slicing）方式取得 scstr 的反向串列，並儲存於 reverse_scstr 中。

- 第 44 行使用 all_ones=find_all_ones(reverse_scstr) 取出所有 reverse_scstr 字串中，字元為 '1' 的索引值，這些索引值並形成串列儲存於變數 all_ones 中。

- 第 45 行是內層 for 迴圈的開頭，針對 all_ones[0:-1] 中的每一個數值 one 進行迴圈迭代。all_ones[0:-1] 包含 all_ones 中除了最後一個數值之外的所有數值。

- 第 46 行使用 print 函數顯示 'e'+str(one)+'->' 資訊，其中 one 是數值，先使用 str 函數轉為字串，然後再使用 + 運算子與其他兩個字串連結。顯示完資訊之後，使用 end='' 設定顯示完之後不跳行。

- 第 47 行使用 print 函數顯示 'e'+str(all_ones[-1])+')' 資訊，其中 all_ones[-1] 是 all_ones 串列中的最後一個數值。

6.5 結語

本章介紹 Grover 演算法，這個演算法在 1996 年由印裔美籍科學家洛夫·格羅弗（Lov Grover）在一篇名為「A fast quantum mechanical algorithm for database search」的論文中提出。Grover 演算法只需測試黑箱函數 $O(\sqrt{N})$ 次，就能夠以很高的機率在 N 個非結構化輸入中找到特定的答案輸入。因為相對應的古典演算法在平均狀況以及最差狀況下需要 O(N) 次測試才能搜尋到特定的輸入，因此 Grover 演算法相對於古典演算法有平方量級的加速。

Grover 演算法在 1997 年由 Bennett 等人在 1997 年在論文「Strengths and weaknesses of quantum computing」中證明是最佳（optimal）的非結構化輸入資料搜尋演算法。換句話說，Bennett 等人證明任何量子演算法都需要 $O(\sqrt{N})$ 次的搜尋才能在非結構化輸入資料中找到特定的輸入。因為 Grover 演算法的時間複雜度已經達到 $O(\sqrt{N})$ 了，因此 Grover 演算法是最佳的量子非結構化輸入資料搜尋演算法。

有許多演算法利用 Grover 演算法振幅放大概念，以 $O(\sqrt{N})$ 時間複雜度解決各種不同的問題，包括尋找任意函數全域最小（global minimum）問題、中位數尋找（media finding）問題、平均值尋找（mean finding）問題、3 變數滿足（3-satisfiability, 3-SAT）問題、量子隨機漫步（quantum walk）空間搜索（spacial search）問題、三角形尋找（triangle finidng）問題、雜湊碰撞搜尋（hash collision search）問題，應用範圍相當廣泛。綜合而言，Grover 演算法可說是一個應用層面廣而且實用性高的快速量子演算法。

練習

練習 6.1

基於下列非結構搜尋問題的黑箱函數 f，設計量子程式建構並顯示 Grover 演算法量子線路，並呈現執行結果中各種量子狀態出現次數的直方圖。

$$f : \{0, 1\}^2 \rightarrow \{0, 1\}$$

$$y = f(x_1 x_0) = \begin{cases} 1 & \text{if } x_1 x_0 = 00 \\ 0 & \text{if } x_0 x_0 \neq 00 \end{cases}$$

練習 6.2

基於下列非結構搜尋問題的黑箱函數 f，設計量子程式建構並顯示 Grover 演算法量子線路，並呈現執行結果中各種量子狀態出現次數的直方圖。

$$f : \{0, 1\}^2 \rightarrow \{0, 1\}$$

$$y = f(x_1 x_0) = \begin{cases} 1 & \text{if } x_1 x_0 = 01 \\ 0 & \text{if } x_0 x_0 \neq 01 \end{cases}$$

練習 6.3

基於下列非結構搜尋問題的黑箱函數 f，設計量子程式建構並顯示 Grover 演算法量子線路，並呈現執行結果中各種量子狀態出現次數的直方圖。

$$f : \{0,1\}^3 \rightarrow \{0,1\}$$

$$y = f(x_2 x_1 x_0) = \begin{cases} 1 & \text{if } x_2 x_1 x_0 = 111 \\ 0 & \text{if } x_2 x_1 x_0 \neq 111 \end{cases}$$

練習 6.4

基於下列非結構搜尋問題的黑箱函數 f，設計量子程式建構並顯示 Grover 演算法量子線路，並呈現執行結果中各種量子狀態出現次數的直方圖。

$$f : \{0,1\}^4 \rightarrow \{0,1\}$$

$$y = f(x_3 x_2 x_1 x_0) = \begin{cases} 1 & \text{if } x_3 x_2 x_1 x_0 = 1001 \\ 0 & \text{if } x_3 x_2 x_1 x_0 \neq 1001 \end{cases}$$

練習 6.5

設計量子程式建構並顯示 Grover 演算法量子線路，以解決以下給定具 5 個節點及 10 個邊的完全圖（complete graph）的漢米爾頓循環（Hamiltonian cycle）問題。請注意，給定的完全圖將 5 個點標示為 n_0、...、n_4，10 個邊則標示為 e_0、...、e_9。以下也給出這個完全圖的所有漢米爾頓循環，包括對應的循環中節點序列（node sequence in cycle）、循環中邊序列（edge sequence in cycle）以及對應每個邊量子位元的值。具體的說，可以使用 10 個量子位元 q_0、...、q_9 分別對應邊 e_0、...、e_9，若量子位元 q_i 最後測量為 1，則代表邊 e_i 是漢米爾頓循環中的一個邊，其中 $0 \leq i \leq 9$。

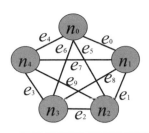

#	node sequence in cycle	edge sequence in cycle	q_9	q_8	q_7	q_6	q_5	q_4	q_3	q_2	q_1	q_0
1	$n_0 \to n_1 \to n_2 \to n_3 \to n_4$	$e_0 \to e_1 \to e_2 \to e_3 \to e_4$	0	0	0	0	0	1	1	1	1	1
2	$n_0 \to n_1 \to n_2 \to n_4 \to n_3$	$e_0 \to e_1 \to e_9 \to e_3 \to e_6$	1	0	0	1	0	0	1	0	1	1
3	$n_0 \to n_1 \to n_3 \to n_2 \to n_4$	$e_0 \to e_8 \to e_2 \to e_9 \to e_4$	1	1	0	0	0	1	0	1	0	1
4	$n_0 \to n_1 \to n_3 \to n_4 \to n_2$	$e_0 \to e_8 \to e_3 \to e_9 \to e_5$	1	1	0	0	1	0	1	0	0	1
5	$n_0 \to n_1 \to n_4 \to n_2 \to n_3$	$e_0 \to e_7 \to e_9 \to e_2 \to e_6$	1	0	1	1	0	0	0	1	0	1
6	$n_0 \to n_1 \to n_4 \to n_3 \to n_2$	$e_0 \to e_7 \to e_3 \to e_2 \to e_5$	0	0	1	0	1	0	1	1	0	1
7	$n_0 \to n_2 \to n_1 \to n_3 \to n_4$	$e_5 \to e_1 \to e_8 \to e_3 \to e_4$	0	1	0	0	1	1	1	0	1	0
8	$n_0 \to n_2 \to n_1 \to n_4 \to n_3$	$e_5 \to e_1 \to e_7 \to e_3 \to e_6$	0	0	1	1	1	0	1	0	1	0
9	$n_0 \to n_2 \to n_3 \to n_1 \to n_4$	$e_5 \to e_2 \to e_8 \to e_7 \to e_0$	0	1	1	0	1	0	0	1	0	1
10	$n_0 \to n_3 \to n_1 \to n_2 \to n_4$	$e_6 \to e_8 \to e_1 \to e_9 \to e_5$	1	1	0	1	1	0	0	0	1	0
11	$n_0 \to n_3 \to n_1 \to n_4 \to n_2$	$e_6 \to e_8 \to e_7 \to e_9 \to e_4$	1	1	1	1	0	1	0	0	0	0
12	$n_0 \to n_3 \to n_4 \to n_1 \to n_2$	$e_6 \to e_3 \to e_8 \to e_1 \to e_5$	0	1	0	1	1	0	1	0	1	0

具 5 個節點及 10 個邊的完全圖（complete graph）及對應的漢米爾頓循環（Hamiltonian cycle）資訊。

Shor 演算法量子程式設計

本章介紹秀爾演算法（Shor's algorithm or Shor algorithm），這是一個解決大整數質因數分解（prime factorization）問題的量子演算法，具有多項式量級的時間複雜度。因為目前最快速的古典大整數質因數分解演算法仍然需要指數量級的時間複雜度，因此，秀爾演算法相較於最快速的古典演算法具有指數量級的加速。

當今使用最廣泛的 RSA 密碼系統，使用相當大的半質數（semiprime），也就是一個由兩個質數相乘而得的整數作為密碼系統的基礎。只要給定的半質數足夠大，例如，採用以 2048 位元表示的 308 位 10 進位半質數，就可以使得目前效能最好的古典演算法即使在最速的電腦上，都無法在有限時間內將給定的半質數正確分解為兩個質數，因此保證 RSA 密碼系統可以安全運作。然而，只要量子電腦的位元數夠多而且錯誤率夠低，則秀爾演算法可以在極短的時間內（例如幾分鐘之內），就完成大整數因數分解而破解 RSA 密碼系統，因而影響人們的日常生活。所以，秀爾演算法的出現，讓人們意識到量子電腦可以改變人類生活方式的強大計算能力，可說是劃時代的演算法。

秀爾演算法先透過古典計算方式將大整數質因數分解問題變轉為（reduce to）模冪（modular exponentiation）函數的週期尋找（period finding）問題，並以量子計算方式找出模冪函數週期，最後再透過古典計算方式針對找出的週期進行檢查並計算出大整數的質因數。因為秀爾演算法使用到量子傳立葉變換及量子相位估測的概念，因此本章先介紹這兩個概念。在這之後才整體說明秀爾演算法，詳細描述如何透過古典計算方式將大整數質因數分解問題變轉為模冪函數週期尋找問題，以及如何透過量子模指數么正變換、量子相位估測以及逆量子傳立葉變換找出模冪函數週期，最後再說明如何藉由找出的週期求得大整數的質因數，因而可以破解 RSA 密碼系統。

7.1 量子傅立葉變換

量子傅立葉變換（quantum Fourier transform, QFT）就是一種由計算基底（computational basis）轉換到傅立葉基底（Fourier basis）的變換，其中計算基底為 $\{|0\rangle, |1\rangle\}$，而傅立葉基底為 $\{|\tilde{0}\rangle, |\tilde{1}\rangle\} = \{|+\rangle, |-\rangle\}$。這表示使用 H 閘就可以完成量子傅立葉變換的基底轉換，可以將使用 Z 與 -Z 的計算基底，轉換為使用 X 與 -X 的傅立葉基底。

以下的範例程式透過布洛赫球面展示計算基底 $\{|0\rangle, |1\rangle\}$ 與量子傅立葉變換中使用的傅立葉基底 $\{|\tilde{0}\rangle, |\tilde{1}\rangle\} = \{|+\rangle, |-\rangle\}$：

In [1]:

```
 1  #Program 7.1 Show Bloch sphere for computational basis and Fourier basis
 2  from qiskit import QuantumRegister, QuantumCircuit
 3  from qiskit.quantum_info import Statevector
 4  print('='*60,'\nBelow are computational bases:')
 5  cb = QuantumRegister(2,'computational_basis')
 6  qc1 = QuantumCircuit(cb)
 7  qc1.x(1)
 8  display(qc1.draw('mpl'))
 9  state1 = Statevector.from_instruction(qc1)
10  display(state1.draw('bloch'))
11  print('='*60,'\nBelow are Fourier bases:')
12  fb = QuantumRegister(2,'fourier_basis')
13  qc2 = QuantumCircuit(fb)
14  qc2.x(1)
15  qc2.h([0,1])
16  display(qc2.draw('mpl'))
17  state2 = Statevector.from_instruction(qc2)
18  display(state2.draw('bloch'))
```

==
Below are computational bases:

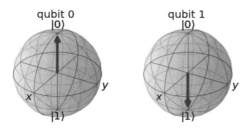

```
============================================================
Below are Fourier bases:
```

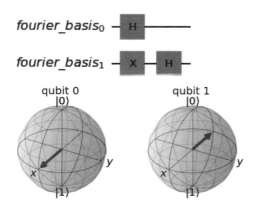

上列的程式碼說明如下：

- 第 1 行為程式編號及註解。

- 第 2 行使用 import 敘述引入 qiskit 套件中的 QuantumRegister 與 QuantumCircuit 類別。

- 第 3 行使用 import 敘述引入 qiskit.quantum_info 中的 Statevector 類別

- 第 4 行使用 print('='*60,'\nBelow are computational bases:') 顯示包含 60 個等號 的字串，作為分隔線使用。透過 ' 跳行字元 '\n 進行跳行之後繼續顯示 'Below are computational bases:'。

- 第 5 行使用 cb=QuantumRegister(2,'computational_basis') 建構一個包含 2 個量 子位元的量子暫存器物件，設定顯示標籤為 'computational_basis'，儲存於 cb 變數中，這 2 個位元在 cb 的區域索引值為 0、1，全域索引值為 0、1。

- 第 6 行使用 qc1=QuantumCircuit(cb) 建構一個包含量子暫存器物件 cb 的 2 個 量子位元的量子線路物件，儲存於 qc1 變數中。

- 第 7 行使用 qc1.x(1) 呼叫 QuantumCircuit 類別的 x 方法，在量子線路 qc1 中全域索引值為 1 的量子位元加入 X 閘。

- 第 8 行使用 display(qc1.draw('mpl')) 透過 Jupyter Notebook 提供的 display 函數顯示 QuantumCircuit 類別 draw 方法的執行結果，draw 方法帶入的參數為 'mpl'，代表透過 matplotlib 套件顯示量子線路 qc1。

- 第 9 行呼叫 Statevector 類別的 from_instruction() 方法，輸入 qc1 為參數以取得量子線路 qc1 中所有量子位元的量子狀態，並存在變數 state1 中。

- 第 10 行使用 display(state1.draw('bloch')) 透過 Jupyter Notebook 提供的 display 函數顯示 state1.draw('bloch') 方法的執行結果，代表顯示 state1 物件對應的布洛赫球面。

- 第 11 行使用 print('='*60,'\nBelow are Fourier bases:') 顯示包含 60 個等號的字串，作為分隔線使用。透過 ' 跳行字元 '\n 進行跳行之後繼續顯示 'Below are Fourier bases:'。

- 第 12 行使用 fb=QuantumRegister(2,'fourier_basis') 建構一個包含 2 個量子位元的量子暫存器物件，設定顯示標籤為 'fourier_basis'，儲存於 fb 變數中，這 2 個位元在 fb 的區域索引值為 0、1，全域索引值為 0、1。請注意，Qiskit 採用 Open Quantum Assembly Language 規範，量子暫存器物件之顯示標籤需要採用小寫字元開頭。因此我們將原來首字元需要大寫的標籤 'Fourier_basis' 設定為 'fourier_basis'。

- 第 13 行使用 qc2=QuantumCircuit(fb) 建構一個包含量子暫存器物件 fb 的 2 個量子位元的量子線路物件，儲存於 qc2 變數中。

- 第 14 行使用 qc2.x(1) 呼叫 QuantumCircuit 類別的 x 方法，在量子線路 qc2 中全域索引值為 1 的量子位元加入 X 閘。

- 第 15 行使用 qc2.h([0,1]) 呼叫 QuantumCircuit 類別的 h 方法，在量子線路 qc2 中全域索引值為 0 及 1 的量子位元加入 H 閘。

- 第 16 行使用 display(qc2.draw('mpl')) 透過 Jupyter Notebook 提供的 display 函數顯示 QuantumCircuit 類別 draw 方法的執行結果，draw 方法帶入的參數為 'mpl'，代表透過 matplotlib 套件顯示量子線路 qc2。

- 第 17 行呼叫 Statevector 類別的 from_instruction() 方法，輸入 qc2 為參數以取得量子線路 qc2 中所有量子位元的量子狀態，並存在變數 state2 中。

- 第 18 行使用 display(state2.draw('bloch')) 透過 Jupyter Notebook 提供的 display 函數顯示 state2.draw('bloch') 方法的執行結果，代表顯示 state2 物件對應的布洛赫球面。

上述的範例程式只是以布洛赫球面顯示傅立葉變換的兩組不同基底，也就是計算基底與傅立葉基底。因為這個範例程式使用 H 閘將計算基底轉換為傅立葉基底，因此，讀者應該可以推論出傅立葉變換中也會使用 H 閘。實際上，使用 H 閘就可以完成 1 量子位元傅立葉變換。但是，n 量子位元傅立葉變換則複雜許多，除了使用 H 閘之外，還使用受控相位 CP 閘（controlled phase gate）來實現，以 CP 閘控制針對 Z 軸的旋轉，也就是進行相位改變的控制。

以下說明 n 量子位元傅立葉變換。針對 n 量子位元量子態 $|\psi\rangle$，量子傅立葉變換 QFT 可以將以計算基底 $\{|0\rangle, |1\rangle\}$ 表達的量子態 $|\psi\rangle$，變換為以傅立葉基底 $\{|\tilde{0}\rangle, |\tilde{1}\rangle\} = \{|+\rangle, |-\rangle\}$ 表達的量子態 $|\tilde{\psi}\rangle$。如下所示：

$$|\tilde{\psi}\rangle = QFT|\psi\rangle$$

令 $|\psi\rangle$ 是一個表示 n 量子位元的狀態向量，並令 $N = 2^n$ 代表所有量子位元能表示的可能的量子狀態總數。若採十進位表示，則 $|\psi\rangle$ 可以表達如下：

$$|\psi\rangle = \sum_{j=0}^{N-1} a_j |j\rangle = \begin{pmatrix} a_0 \\ \vdots \\ a_{N-1} \end{pmatrix} \text{，其中 } a_0, \ldots, a_{N-1} \text{ 為複數。}$$

與離散傅立葉變換類似，針對量子傅立葉變換可得：

$$|\tilde{\psi}\rangle = QFT|\psi\rangle = \sum_{k-0}^{N-1} b_k |k\rangle$$

上式中，$b_k = \dfrac{1}{\sqrt{N}} \sum_{j=0}^{N-1} a_j\, e^{2\pi i j k / N}$

例如，考慮 $n = 1, N = 2^n = 2$，也就是考慮 1 量子位元狀態 $|\psi\rangle$。若採十進位表示，則可以將 $|\psi\rangle$ 描述為：

$$|\psi\rangle = a_0|0\rangle + a_1|1\rangle$$

依照 QFT 轉換式可得：

$$b_k = \frac{1}{\sqrt{2}} \sum_{j=0}^{1} a_j \, e^{2\pi i jk/2}, k = 0, 1$$

也就是：

$$b_0 = \frac{1}{\sqrt{2}} \sum_{j=0}^{1} a_j = \frac{1}{\sqrt{2}}(a_0 + a_1)$$

$$b_1 = \frac{1}{\sqrt{2}} \sum_{j=0}^{1} a_j \, e^{2\pi i j/2} = \frac{1}{\sqrt{2}}(a_0 + a_1 e^{i\pi}) = \frac{1}{\sqrt{2}}(a_0 - a_1)$$

因此，可以得到以下的式子：

$$QFT|\psi\rangle = QFT(a_0|0\rangle + a_1|1\rangle) = \frac{1}{\sqrt{2}}(a_0 + a_1)|0\rangle + \frac{1}{\sqrt{2}}(a_0 - a_1)|1\rangle$$

如下式所示，1 量子位元狀態 $|\psi\rangle$ 的 QFT 變換可以透過 H 閘的操作完成：

$$QFT|\psi\rangle = H|\psi\rangle = H(a_0|0\rangle + a_1|1\rangle) = \frac{1}{\sqrt{2}}(a_0 + a_1)|0\rangle + \frac{1}{\sqrt{2}}(a_0 - a_1)|1\rangle$$

以下再舉一個量子傅立葉變換的例子，考慮 $n = 2, N = 2^n = 4$，也就是考慮 2 量子位元狀態 $|\psi\rangle$，若採十進位表示，則可以將 $|\psi\rangle$ 描述為：

$$|\psi\rangle = a_0|0\rangle + a_1|1\rangle + a_2|2\rangle + a_3|3\rangle$$

依照 QFT 變換式可得：

$$b_k = \frac{1}{2} \sum_{j=0}^{3} a_j \, e^{2\pi i jk/4}, k = 0, 1, 2, 3$$

也就是：

$$b_0 = \frac{1}{2}\sum_{j=0}^{3} a_j = \frac{1}{2}(a_0 + a_1 + a_2 + a_3)$$

$$b_1 = \frac{1}{2}\sum_{j=0}^{3} a_j\, e^{2\pi ij/4} = \frac{1}{2}(a_0 + a_1 e^{i\pi/2} + a_2 e^{i\pi} + a_3 e^{3i\pi/2})$$

$$b_2 = \frac{1}{2}\sum_{j=0}^{3} a_j\, e^{4\pi ij/4} = \frac{1}{2}(a_0 + a_1 e^{i\pi} + a_2 e^{2i\pi} + a_3 e^{3i\pi})$$

$$b_3 = \frac{1}{2}\sum_{j=0}^{3} a_j\, e^{6\pi ij/4} = \frac{1}{2}(a_0 + a_1 e^{3i\pi/2} + a_2 e^{3i\pi} + a_3 e^{9i\pi/2})$$

與 1 量子位元狀態 $|\psi\rangle$ 的 QFT 變換不同的是，2 量子位元狀態或更多量子位元狀態的 QFT 變換除了使用 H 閘之外，還需要使用受控相位閘操作。

以下的範例程式展示可以執行 2 位元量子傅立葉變換的量子線路：

In [2]:

```
1  #Program 7.2 Build 2-qubit QFT quantum circuit
2  from qiskit import QuantumRegister, QuantumCircuit
3  from math import pi
4  ar = QuantumRegister(2,'a')
5  qc = QuantumCircuit(ar)
6  qc.h(1)
7  qc.cp(pi/2, 0, 1)
8  qc.h(0)
9  qc.swap(0,1)
10 print('Below is the quantum Fourier transform (QFT) circuit:')
11 display(qc.draw('mpl'))
```

Below is the quantum Fourier transform (QFT) circuit:

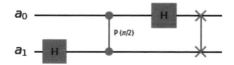

上列的程式碼說明如下：

- 第 1 行為程式編號及註解。

- 第 2 行使用 import 敘述引入 qiskit 套件中的 QuantumRegister 及 QuantumCircuit 類別。

- 第 3 行使用 import 敘述引入 math 模組中的 pi 常數。

- 第 4 行使用 ar=QuantumRegister(2,'a') 建構一個包含 2 個量子位元的量子暫存器物件，設定顯示標籤為 'a'，儲存於 ar 變數中，這 2 個位元在 ar 的區域索引值為 0、1，全域索引值為 0、1。

- 第 5 行使用 qc=QuantumCircuit(ar) 建構一個包含量子暫存器物件 ar 的 2 個量子位元的量子線路物件，儲存於 qc 變數中。

- 第 6 行使用 qc.h(1) 呼叫 QuantumCircuit 類別的 h 方法，在量子線路 qc 中全域索引值為 1 的量子位元加入 H 閘。

- 第 7 行使用 qc.cp(pi/2, 0, 1) 呼叫 QuantumCircuit 類別的 cp 方法，在量子線路 qc 中加入受控相位 CP 閘，帶入參數 $\pi/2$，代表進行相位 $\pi/2$ 的受控相位閘操作，並以全域索引值為 0 的量子位元為控制位元，以全域索引值為 1 的量子位元為目標位元。

- 第 8 行使用 qc.h(0) 呼叫 QuantumCircuit 類別的 h 方法，在量子線路 qc 中全域索引值為 0 的量子位元加入 H 閘。

- 第 9 行使用 qc.swap(0,1) 呼叫 QuantumCircuit 類別的 swap 方法，使用 SWAP 閘將量子線路中全域索引值為 0 的量子位元與全域索引值為 1 的量子位元的量子狀態互相對調。

- 第 10 行使用 print() 函數顯示 'Below is the quantum Fourier transform (QFT) circuit:' 字串。

- 第 11 行使用 display(qc.draw('mpl')) 透過 Jupyter Notebook 提供的 display 函數顯示 QuantumCircuit 類別 draw 方法的執行結果，draw 方法帶入的參數為 'mpl'，代表透過 matplotlib 套件顯示量子線路 qc。

上列的範例程式展示 2 位元量子傅立葉變換的量子線路，其做法為首先在索引值為 1 的最高有效量子位元加上 H 閘，然後加上受控相位 CP 閘，控制索引值為 1 的最高有效量子位元針對 Z 軸進行或不進行旋轉，緊接著再於索引值為 0 的量子位元加上 H 閘。2 位元量子傅立葉變換使用的 CP 閘的控制位元為索引值為 0 的量子位元，目標位元則為索引值為 1 的量子位元，而其相位旋轉強度為 $\pi/2$。因為這個量子線路產生出來的量子位元狀態與量子傅立葉變換產生的量子位元狀態的先後順序恰好相反，因此量子線路的最後需要使用 SWAP 閘對調量子位元的順序。

以下的範例程式設定不同的 2 量子位元初始狀態，包括狀態 $|00\rangle$、$|01\rangle$、$|10\rangle$ 與 $|11\rangle$。範例程式先顯示量子位元的初始狀態向量及其布洛赫球面，然後再透過 QFT 的線路進行量子傅立葉變換，最後顯示經過 QFT 變換後的量子位元狀態向量及其布洛赫球面。

In [3]:

```
1  #Program 7.3 Apply QFT to qubit with various initial state
2  from qiskit import QuantumRegister, QuantumCircuit
3  from qiskit.quantum_info import Statevector
4  from qiskit.visualization import array_to_latex
5  from math import pi
6  two_bits = ['00','01','10','11']
7  for bits in two_bits:
8      ar = QuantumRegister(2,'a')
9      qc = QuantumCircuit(ar)
10     qc.initialize(bits,ar)
11     state1 = Statevector.from_instruction(qc)
12     print('='*75,'\nBelow is for qubits: q0 =',bits[0],'; q1 =',bits[1])
13     display(array_to_latex(state1, prefix='\\text{Statevector before QFT: }'))
14     display(state1.draw('bloch'))
15     qc.h(1)
16     qc.cp(pi/2, 0, 1)
17     qc.h(0)
18     qc.swap(0,1)
19     state2 = Statevector.from_instruction(qc)
20     display(array_to_latex(state2, prefix='\\text{Statevector after QFT: }'))
21     display(state2.draw('bloch'))
```

```
===========================================================================
Below is for qubits: q0 = 0 ; q1 = 0
```

Statevector before QFT: $\begin{bmatrix} 1 & 0 & 0 & 0 \end{bmatrix}$

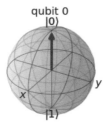 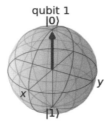

Statevector after QFT: $\begin{bmatrix} \frac{1}{2} & \frac{1}{2} & \frac{1}{2} & \frac{1}{2} \end{bmatrix}$

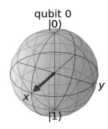 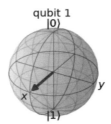

===

```
Below is for qubits: q0 = 0 ; q1 = 1
```

Statevector before QFT: $\begin{bmatrix} 0 & 1 & 0 & 0 \end{bmatrix}$

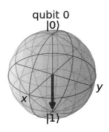 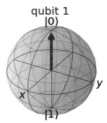

Statevector after QFT: $\begin{bmatrix} \frac{1}{2} & \frac{1}{2}i & -\frac{1}{2} & -\frac{1}{2}i \end{bmatrix}$

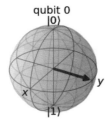 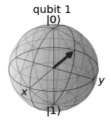

===
Below is for qubits: q0 = 1 ; q1 = 0

Statevector before QFT: $\begin{bmatrix} 0 & 0 & 1 & 0 \end{bmatrix}$

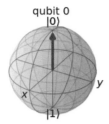

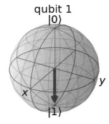

Statevector after QFT: $\begin{bmatrix} \frac{1}{2} & -\frac{1}{2} & \frac{1}{2} & -\frac{1}{2} \end{bmatrix}$

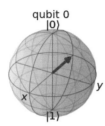

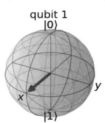

===
Below is for qubits: q0 = 1 ; q1 = 1

Statevector before QFT: $\begin{bmatrix} 0 & 0 & 0 & 1 \end{bmatrix}$

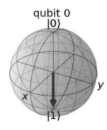

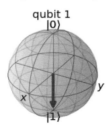

Statevector after QFT: $\begin{bmatrix} \frac{1}{2} & -\frac{1}{2}i & -\frac{1}{2} & \frac{1}{2}i \end{bmatrix}$

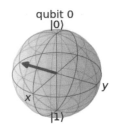
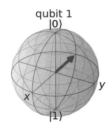

上列的程式碼說明如下:

- 第 1 行為程式編號及註解。

- 第 2 行使用 import 敘述引入 qiskit 套件中的 QuantumRegister 及 QuantumCircuit 類別。

- 第 3 行使用 import 敘述引入 qiskit.quantum_info 中的 Statevector 類別。

- 第 4 行使用 import 敘述引入 qiskit.visualization 中的 array_to_latex 函數。

- 第 5 行使用 import 敘述引入 math 模組中的 pi 常數。

- 第 6 行宣告一個包含 '00'、'01'、'10'、'11' 四個字串的串列,命名為 two_bits。

- 第 7 行是 for 迴圈的開頭,針對 two_bits 串列中的每一個字串 bits 進行迴圈迭代,因此迴圈會進行 4 次迭代,每次迭代中 bits 分別為 '00'、'01'、'10' 或 '11'。

- 第 8 行使用 ar=QuantumRegister(2,'a') 建構一個包含 2 個量子位元的量子暫存器物件,設定顯示標籤為 'a',儲存於 ar 變數中,這 2 個位元在 ar 的區域索引值為 0、1,全域索引值為 0、1。

- 第 9 行使用 qc=QuantumCircuit(ar) 建構一個包含量子暫存器物件 ar 的 2 個量子位元的量子線路物件,儲存於 qc 變數中。

- 第 10 行使用 qc.initialize(bits,ar) 呼叫 QuantumCircuit 類別的 initialize 方法,將量子線路中 ar 變數所代表的量子位元暫存器的初始狀態設為字串變數 bits 所代表的狀態。

- 第 11 行使用 state1 = Statevector.from_instruction(qc) 敘述,以 qc 為參數呼叫 Statevector 類別的 from_instruction() 方法,取得量子線路 qc 所有量子位元當下的狀態,儲存於變數 state1 中。

- 第 12 行使用 print 函數顯示對應的量子位元狀態資訊,包括量子位元 q0 的狀態以及 q1 的狀態。

- 第 13 行 使 用 display(array_to_latex(state1, prefix='\\text{Statevector before QFT: }')) 敘述,透過 Jupyter Notebook 提供的 display 函數顯示呼叫 array_to_latex(state1, prefix='\\text{Statevector before QFT: }') 的結果。array_to_latex 是 qiskit.visualization 中的函數,可以將 state1 所代表的量子狀態變換為 LaTex 的格式顯示,在顯示之前並加上字首字串 Statevector before QFT。請注意 \text 是 LaTex 的排版指令,代表回復為文字模式來顯示,因為 LeTex 指令都是以 \ 開頭,而 Python 語言則以 \ 代表跳脫字元,因此在 Python 語言的字串中必須以 \\ 代表一個實際的 \ 字元。

- 第 14 行使用 display(state1.draw('bloch')) 敘述,透過 Jupyter Notebook 提供的 display 函數顯示呼叫 state1.draw('bloch') 的結果。state1.draw('bloch') 可以顯示量子位元狀態 state1 對應的布洛赫球面。

- 第 15 行使用 qc.h(1) 呼叫 QuantumCircuit 類別的 h 方法,在量子線路 qc 中全域索引值為 1 的量子位元加入 H 閘。

- 第 16 行使用 qc.cp(pi/2, 0, 1) 呼叫 QuantumCircuit 類別的 cp 方法,在量子線路 qc 中加入受控相位 CP 閘,帶入參數 pi/2,代表進行相位 $\pi/2$ 的受控相位閘操作,並以全域索引值為 0 的量子位元為控制位元,以全域索引值為 1 的量子位元為目標位元。

- 第 17 行使用 qc.h(0) 呼叫 QuantumCircuit 類別的 h 方法,在量子線路 qc 中全域索引值為 0 的量子位元加入 H 閘。

- 第 18 行使用 qc.swap(0,1) 呼叫 QuantumCircuit 類別的 swap 方法,使用 SWAP 閘將量子線路中全域索引值為 0 的量子位元與全域索引值為 1 的量子位元的量子狀態互相對調。

- 第 19 行使用 state2 = Statevector.from_instruction(qc) 敘述,以 qc 為參數呼叫 Statevector 類別的 from_instruction() 方法,取得量子線路 qc 所有量子位元當下的狀態,儲存於變數 state2 中。

- 第 20 行使用 display(array_to_latex(state2, prefix='\\text{Statevector before QFT: }')) 敘述，透過 Jupyter Notebook 提供的 display 函數顯示呼叫 array_to_latex(state2, prefix='\\text{Statevector before QFT: }') 的結果。array_to_latex 是 qiskit.visualization 中的函數，可以將 state2 所代表的量子狀態變換為 LaTex 的格式顯示，在顯示之前並加上字首字串 Statevector before QFT。請注意 \text 是 LaTex 的排版指令，代表回復為文字模式來顯示，因為 LeTex 指令都是以 \ 開頭，而 Python 語言則以 \ 代表跳脫字元，因此在 Python 語言的字串中必須以 \\ 代表一個實際的 \ 字元。

- 第 21 行使用 display(state2.draw('bloch')) 敘述，透過 Jupyter Notebook 提供的 display 函數顯示呼叫 state2.draw('bloch') 的結果。state2.draw('bloch') 可以顯示量子位元狀態 state2 對應的布洛赫球面。

以下的範例程式展示 n 個量子位元的一般化量子傅立葉變換（QFT）量子線路，範例程式中將 n 設定為 1、2、3、4 以顯示對應的 QFT 量子線路：

In [4]:

```
1  #Program 7.4 Define funciton to build n-qubit QFT quantum circuit
2  from qiskit import QuantumRegister, QuantumCircuit
3  from math import pi
4  def qft(n):
5    ar = QuantumRegister(n,'a')
6    qc = QuantumCircuit(ar)
7    for hbit in range(n-1,-1,-1):
8      qc.h(hbit)
9      for cbit in range(hbit):
10       qc.cp(pi/2**(hbit-cbit), cbit, hbit)
11   for bit in range(n//2):
12     qc.swap(bit,n-bit-1)
13   return qc
14 for i in range(1,5):
15   print('Below is the QFT circuit of',i,'qubit(s):')
16   display(qft(i).draw('mpl'))
```

Below is the QFT circuit of 1 qubit(s):

Below is the QFT circuit of 2 qubit(s):

Below is the QFT circuit of 3 qubit(s):

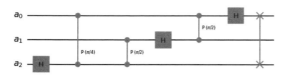

Below is the QFT circuit of 4 qubit(s):

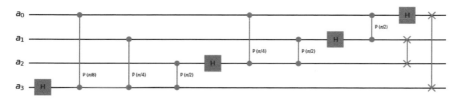

上列的程式碼說明如下：

- 第 1 行為程式編號及註解。

- 第 2 行使用 import 敘述引入 qiskit 套件中的 QuantumRegister 及 QuantumCircuit 類別。

- 第 3 行使用 import 敘述引入 math 模組中的 pi 常數。

- 第 4 行使用 def 敘述定義一個帶有參數 n 的函數 qft，用以建構量子傅立葉變換量子線路。

- 第 5 行使用 ar=QuantumRegister(n,'a') 建構一個包含 n 個量子位元的量子暫存器物件，設定顯示標籤為 'a'，儲存於 ar 變數中，這 n 個位元在 ar 的區域索引值為 0、1、...、n，全域索引值為 0、1、...、n。

- 第 6 行使用 qc=QuantumCircuit(ar) 建構一個包含量子暫存器物件 ar 的 n 個量子位元的量子線路物件，儲存於 qc 變數中。

- 第 7 行是一個外層 for 迴圈的開頭，針對 range(n-1,-1,-1) 對應的每一個數值 hbit 進行迴圈迭代，每次迭代中 hbit 分別為 n-1、n-2、...、0。

- 第 8 行是外層 for 迴圈中的敘述,使用 qc.h(hbit) 呼叫 QuantumCircuit 類別的 h 方法,在量子線路 qc 中全域索引值為 hbit 的量子位元加入 H 閘。

- 第 9 行是一個內層 for 迴圈的開頭,針對 range(hbit) 對應的每一個數值 cbit 進行迴圈迭代,每次迭代中 cbit 分別為 0、1、...、hbit-1。

- 第 10 行是內層 for 迴圈中的敘述,使用 qc.cp(pi/2**(hbit-cbit), cbit, hbit) 呼叫 QuantumCircuit 類別的 cp 方法,在量子線路 qc 中加入受控相位 CP 閘,帶入參數 pi/2**(hbit-cbit),代表進行相位 $\pi/2^{(hbit-cbit)}$ 的受控相位閘操作,並以全域索引值為 cbit 的量子位元為控制位元,以全域索引值為 hbit 的量子位元為目標位元。

- 第 11 行是 for 迴圈的開頭,針對 range(n//2) 對應的每一個數值 bit 進行迴圈迭代,每次迭代中 bit 分別為 0、1、...、(n//2)-1,其中 n//2 代表整數 n 除以 2 的整數商。

- 第 12 行是 for 迴圈中的敘述,使用 qc.swap(bit,n-bit-1) 呼叫 QuantumCircuit 類別的 swap 方法,使用 SWAP 閘將量子線路中全域索引值為 bit 的量子位元與全域索引值為 n-bit-1 的量子位元的量子狀態互相對調。

- 第 13 行使用 return qc 敘述回傳量子線路 qc 並結束 qft 函數的執行。

- 第 14 行是 for 迴圈的開頭,針對 range(5) 對應的每一個數值 i 進行迴圈迭代,每次迭代中 i 分別為 0, 1, 2, 3, 4。

- 第 15 行是 for 迴圈中的敘述,使用 print 函數顯示 'Below is the QFT circuit of', i, 'qubit(s):' 訊息,其中 i 會以變數 i 的值顯示。

- 第 16 行是 for 迴圈中的敘述,使用 (qft(i).draw('mpl')) 透過 Jupyter Notebook 提供的 display 函數顯示 QuantumCircuit 類別 draw 方法的執行結果,draw 方法帶入的參數為 'mpl',代表透過 matplotlib 套件顯示量子線路 qft(i)。而 qft(i) 代表以 i 為參數呼叫 qft 函數的回傳結果,是一個屬於 QuantumCircuit 類別的 i 量子位元傅立葉變換量子線路。

將量子傅立葉變換的量子線路逆向就得到逆量子傅立葉變換(inverse quantum Fourier transform, IQFT)的量子線路。以下的範例程式展示 *n* 個量子位元的一般逆量子傅立葉變換(IQFT)量子線路,其中 *n* 先設定為 1、2、3、4,以作為範例來顯示 IQFT 量子線路:

In [5]:

```
1  #Program 7.5 Define function to build n-qubit IQFT quantum circuit
2  from qiskit import QuantumRegister, QuantumCircuit
3  from math import pi
4  def iqft(n):
5    br = QuantumRegister(n,'b')
6    qc = QuantumCircuit(br)
7    for sbit in range(n//2):          #sbit: for swap qubit
8      qc.swap(sbit,n-sbit-1)
9    for hbit in range(0,n,1):         #hbit: for h-gate qubit
10     for cbit in range(hbit-1,-1,-1):   #cbit: for count qubit
11       qc.cp(-pi/2**(hbit-cbit), cbit, hbit)
12     qc.h(hbit)
13   return qc
14 for i in range(1,5):
15   print('Below is the IQFT circuit of',i,'qubit(s):')
16   display(iqft(i).draw('mpl'))
```

Below is the IQFT circuit of 1 qubit(s):

Below is the IQFT circuit of 2 qubit(s):

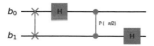

Below is the IQFT circuit of 3 qubit(s):

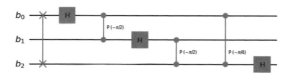

Below is the IQFT circuit of 4 qubit(s):

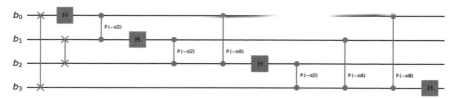

上列的程式碼說明如下：

- 第 1 行為程式編號及註解。

- 第 2 行使用 import 敘述引入 qiskit 套件中的 QuantumRegister 及 QuantumCircuit 類別。

- 第 3 行使用 import 敘述引入 math 模組中的 pi 常數。

- 第 4 行使用 def 敘述定義一個帶有參數 n 的函數 iqft，用以建構逆量子傅立葉變換量子線路。

- 第 5 行使用 br=QuantumRegister(n,'b')，建構一個包含 n 個量子位元的量子暫存器物件，命名為 'b'，儲存於 br 變數中，這 n 個位元在 br 的區域索引值為 0、1、....、n-1，全域索引值為 0、1、....、n-1。

- 第 6 行使用 qc=QuantumCircuit(br) 建構一個包含量子暫存器物件 br 的 n 個量子位元的量子線路物件，儲存於 qc 變數中。

- 第 7 行是 for 迴圈的開頭，針對 range(n//2) 對應的每一個數值 sbit 進行迴圈迭代，每次迭代中 sbit 分別為 0、1、...、(n//2)-1，其中 n//2 代表整數 n 除以 2 的整數商。

- 第 8 行是 for 迴圈中的敘述，使用 qc.swap(sbit,n-sbit-1) 呼叫 QuantumCircuit 類別的 swap 方法，使用 SWAP 閘將量子線路中全域索引值為 sbit 的量子位元與全域索引值為 n-sbit-1 的量子位元的量子狀態互相對調。

- 第 9 行是外層 for 迴圈的開頭，針對 range(0,n,1) 對應的每一個數值 hbit 進行迴圈迭代，每次迭代中 hbit 分別為 0、1、...、n-1。

- 第 10 行是內層 for 迴圈的開頭，針對 range(hbit-1,-1,-1) 對應的每一個數值 cbit 進行迴圈迭代，每次迭代中 cbit 分別為 hbit-1、hbit-2、...、0。

- 第 11 行是內層 for 迴圈中的敘述，使用 qc.cp(-pi/2**(hbit-cbit), cbit, hbit) 呼叫 QuantumCircuit 類別的 cp 方法，在量子線路 qc 中加入受控相位 CP 閘，帶入參數 -pi/2**(hbit-cbit)，代表進行相位 $-\pi/2^{(hbit-cbit)}$ 的受控相位閘操作，並以全域索引值為 cbit 的量子位元為控制位元，以全域索引值為 hbit 的量子位元為目標位元。

- 第 12 行是外層 for 迴圈中的敘述，使用 qc.h(hbit) 呼叫 QuantumCircuit 類別的 h 方法，在量子線路 qc 中全域索引值為 hbit 的量子位元加入 H 閘。

- 第 13 行使用 return qc 敘述回傳量子線路 qc 並結束 iqft 函數的執行。

- 第 14 行是 for 迴圈的開頭，針對 range(5) 對應的每一個數值 i 進行迴圈迭代，每次迭代中 i 分別為 0, 1, 2, 3, 4。

- 第 15 行是 for 迴圈中的敘述，使用 print 函數顯示 'Below is the IQFT circuit of', i, 'qubit(s):' 訊息，其中 i 會以變數 i 的值顯示。

- 第 16 行是 for 迴圈中的敘述，使用 display(iqft(i).draw('mpl')) 透過 Jupyter Notebook 提供的 display 函數顯示 QuantumCircuit 類別 draw 方法的執行結果，draw 方法帶入的參數為 'mpl'，代表透過 matplotlib 套件顯示量子線路 iqft(i)。而 iqft(i) 代表以 i 為參數呼叫函數 iqft 的回傳結果，是一個屬於 QuantumCircuit 類別的 i 量子位元逆量子傅立葉變換量子線路。

到目前為止已經介紹如何設計程式，實現量子傅立葉變換量子線路及逆量子傅立葉變換量子線路。以下的範例程式展示如何將 4 個量子位元 q_3、q_2、q_1、q_0 的初始值設定為 '1011'，然後經過量子傅立葉變換量子線路之後以布洛赫球面顯示量子位元狀態，再經過逆量子傅立葉變換量子線路之後再以布洛赫球面顯示量子位元狀態，因而得以可以看出量子位元狀態又回復原來的 '1011' 狀態了。請注意，範例程式是以 q_0、q_1、q_2、q_3 的順序顯示量子位元對應的布洛赫球面，這與字串 '1011' 的最左邊字元用於表達最高有效位元 q_3，而最右邊字元用於表達最低有效位元 q_0 的順序相反。

In [6]:

```
 1  #Program 7.6 Apply QFT and then IQFT to qubit
 2  from qiskit import QuantumCircuit
 3  from qiskit.quantum_info import Statevector
 4  qc = QuantumCircuit(4)
 5  qc.initialize('1011',range(4))
 6  state0 = Statevector.from_instruction(qc)
 7  qc.append(qft(4).to_gate(label='QFT'),range(4))
 8  state1 = Statevector.from_instruction(qc)
 9  qc.append(iqft(4).to_gate(label='IQFT'),range(4))
10  state2 = Statevector.from_instruction(qc)
11  display(qc.draw('mpl'))
12  print('Statevector before QFT:')
13  display(state0.draw('bloch'))
14  print('Statevector after QFT:')
```

```
15  display(state1.draw('bloch'))
16  print('Statevector after IQFT:')
17  display(state2.draw('bloch'))
```

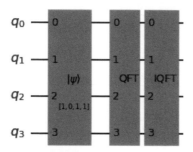

Statevector before QFT:

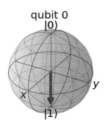
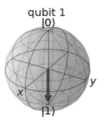
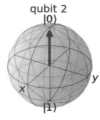
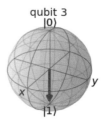

Statevector after QFT:

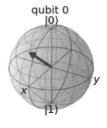
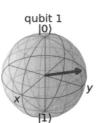
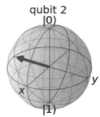
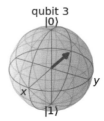

Statevector after IQFT:

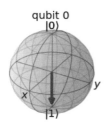
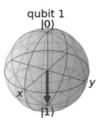
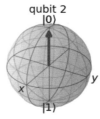
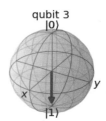

上列的程式碼說明如下：

- 第 1 行為程式編號及註解。

- 第 2 行使用 import 敘述引入 qiskit 套件中的 QuantumCircuit 類別。

- 第 3 行使用 import 敘述引入 qiskit.quantum_info 中的 Statevector 類別。

- 第 4 行使用 qc=QuantumCircuit(4) 建構一個包含 4 個量子位元的量子線路物件，儲存於 qc 變數中。

- 第 5 行使用 qc.initialize('1011',range(4)) 呼叫 QuantumCircuit 類別的 initialize 方法，將量子線路中全域索引值為 0、1、2、3 的量子位元的初始值設為 '1'、'1'、'0'、'1'。請注意，range(4) 對應數值 0、1、2、3，而在 '1011' 字串中，最左邊的字元對應最高有效位元，索引值為 3，最右邊的字元對應最低有效位元，索引值為 0。

- 第 6 行使用 state0 = Statevector.from_instruction(qc) 敘述，以 qc 為參數呼叫 Statevector 類別的 from_instruction() 方法，取得量子線路 qc 所有量子位元當下的狀態，儲存於變數 state0 中。

- 第 7 行使用 qc.append(qft(4).to_gate(label='QFT'),range(4)) 敘述，先呼叫 qft(4) 函數，產生 4 個量子位元的量子傅立葉變換量子線路。然後呼叫 QuantumCircuit 類別的 to_gate 方法，將剛剛產生的量子線路轉變為量子閘的形式，並將其顯示標籤（label）設定為 'QFT'。最後再呼叫 QuantumCircuit 類別的 append 方法，將剛剛產生的量子閘附加到 qc 量子線路中，附加量子閘的量子位元為全域索引值為 range(4) 對應的數值，也就是 0、1、2、3。

- 第 8 行使用 state1 = Statevector.from_instruction(qc) 敘述，以 qc 為參數呼叫 Statevector 類別的 from_instruction() 方法，取得量子線路 qc 所有量子位元當下的狀態，儲存於變數 state1 中。

- 第 9 行使用 qc.append(iqft(4).to_gate(label='IQFT'),range(4)) 敘述，先呼叫 iqft(4) 函數，產生 4 個量子位元的逆量子傅立葉變換量子線路。然後呼叫 QuantumCircuit 類別的 to_gate 方法，將剛剛產生的量子線路轉變為量子閘的形式，並將其顯示標籤（label）設定為 'IQFT'。最後再呼叫 QuantumCircuit 類別的 append 方法，將剛剛產生的量子閘附加到 qc 量子線路中，附加量子閘的量子位元為全域索引值為 range(4) 對應的數值，也就是 0、1、2、3。

- 第 10 行使用 state2 = Statevector.from_instruction(qc) 敘述，以 qc 為參數呼叫 Statevector 類別的 from_instruction() 方法，取得量子線路 qc 所有量子位元當下的狀態，儲存於變數 state2 中。

- 第 11 行使用 display(qc.draw('mpl')) 透過 Jupyter Notebook 提供的 display 函數顯示 QuantumCircuit 類別 draw 方法的執行結果，draw 方法帶入的參數為 'mpl'，代表透過 matplotlib 套件顯示量子線路。

- 第 12 行使用 print 方法顯示 'Statevector before QFT:' 訊息。

- 第 13 行使用 display(state0.draw('bloch')) 敘述，透過 Jupyter Notebook 提供的 display 函數顯示呼叫 state0.draw('bloch') 的結果。state0.draw('bloch') 可以顯示量子位元狀態 state0 對應的布洛赫球面。

- 第 14 行使用 print 方法顯示 'Statevector after QFT:' 訊息。

- 第 15 行使用 display(state1.draw('bloch')) 敘述，透過 Jupyter Notebook 提供的 display 函數顯示呼叫 state1.draw('bloch') 的結果。state1.draw('bloch') 可以顯示量子位元狀態 state1 對應的布洛赫球面。

- 第 16 行使用 print 方法顯示 'Statevector after IQFT:' 訊息。

- 第 17 行使用 display(state2.draw('bloch')) 敘述，透過 Jupyter Notebook 提供的 display 函數顯示呼叫 state2.draw('bloch') 的結果。state2.draw('bloch') 可以顯示量子位元狀態 state2 對應的布洛赫球面。

7.2　量子相位估測

量子相位估測（quantum phase estimation, QPE）演算法也稱為量子本徵值估測（quantum eigenvalue estimation）演算法，其目的如下所列：

給定一個么正變換 U，滿足 $U|\psi\rangle = e^{2\pi i\lambda}|\psi\rangle$，其中 $|\psi\rangle$ 是 U 的本徵態（eigenstate），$e^{2\pi i\lambda}$ 是對應的具有相位（phase）λ 的本徵值（eigenvalue）。QPE 演算法的目的是找出給定么正變換 U 本徵值的相位 λ。

QPE 演算法使用 n 個量子計數位元紀錄么正變換 U 本徵值的相位 λ 乘上 2^n 的值（也就是 $\lambda 2^n$），並以傅立葉基底的方式儲存，然後再透過逆量子傅立葉變換（inverse quantum Fourier transform）變換回以計算基底表示的對應值（或狀態）以便進行測量。最後，只要測量出計數位元的值，將這個值除以 2^n 就可以計算出相位 λ。

以下的範例程式使用 n ($n = 2$) 個量子計數位元紀錄么正變換 S 閘本徵值的相位 λ 乘上 2^n ($2^n = 4$) 的值，然後經過逆量子傅立葉變換後測量出計數位元的值。

In [7]:

```
1  #Program 7.7 Use QPE to estimate phase of S-gate
2  from qiskit import QuantumRegister, QuantumCircuit, ClassicalRegister,
   execute
3  from qiskit.providers.aer import AerSimulator
4  from qiskit.visualization import plot_histogram
5  from math import pi
6  count_no = 2 #the number of count qubits
7  countreg = QuantumRegister(count_no,'count')
8  psireg = QuantumRegister(1,'psi')
9  creg = ClassicalRegister(count_no,'c')
10 qc = QuantumCircuit(countreg,psireg,creg)
11 for countbit in range(count_no):
12   qc.h(countbit)
13 qc.x(psireg)
14 repeat = 1
15 for countbit in range(count_no):
16   for r in range(repeat):
17     qc.cp(pi/2,countbit,psireg)
18   repeat *= 2
19 qc.barrier()
20 for sbit in range(count_no//2):        #sbit: for swap qubit
21   qc.swap(sbit,count_no-sbit-1)
22 for hbit in range(0,count_no,1):       #hbit: for h-gate qubit
23   for cbit in range(hbit-1,-1,-1):     #cbit: for count qubit
24     qc.cp(-pi/2**(hbit-cbit), cbit, hbit)
25   qc.h(hbit)
26 qc.barrier()
27 qc.measure(range(count_no),range(count_no))
28 display(qc.draw('mpl'))
29 sim = AerSimulator()
30 job=execute(qc, backend=sim, shots=1000)
```

```
31  result = job.result()
32  counts = result.get_counts(qc)
33  print("Total counts for qubit states are:",counts)
34  plot_histogram(counts)
```

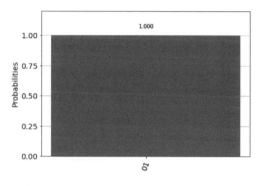

Total counts for qubit states are: {'01': 1000}

Out[11]:

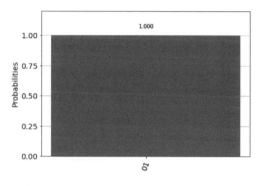

上列的程式碼說明如下：

- 第 1 行為程式編號及註解。

- 第 2 行使用 import 敘述引入 qiskit 套件中的 QuantumRegister、QuantumCircuit 及 ClassicalRegister 類別以及 execute 函數。

- 第 3 行使用 import 敘述引入 qiskit.providers.aer 中的 AerSimulator 類別。

- 第 4 行使用 import 敘述引入 qiskit.visualization 中的 plot_histogram 函數。

- 第 5 行使用 import 敘述引入 math 模組中的 pi 常數。

- 第 6 行設定變數 count_no 的值為 2。請注意，count_no 代表量子計數位元的個數。

- 第 7 行使用 countreg=QuantumRegister(count_no,'count') 建構一個包含 count_
  no 個量子位元的量子暫存器物件，設定顯示標籤為 'count'，儲存於 countreg
  變數中，這 count_no 個位元在 countreg 的區域索引值為 0、1、...、count_
  no-1，全域索引值為 0、1、...、count_no-1。

- 第 8 行使用 psireg=QuantumRegister(1,'psi') 建構一個包含 1 個量子位元的量
  子暫存器物件，設定顯示標籤為 'psi'，儲存於 psireg 變數中，這 1 個位元在
  psireg 的區域索引值為 0，全域索引值為 count_no。

- 第 9 行使用 creg=ClassicalRegister(count_no,'c') 建構一個包含 count_no 個位元
  的古典暫存器物件，設定顯示標籤為 'c'，儲存於 creg 變數中，這 count_no 個
  位元在 creg 的區域索引值為 0、1、...、count_no-1，全域索引值為 0、1、...、
  count_no-1。

- 第 10 行使用 qc=QuantumCircuit(countreg,psireg,creg) 建構一個量子線路物件，
  儲存於 qc 變數中。這個量子線路物件包含量子暫存器物件 countreg 的 count_
  no 個量子位元、量子暫存器物件 psireg 的 1 個量子位元以及古典暫存器物件
  creg 的 count_no 個古典位元。

- 第 11 行是 for 迴圈的開頭，針對 range(count_no) 對應的每一個數值 countbit
  進行迴圈迭代，因此迴圈會進行 count_no 次迭代，每次迭代中 countbit 分別
  為 0、1、 、count_no 1。

- 第 12 行是迴圈敘述，使用 qc.h(countbit) 呼叫 QuantumCircuit 類別的 h 方法，
  在量子線路 qc 中全域索引值為 countbit 的量子位元加入 H 閘。

- 第 13 行使用 qc.x(psireg) 呼叫 QuantumCircuit 類別的 x 方法，在量子線路 qc
  中的 psireg 量子暫存器的所有量子位元加入 X 閘。

- 第 14 行設定變數 repeat 的值為 1。請注意，稍後 repeat 變數將用於控制 CP 閘
  的重複次數。

- 第 15 行是外層 for 迴圈的開頭，針對 range(count_no) 對應的每一個數值
  countbit 進行迴圈迭代，每次迭代中 countbit 分別為 0、1、...、count_no-1。

- 第 16 行是內層 for 迴圈的開頭，針對 range(repeat) 對應的每一個數值 r 進行迴
  圈迭代，每次迭代中 r 分別為 0、1、...、repeat-1。

- 第 17 行是內層 for 迴圈中的敘述，使用 qc.cp(pi/2, countbit, psibit) 呼叫 QuantumCircuit 類別的 cp 方法，在量子線路 qc 中加入受控相位 CP 閘，帶入參數 pi/2，代表進行相位 $\pi/2$ 的受控相位閘操作，相當於受控 S 閘（CS 閘）變換，並以全域索引值為 countbit 的量子位元為控制位元，以全域索引值為 psibit 的量子位元為目標位元。

- 第 18 行是外層 for 迴圈中的敘述，使用 repeat *=2 敘述將 repeat 變數的值乘以 2。

- 第 19 行使用 qc.barrier() 呼叫 QuantumCircuit 類別的 barrier 方法，在量子線路中加入壁壘（barrier），這會在稍後顯示量子線路的時候產生一條垂直的壁壘線，表示到目前為止是包含所有受控 S 閘的量子線路。

- 第 20 行是 for 迴圈的開頭，針對 range(count_no//2) 對應的每一個數值 sbit 進行迴圈迭代，每次迭代中 sbit 分別為 0、1、...、count_no//2，其中 count_no//2 代表整數 count_no 除以 2 的整數商。

- 第 21 行是 for 迴圈中的敘述，使用 qc.swap(sbit,count_no-sbit-1) 呼叫 QuantumCircuit 類別的 swap 方法，使用 SWAP 閘將量子線路中全域索引值為 sbit 的量子位元與全域索引值為 count_no-sbit-1 的量子位元的量子狀態互相對調。

- 第 22 行是外層 for 迴圈的開頭，針對 range(0,count_no,1) 對應的每一個數值 hbit 進行迴圈迭代，每次迭代中 hbit 分別為 0、1、...、count_no-1。

- 第 23 是內層 for 迴圈的開頭，針對 range(hbit-1,-1,-1) 對應的每一個數值 cbit 進行迴圈迭代，每次迭代中 cbit 分別為 hbit-1、hbit-2、...、0。

- 第 24 行是內層 for 迴圈中的敘述，使用 qc.cp(-pi/2**(hbit-cbit), cbit, hbit) 呼叫 QuantumCircuit 類別的 cp 方法，在量子線路 qc 中加入受控相位 CP 閘，帶入參數 -pi/2**(hbit-cbit)，代表進行相位 $-\pi/2^{(hbit-cbit)}$ 的受控相位閘操作，並以全域索引值為 cbit 的量子位元為控制位元，以全域索引值為 hbit 的量子位元為目標位元。

- 第 25 行是外層 for 迴圈中的敘述，使用 qc.h(hbit) 呼叫 QuantumCircuit 類別的 h 方法，在量子線路 qc 中全域索引值為 hbit 的量子位元加入 H 閘。

- 第 20 行至第 25 行實際上是進行逆量子傅立葉變換，用於將前一階段以傅立葉基底表示的值轉變為以計算基底表示，以方便後續的量子位元狀態測量動作。

- 第 26 行使用 qc.barrier() 呼叫 QuantumCircuit 類別的 barrier 方法，在量子線路中加入壁壘，這會在稍後顯示量子線路的時候產生一條垂直的壁壘線，表示從前一條壁壘線到目前壁壘線為止是包含所有逆量子傅立葉變換的量子線路。

- 第 27 行使用 QuantumCircuit 類別的 measure 方法在量子線路中加入測量單元，傳入的兩個參數都是 range(count_no)，代表測量索引值為 0、1、...、count_no-1 的量子位元，並分別將測量結果儲存於索引值為 0、1、...、count_no 的古典位元中。

- 第 28 行使用 display(qc.draw('mpl')) 透過 Jupyter Notebook 提供的 display 函數顯示 QuantumCircuit 類別 draw 方法的執行結果，draw 方法帶入的參數為 'mpl'，代表透過 matplotlib 套件顯示量子線路。

- 第 29 行使用 AerSimulator() 建構量子電腦模擬器物件，儲存於 sim 變數中。

- 第 30 行呼叫 execute 函數建立一個工作，儲存於 job 變數中，其中傳入參數 qc 表示要執行 qc 所對應的量子線路，backend=sim 設定在後端使用 sim 物件所指定的量子電腦模擬器，shots=1000 設定在後端量子電腦模擬器上執行量子線路 1000 次，而每次執行都測量量子位元並將測量結果儲存於古典位元中保存下來。

- 第 31 行使用 job 物件的 result 方法取得 job 物件的執行相關資訊，儲存於物件變數 result 中。執行相關資訊除了執行環境之外，也包括執行結果，也就是量子線路在量子電腦模擬器上的執行結果。

- 第 32 行使用 result 物件的 get_counts(qc) 方法取出有關量子線路各種測量結果的計數（counts），並以字典（dict）型別儲存於變數 counts 中。

- 第 33 行使用 print 函數顯示 "Total counts for qubit states are:" 字串及字典型別變數 counts 的值，在這個程式中 counts 變數的值為 {'01': 1000}，也 m 就是 2 個量子位元的測量結果只有一種，就是 '01'，而且其計數結果為 1000 次。

- 第 34 行呼叫 plot_histogram(counts) 函數，將字典型別變數 counts 中所有鍵出現的機率繪製為直方圖（histogram）。因為 counts 的鍵只有一個（也就是 '01'），而其對應的機率為 1.000，因此直方圖中就只出現這個唯一的鍵與其對應的機率。

上述範例程式藉由帶 $\frac{\pi}{2}$ 參數的 CP 閘實現 CS 閘，針對么正變換 S 閘進行量子相位估測，得到的測量結果為 '01'，代表的數值為 1，將這個值除以 2^n（n 是量子計數位元的個數），就可以求出相位了。因為範例程式採用的量子計數位元個數為 2，因此由測量結果 '01' 所代表的數值為 1 可以推導出相位為 $1/2^n = 1/2^2 = 1/4 = 0.25$。這代表 S 閘操作會使得原來的量子位元狀態產生 1/4（週期）的相位改變，這相當於針對 Z 軸旋轉 $\frac{2\pi}{4} = \frac{\pi}{2}$ 強度的相位改變，確實符合 CS 閘操作的特性。

以下說明一般化量子相位估測 QPE 量子線路的設計方式。QPE 透過相位回擊將么正變換 U 的本徵值 $e^{2\pi i\lambda}$ 對應的相位 λ 以傅立葉基底寫入 n 個量子計數位元中；然後再使用逆量子傅立葉變換，將量子計數位元變換為以計算基底表示以對其進行測量，最後求出本徵值 $e^{2\pi i\lambda}$ 對應的相位 λ。

具體的說，當使用量子計數位元來控制么正變換 U 而形成對應的受控 CU 閘時，若控制量子位元（也就是計數位元）處於 |+⟩ 狀態時將產生相位回擊的作用，此時控制量子位元位的相位將旋轉與本徵值 $e^{2\pi i\lambda}$ 對應的 λ 強度。因此，連續進行 CU 閘 k 次，則控制量子位元位的相位將旋轉 $k\lambda$ 強度。QPE 將執行 2^0、2^1、...、2^n 次 CU 閘操作視為單一的 CU^{2^0} 閘、CU^{2^1} 閘、...、CU^{2^n} 閘，分別以不同的計數位元為控制位元，可以將相位 λ 編碼為傅立葉基底中 0 到 2^n 之間的數值儲存於計數位元中。在這之後，再透過逆量子傅立葉變換就可以將量子計數位元變換為以計算基底表示，以對其進行測量並計算出正確的相位 λ。

請注意，一個 U^{2^n} 么正變換可以透過平方求冪（exponentiation by squaring）的方式，以 n 次計算獲得等價的變換。平方求冪的概念描述如下。對一個么正變換 U 及一個正整數 k，U^k 可以依照以下的方式計算：

$$U^k = \begin{cases} U\,(U^2)^{\frac{k-1}{2}}, & \text{if } k \text{ is odd} \\ (U^2)^{\frac{k}{2}}, & \text{if } k \text{ is even.} \end{cases}$$

利用平方求冪的概念只需要 $\lceil \log_2 k \rceil$ 次計算就可以求得 U^k。

依照以上的推論，若令 $k = 2^j$，則需要 j 次么正矩陣乘法計算就可以求得 U^{2^j}，其中 $j = 0, 1, \ldots, n$。

圖 7.1 為量子相位估測的量子線路圖，其中使用 n 個量子計數位元儲存相位 λ，並使用 m 個量子位元儲存本徵量子狀態 $|\psi\rangle$。

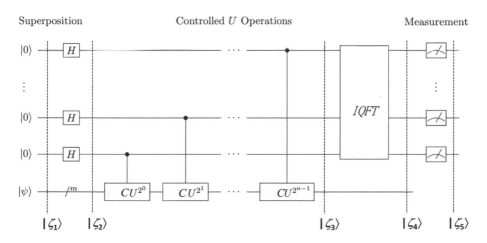

圖 7.1　量子相位估測（quantum phase estimation, QPE）量子線路
（修改自圖片來源：*https://commons.wikimedia.org/w/index.php?curid=54638138*,
by Omrika - Own work, CC BY-SA 4.0）

以下說明一般化量子相位估測的執行步驟：

1. 準備量子位元：

   準備 m 個量子位元儲存本徵態 $|\psi\rangle$，並準備 n 個量子計數位元儲存本徵值對應的相位 λ 乘上 2^n 的值，也就是 $2^n\lambda$。令這個階段的整體量子位元狀態為 $|\zeta_1\rangle$，可以推得：

   $$|\zeta_1\rangle = |0\rangle^{\otimes n}|\psi\rangle$$

2. 準備量子疊加態：

   所有 n 個量子計數位元都同時經過 H 閘的操作，以形成 $|+\rangle^{\otimes n}$ 狀態。

   令這個階段的整體量子位元狀態為 $|\zeta_2\rangle$，可以推得：

   $$|\zeta_2\rangle = |+\rangle^{\otimes n}|\psi\rangle = \frac{1}{\sqrt{2^n}}\left(|0\rangle + |1\rangle\right)^{\otimes n}|\psi\rangle$$

3. 進行受控 CU 閘操作：

受控么正變換 CU 在控制位元為 $|1\rangle$ 的時候，m 個狀態位元會進行 U 閘操作。因為 U 是一個具有本徵態 $|\psi\rangle$ 及本徵值 $e^{2\pi i\lambda}$ 的么正變換，也就是

$$U|\psi\rangle = e^{2\pi i\lambda}|\psi\rangle$$

因此可以推得：

$$U^{2^j}|\psi\rangle = U^{2^j-1}U|\psi\rangle = U^{2^j-1}e^{2\pi i\lambda}|\psi\rangle = \cdots = e^{2\pi i2^j\lambda}|\psi\rangle$$

令運作所有的 CU^{2^j} 閘，$0 \le j \le n-1$，之後整體量子位元的狀態為 $|\zeta_3\rangle$，引用以下的關係 $|0\rangle \otimes |\psi\rangle + |1\rangle \otimes e^{2\pi i\lambda}|\psi\rangle = \left(|0\rangle + e^{2\pi i\lambda}|1\rangle\right) \otimes |\psi\rangle$ 可以推得：

$$|\zeta_3\rangle = \frac{1}{\sqrt{2^n}}\left(|0\rangle + e^{2\pi i\lambda 2^{n-1}}|1\rangle\right) \otimes \cdots \otimes \left(|0\rangle + e^{2\pi i\lambda 2^1}|1\rangle\right) \otimes \left(|0\rangle + e^{2\pi i\lambda 2^0}|1\rangle\right) \otimes |\psi\rangle$$

$$= \frac{1}{\sqrt{2^n}}\sum_{u=0}^{2^n-1} e^{2\pi i\lambda u}|u\rangle \otimes |\psi\rangle$$

上式中，u 代表 n 個量子位元能夠代表由 0 到 2^n-1 的整數。

4. 逆量子傅立葉變換：

讀者應該已經注意到上列 $|\zeta_3\rangle$ 的形式與量子計數位元經過量子傅立葉變換的形式相同，也就是說，傅立葉變換將計數位元由以計算基底表示變換為以傅立葉基底表示。因此，只要再透過逆量子傅立葉變換就可以將計數位元由傅立葉基底表示轉回由計算基底表示，如此就可以進行後續的測量。

n 位元的量子傅立葉變換表示如下：

$$QFT|x\rangle$$

$$= \frac{1}{\sqrt{2^n}}\left(|0\rangle + e^{\frac{2\pi i}{2}x}|1\rangle\right)\otimes\left(|0\rangle + e^{\frac{2\pi i}{2^2}x}|1\rangle\right)\otimes\ldots\otimes\left(|0\rangle + e^{\frac{2\pi i}{2^{n-1}}x}|1\rangle\right)\otimes\left(|0\rangle + e^{\frac{2\pi i}{2^n}x}|1\rangle\right)$$

將上式中的 x 取代為 $2^n\lambda$ 再加上與 $|\psi\rangle$ 進行張量積運算就可以得到與 $|\zeta_3\rangle$ 完全相同的結果。因此，針對計數位元進行逆量子傅立葉變換就可以求得 $|2^n\lambda\rangle$。令進行逆量子傅立葉變換之後的整體量子位元狀態為 $|\zeta_4\rangle$，可以推得：

$$|\zeta_4\rangle = \frac{1}{\sqrt{2^n}} \sum_{u=0}^{2^n-1} e^{2\pi i \lambda u} |u\rangle \otimes |\psi\rangle \xrightarrow{\mathcal{IQFT}} \frac{1}{\sqrt{2^n}} \sum_{v=0}^{2^n-1} \sum_{u=0}^{2^n-1} e^{-\frac{2\pi i u}{2^n}(v-2^n\lambda)} |v\rangle \otimes |\psi\rangle$$

5. 測量與計算

在 $|\zeta_4\rangle$ 之中，在 $v = 2^n\lambda$ 的 機率振幅最大。因此，若 $2^n\lambda$ 是一個整數，則這個整數在測量時出現的機率會最高。令測量之後的計數位元狀態為 $|\zeta_5\rangle$，可以推得：

$$|\zeta_5\rangle = |2^n\lambda\rangle$$

Nielsen 及 Chuang 兩人在著名的「Quantum Computation and Quantum Information」一書（2011 年第 10 版）中，針對 $2^n\lambda$ 不是整數的情況進行探討，書中提到測量結果在接近 $x = 2^n\lambda$ 附近出現峰值的機率高於 $4/\pi^2 \approx 40\%$。

7.3 Shor 演算法

給定大整數 $N = p \times q$，其中 p 與 q 是兩個大於 2 的不同質數，秀爾（Shor）演算法可以將整數 N 因數分解為 p 與 q 的乘積。秀爾演算法利用歐拉定理（Euler's theorem）的概念，也就是若 a 與 N 互質，則模冪函數 $f(x) = a^x \pmod{N}$ 是週期函數。具體的說，秀爾演算法先使用古典演算法找出對應大整數 N 因數分解的模冪函 $f(x)$，然後使用量子計算方式快速找到 $f(x)$ 模冪函數的週期，因而能夠以多項式時間複雜度將大整數 N 因數分解為兩個質數的乘積。

下說明秀爾演算法的執行步驟：

- 步驟 1：在 2 和 $N-1$ 之間隨機選擇一個整數 a。
- 步驟 2：使用歐幾里德古典演算法計算 $g = gcd(a, N)$。
- 步驟 3：若 $g \neq 1$，則 g 是 N 的因數，回傳 $p = g$ 及 $q = N/g$，然後結束演算法。
- 步驟 4：以量子計算方式找出 $f(x) = a^x \pmod{N}$ 的週期 r，$r > 1$。其中 r 是使得 $f(x) = f(x+r)$ 的最小整數。也就是說，r 是使得 $a^r = 1 \pmod{N}$ 的最小整數，$r > 1$。
- 步驟 5：若 r 是奇數，則跳至步驟 1。

- 步驟 6：若 r 是偶數，則計算 $a^{\frac{r}{2}}$ (mod N)。

- 步驟 7：若 $a^{\frac{r}{2}} = -1$ (mod N)，則跳至步驟 1。

- 步驟 8：$gcd(a^{\frac{r}{2}}+1, N)$ 及 $gcd(a^{\frac{r}{2}}-1, N)$ 之間必然存在一個 N 的非必然（non-trivial）因數。令 p 為這個因數，並令 $q = N/p$，回傳 p 與 q 為 N 的因數，然後結束演算法。

由秀爾演算法的步驟 4 得知：

$$a^r - 1 = 0 \pmod{N}$$

又由步驟 6 得知 r 為偶數，因此可以推導得出：

$$(a^{\frac{r}{2}}+1)(a^{\frac{r}{2}}-1) = 0 \pmod{N}$$

因為根據步驟 4，r 是使得 $a^r = 1$ (mod N) 的最小整數，因此可得：

$a^{\frac{r}{2}} - 1 \neq 0$ (mod N)，也就是 $a^{\frac{r}{2}} - 1$ 不是 N 的倍數。

又由步驟 7 得知：

$a^{\frac{r}{2}} + 1 \neq 0$ (mod N)，也就是 $a^{\frac{r}{2}} + 1$ 不是 N 的倍數。

因此可以推導出：

$(a^{\frac{r}{2}}+1)(a^{\frac{r}{2}}-1)$ 必定是 N 的倍數，也就是：

$(a^{\frac{r}{2}}+1)(a^{\frac{r}{2}}-1) = kN$，其中 k 為整數。

以下用反證法的方式推導出 $a^{\frac{r}{2}}+1$ 與 N 不互質或 $a^{\frac{r}{2}}-1$ 與 N 不互質；也就是 $gcd(a^{\frac{r}{2}}+1, N) \neq 1$ 或 $gcd(a^{\frac{r}{2}}-1, N) \neq 1$。

假設 $gcd(a^{\frac{r}{2}}+1, N) = 1$ 且 $gcd(a^{\frac{r}{2}}-1, N) = 1$，則根據貝祖定理（Bezout's lemma）可得：

$u(a^{\frac{r}{2}}+1) + vN = 1$，其中 u, v 為整數。

將上式等號的兩邊各乘上 $(a^{\frac{r}{2}}-1)$ 則可得：

$u(a^{\frac{r}{2}}+1)(a^{\frac{r}{2}}-1) + vN(a^{\frac{r}{2}}-1) = (a^{\frac{r}{2}}-1)$，其中 u, v 為整數。

將 $(a^{\frac{r}{2}}+1)(a^{\frac{r}{2}}-1)=kN$ 代入上式後可得：

$$ukN+vN(a^{\frac{r}{2}}-1)=(a^{\frac{r}{2}}-1)$$

上式代表 $a^{\frac{r}{2}}-1$ 是 N 的倍數，而這是一個矛盾條件。因此，前列的假設 $gcd(a^{\frac{r}{2}}+1,N)=1$ 且 $gcd(a^{\frac{r}{2}}-1,N)=1$ 不成立，也就是說：

$gcd(a^{\frac{r}{2}}+1,N)\neq 1$ 或 $gcd(a^{\frac{r}{2}}-1,N)\neq 1$。所以，$a^{\frac{r}{2}}+1$ 與 $a^{\frac{r}{2}}-1$ 之中至少有一個與 N 有非顯然的（non-trivial）公因數，也就是不是 1 也不是 N 的公因數。

因為 N 只有兩個因數，因此可以推導出 N 的因數為：

$$p=gcd(a^{\frac{r}{2}}\pm 1,N)\ 及\ q=N/gcd(a^{\frac{r}{2}}\pm 1,N)$$

以上的秀爾演算法的步驟中，除了步驟 4 之外，其他的步驟都可以透過古典計算方式以多項式時間複雜度完成。例如，可以使用歐幾里得演算法以 $O(\log\min(x,y))$ 的時間複雜度求出兩個整數 x 及 y 的最大公因數。步驟 4 的作用為達成週期尋找（period finding）功能，若使用古典計算模式來實現週期尋找功能，會引發超多項式（super-polynomial）的時間複雜度。但是若使用量子計算模式來實現週期尋找功能，則可以在多項式時間複雜度完成。

我們先以下列的範例程式示範如何完全以古典計算方式實現秀爾演算法，然後再以另一個範例程式示範如何使用量子計算方式實現秀爾演算法中的週期尋找功能。

In [8]:

```
1  #Program 7.8 Classical Shor Algorithm
2  from random import randint
3  from math import gcd
4  def period_finding(a,N):
5    for r in range(1,N):
6      if (a**r) % N == 1:
7        return r
8  def shor_alg(N):
9    while True:
10     a=randint(2,N-1)
11     g=gcd(a,N)
12     if g!=1:
13       p=g
```

```
14        q=N//g
15        return p,q
16      else:
17        r=period_finding(a,N)
18        if r % 2 != 0:
19          continue
20        elif a**(r//2) % N == -1 % N:
21          continue
22        else:
23          p=gcd(a**(r//2)+1,N)
24          if p==1 or p==N:
25            p=gcd(a**(r//2)-1,N)
26          q=N//p
27        return p,q
28 for N in [15, 21, 35, 913, 2257, 10999]:
29   print(f'Factors of {N}: {shor_alg(N)}')
```

```
Factors of 15: (5, 3)
Factors of 21: (3, 7)
Factors of 35: (5, 7)
Factors of 913: (11, 83)
Factors of 2257: (61, 37)
Factors of 10999: (17, 647)
```

上列的程式碼說明如下：

- 第 1 行為程式編號及註解。

- 第 2 行使用 import 敘述引入 qiskit 中的 randint 函數。

- 第 3 行使用 import 敘述引入 math 模組中的 gcd 函數。

- 第 4 行使用 def 敘述定義一個帶有參數 a 及 N 的函數 period_finding，建構週期尋找函數用於找出 a 的 r 次方除以 N 這個函數的週期，也就是找出 a 的 r 次方除以 N 的餘數為 1 的最小 r 值。

- 第 5 行是 for 迴圈的開頭，針對 range(1,N) 對應的每一個數值 r 進行迴圈迭代，每次迭代中 r 分別為 1、2、...、N-1。

- 第 6 行是 for 迴圈中的敘述，使用 "if (a**r) % N == 1:" 敘述檢查條件 a 的 r 次方除以 N 的餘數等於 1 是否成立，若條件成立表示 r 是欲尋找的週期。

- 第 7 行是當 a 的 r 次方除以 N 的餘數等於 1 條件成立時必須執行的敘述，使用 return r 回傳整數 r 代表找到的週期，然後結束 period_finding 函數的執行。

- 第 8 行使用 def 敘述定義一個帶有參數 N 的函數 shor_alg，用以建構秀爾演算法函數，找出半質數 N 的兩個質因數。

- 第 9 行是 while 迴圈的開頭，因為檢查條件為 True，因此這個 while 迴圈的迭代會永遠持續執行。

- 第 10 行是 while 迴圈中的敘述，使用 randint(2,N-1) 函數隨機產生介於 2（含）與 N-1（含）之間的整數。

- 第 11 行是 while 迴圈中的敘述，使用 gcd(a,N) 呼叫 gcd 函數，透過歐幾里德演算法求出 a 與 N 的最大公因數，並儲存於變數 g 中。

- 第 12 行是 while 迴圈中的敘述，使用 if g!=1: 敘述檢查條件 g 不等於 1 是否成立，若成立的話表示 g 就是 N 的因數。

- 第 13 行是當 g 不等於 1 條件成立時必須執行的敘述，使用 p=g 在變數 p 中存入 g 的值。

- 第 14 行是當 g 不等於 1 條件成立時必須執行的敘述，使用 q=N//g 在變數 q 中存入 N//g 的值，其中 N//g 代表 N 除以 g 的整數商。

- 第 15 行是當 g 不等於 1 條件成立時必須執行的敘述，使用 return p,q 將整數 p 與 q 以元組的方式回傳，並結束 shor_alg 函數。

- 第 16 行是 else: 敘述，代表若 g 不等於 1 條件不成立時（也就是 g 等於 1 時），則會執行後續的敘述。

- 第 17 行是 else: 後續敘述，呼叫 period_finding(a,N) 函數，找出 a 的 r 次方除以 N 這個函數的週期，也就是找出 a 的 r 次方除以 N 的餘數為 1 的最小 r 值。

- 第 18 及第 19 行代表若 r 不是偶數 (r % 2 !=0)，則會直接進入 while 迴圈的下一個迭代。

- 第 20 及第 21 行代表若 r 是偶數而且 a 的 r//2 次方除以 N 的餘數與 -1 除以 N 的餘數相同，則會直接進入 while 迴圈的下一個迭代。

- 第 22 行是 else: 敘述，代表若 r 是偶數而且 a 的 r//2 次方除以 N 的餘數與 -1 除以 N 的餘數不相同，則會執行後續的敘述。

- 第 23 行以 gcd(a**(r//2)+1,N) 呼叫 gcd 函數，透過歐幾里德演算法求出 a 的 r//2 次方 +1 與 N 的最大公因數，並儲存於變數 p 中。

- 第 24 行使用 "if p==1 or p==N:" 敘述檢查條件 p 等於 1 或 p 等於 N 是否成立，若條件成立表示 p 是 N 的一個顯然（trivial）因數。

- 第 25 行在第 24 行檢查條件成立時執行，會以 gcd(a**(r//2)-1,N) 呼叫 gcd 函數，透過歐幾里德演算法求出 a 的 r//2 次方 -1 與 N 的最大公因數，並儲存於變數 p 中。此行敘述的用意為略過 N 的顯然因數，然後計算出一個非個顯然（non-trivial）因數，並儲存於變數 p 中。

- 第 26 行使用 q=N//g 在變數 q 中存入 N//g 的值，其中 N//g 代表 N 除以 g 的整數商。

- 第 27 行使用 return p,q 將整數 p 與 q 以元組的方式回傳，並結束 shor_alg 函數。

- 第 28 行是 for 迴圈的開頭，針對串列 [15, 21, 35, 913, 2257, 10999] 中的每一個整數 N 進行迴圈迭代，每次迭代中 N 分別為 15, 21, 35, 913, 2257, 10999。

- 第 29 行是 for 迴圈中的敘述，使用 print 敘述顯示 'Factors of {N}: {shor_alg(N)}'，其中 {N} 會套用 N 的值，而 {shor_alg(N)} 則套用呼叫函數 shor_alg(N) 回傳的結果，也就是由 N 的兩個質因數 p 及 q 所組成的元組。

以下說明如何使用量子計算的方式完成秀爾演算法中的週期尋找功能。其主要的做法為使用么正變換的量子相位估測，也就是使用受控量子閘的相位回擊以及逆量子傅立葉變換等之前已經介紹過的概念。以下詳細解釋秀爾演算法如何完成量子週期尋找功能。

令 U 是一個么正變換，定義如下：

$$U|y\rangle \equiv |ay \bmod N\rangle$$

先考慮一個簡單的範例，即令 $a = 7$ 與 $N = 15$。由 $y = |1\rangle$ 開始，連續進行么正變換 U 可以得到以下的計算過程：

$$U|1\rangle = |7 \cdot 1 \bmod 15\rangle = |7\rangle$$

$$U^2|1\rangle = UU|1\rangle = U|7 \cdot 1 \bmod 15\rangle = |7^2 \cdot 1 \bmod 15\rangle = |4\rangle$$

$$U^3|1\rangle = UUU|1\rangle = U|7^2 \cdot 1 \bmod 15\rangle = |7^3 \cdot 1 \bmod 15\rangle = |13\rangle$$

$$U^4|1\rangle = UUUU|1\rangle = U|7^3 \cdot 1 \bmod 15\rangle = |7^4 \cdot 1 \bmod 15\rangle = |1\rangle$$

$$\vdots$$

讀者可以發現，當連續進行 4 次么正變換 U 時，可以回到開始的 $y = |1\rangle$ 狀態，因此可以確定週期 $r = 4$。

因為量子狀態 $|y\rangle = |1\rangle$ 每次連續進行 $r = 4$ 次么正變換 U，就會再度出現週期性的狀態：$|1\rangle$、$|7\rangle$、$|4\rangle$、$|13\rangle$、$|1\rangle$、... 。因此，由 $r = 4$ 個週期性出現的狀態混合在一起的疊加態 $|y_0\rangle = \frac{1}{\sqrt{r}} \sum_{k=0}^{r-1} |a^k \bmod N\rangle$ 是么正變換 U 的本徵狀態，而且其本徵值為 1。也就是說：

$$U|y_0\rangle = U\left(\frac{1}{\sqrt{r}} \sum_{k=0}^{r-1} |a^k \bmod N\rangle \right) = |y_0\rangle$$

此時，若考慮另外一個疊加態 $|y_1\rangle = \frac{1}{\sqrt{r}} \sum_{k=0}^{r-1} e^{-\frac{2\pi i k}{r}} |a^k \bmod N\rangle$，則可以推導得知 $|y_1\rangle$ 也是么正變換 U 的本徵狀態，而且其本徵值為 $e^{\frac{2\pi i}{r}}$，也就是：

$$U|y_1\rangle = U\left(\frac{1}{\sqrt{r}} \sum_{k=0}^{r-1} e^{-\frac{2\pi i k}{r}} |a^k \bmod N\rangle \right) = e^{\frac{2\pi i}{r}} |y_1\rangle$$

若在疊加態 $|y_1\rangle$ 的每一個分項乘上整數 s，其中 $0 \leq s \leq r - 1$，則所形成的疊加態 $|y_s\rangle = \frac{1}{\sqrt{r}} \sum_{k=0}^{r-1} e^{-\frac{2\pi i s k}{r}} |a^k \bmod N\rangle$ 也是么正變換 U 的本徵狀態，而且其本徵值為 $e^{\frac{2\pi i s}{r}}$，也就是：

$$U|y_s\rangle = U\left(\frac{1}{\sqrt{r}} \sum_{k=0}^{r-1} e^{-\frac{2\pi i s k}{r}} |a^k \bmod N\rangle \right) = e^{\frac{2\pi i s}{r}} |y_s\rangle$$

我們可以驗證，若將所有對應 $s = 0, 1, \ldots, r - 1$ 的本徵態 $U|y_s\rangle$ 加總起來，則除了 $s = 0$ 之外，其他所有 s 的值所對應不同的相位會互相抵減，因此可得：

$$\frac{1}{\sqrt{r}} \sum_{s=0}^{r-1} |y_s\rangle = |1\rangle$$

這也就是說，計算基底 $|1\rangle$ 是對應 $s = 0, 1, \ldots, r - 1$ 的所有本徵態 $U|y_s\rangle$ 的線性組合量子態。因此，若針對這個線性組合量子態進行量子相位估測（QPE），則可以測量得到以下的相位角 λ：

$$\lambda = \frac{s}{r}$$

稍後會說明，在得知相位角 λ 之後，可以透過連分數（continued fraction）的方式求出 s 與 r，也就能夠達成週期尋找功能。

以下展示如何使用量子計算方式將整數 $N = 15$ 進行因數分解的過程。其做法為先選擇與 N 互質而且大於 1 且小於 N 的整數 a，以設計么正變換 U 的量子線路，其中 $a = 2, 4, 7, 8, 11, 13, 14$，$U|y\rangle \equiv |ay \bmod N\rangle$。若么正變換 U 的線路重複 x 次，就可以完成以下的計算：

$$a^x \pmod N$$

以下表格顯示針對 $N = 15$ 及 $a = 2, 4, 7, 8, 11, 13, 14$ 的情況下的各種計算結果：

a	a^x	$a^x \pmod N$	r	$gcd(a^{\frac{r}{2}} - 1, N)$	$gcd(a^{\frac{r}{2}} + 1, N)$
2	1, 2, 4, 8, 16	1, 2, 4, 8, 1	4	3	5
4	1, 4, 16, 64, 256	1, 4, 1, 4, 1	2	3	5
7	1, 7, 49, 343, 2401	1, 7, 4, 13, 1	4	3	5
8	1, 8, 64, 512, 4096	1, 8, 4, 2, 1	4	3	5
11	1, 11, 121, 1331, 14641	1, 11, 1, 11, 1	2	5	3
13	1, 13, 169, 2197, 28561	1, 13, 4, 7, 1	4	3	5
14	1, 14, 196, 2744, 38416	1, 14, 1, 14, 1	2	1	15

在以上表格中，當 a 等於 14 時，週期 r 為 2，可以推導得出 $a^{\frac{r}{2}} = 14^1 = -1 \pmod N$。

根據前述的秀爾演算法的步驟 7，要略過 $a = 14$ 的情況，因此以下的範例程式僅列出對應 $a = 2, 4, 7, 8, 11, 13$ 的情況設計量子線路。Monz 等人在論文「Realization of a scalable Shor algorithm」中，針對 $N = 15$的因數分解提出使用 SWAP 閘實作么正變換 U 的量子線路，其中 $U|y\rangle \equiv |ay \bmod N\rangle$，$a = 2, 4, 7, 8, 11, 13$，若么正變換 U 的線路重複 x 次，就可以完成 $a^x \pmod N$ 的計算，讀者可以參考這篇論文以獲得量子線路實作的細節及解釋。

In [9]:

```
1 #Program 7.9 Define function to build modular exponentiation quantum circuit
2 from qiskit import QuantumRegister, QuantumCircuit
3 def qc_mod15(a, power, show=False):
```

```
 4    assert a in [2,4,7,8,11,13], 'Invalid value of argument a:'+str(a)
 5    qrt = QuantumRegister(4,'target')
 6    U = QuantumCircuit(qrt)
 7    for i in range(power):
 8      if a in [2,13]:
 9        U.swap(0,1)
10        U.swap(1,2)
11        U.swap(2,3)
12      if a in [7,8]:
13        U.swap(2,3)
14        U.swap(1,2)
15        U.swap(0,1)
16      if a in [4, 11]:
17        U.swap(1,3)
18        U.swap(0,2)
19      if a in [7,11,13]:
20        for j in range(4):
21          U.x(j)
22    if show:
23      print('Below is the circuit of U of '+f'"{a}^{power} mod 15":')
24      display(U.draw('mpl'))
25    U = U.to_gate()
26    U.name = f'{a}^{power} mod 15'
27    C_U = U.control()
28    return C_U
29  power_arg=2
30  for a_arg in [2,4,7,8,11,13]:
31    qrc = QuantumRegister(1,'control')
32    qrt = QuantumRegister(4,'target')
33    qc = QuantumCircuit(qrc,qrt)
34    qc.append(qc_mod15(a_arg, power_arg, show=True),[0,1,2,3,4])
35    print('Below is the circuit of controlled U of '+f'"{a_arg}^{power_arg} mod
      15":')
36    display(qc.draw('mpl'))
```

Below is the circuit of U of "2^2 mod 15":

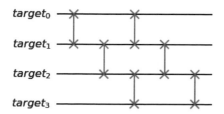

Below is the circuit of controlled U of "2^2 mod 15":

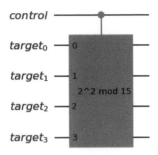

Below is the circuit of U of "4^2 mod 15":

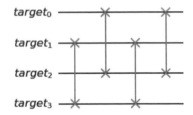

Below is the circuit of controlled U of "4^2 mod 15":

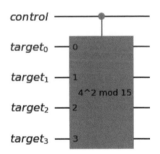

Below is the circuit of U of "7^2 mod 15":

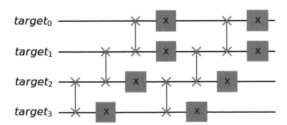

Below is the circuit of controlled U of "7^2 mod 15":

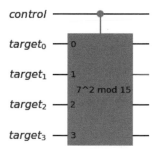

Below is the circuit of U of "8^2 mod 15":

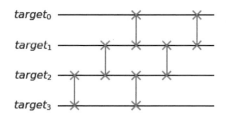

Below is the circuit of controlled U of "8^2 mod 15":

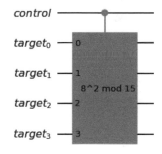

Below is the circuit of U of "11^2 mod 15":

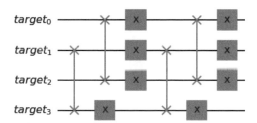

Below is the circuit of controlled U of "11^2 mod 15":

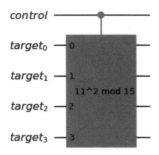

Below is the circuit of U of "13^2 mod 15":

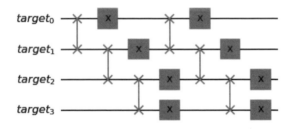

Below is the circuit of controlled U of "13^2 mod 15":

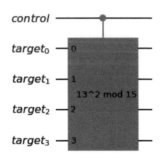

上列的程式碼說明如下：

- 第 1 行為程式編號及註解。

- 第 2 行使用 import 敘述引入 qiskit 套件中的 QuantumRegister 以及 QuantumCircuit 類別。

- 第 3 行使用 def 敘述定義一個帶有參數 a、power 以及 show 的函數 qc_mod15，用以建構並回傳對應 a^{power} mod 15 量子線路的受控量子閘。

- 第 4 行使用 assert 敘述接續其後的條件 "a in [2,4,7,8,11,13]" 是否成立，若條件不成立會引發 AssertionError 例外，程式會停止執行，並顯示跟隨在條件式之後的字串：'Invalid value of argument a:'+str(a)，其中 str(a) 代表將整數 a 的值轉為字串。這是因為秀爾演算法會選擇與 N=15 互質的整數 a，並排除滿足特定條件的整數 a（如 14，請見範例程式之前排除 a=14 的說明）的緣故，因此，整數 a 必定為 2、4、7、8、11 或 13。例如，在呼叫 qc_mod15 函數時若帶入 a=14 的參數，則會引發 AssertionError 的例外，並顯示 AssertionError: Invalid value of argument a:14。

- 第 5 行使用 qrt = QuantumRegister(4,'target') 建構一個包含 4 個量子位元的量子暫存器物件，儲存於 qrt 變數中，其顯示標籤為 'target' 代表作為受控位元之意。qrt 採用 4 個量子位元的原因是 N=15 需要 4 個位元儲存，這 4 個位元在 qrt 的區域索引值為 0、1、2、3，全域索引值為 0、1、2、3。

- 第 6 行使用 U=QuantumCircuit(qrt) 建構一個包含量子暫存器物件 qrt 的 4 個量子位元的量子線路物件，儲存於 U 變數中。

- 第 7 行是 for 迴圈的開頭，針對 range(power) 對應的每一個數值 i 進行迴圈迭代，每次迭代中 i 分別為 0、1、...、power-1。

- 第 8 行是 for 迴圈中的敘述，使用 if 敘述檢查整數 a 在串列 [2,13] 中的條件是否滿足，若條件滿足則繼續執行後續的敘述。

- 第 9 行是 if 敘述的後續敘述，使用 U.swap(0,1) 在量子線路 U 索引值為 0 及 1 的位元建立一個 SWAP 閘。

- 第 10 行是 if 敘述的後續敘述，使用 U.swap(1,2) 在量子線路 U 索引值為 1 及 2 的位元建立一個 SWAP 閘。

- 第 11 行是 if 敘述的後續敘述，使用 U.swap(2,3) 在量子線路 U 索引值為 2 及 3 的位元建立一個 SWAP 閘。

- 第 12 行是 for 迴圈中的敘述，使用 if 敘述檢查整數 a 在串列 [7,8] 中的條件是否滿足，若條件滿足則繼續執行後續的敘述。

- 第 13 行是 if 敘述的後續敘述，使用 U.swap(2,3) 在量子線路 U 索引值為 2 及 3 的位元建立一個 SWAP 閘。

- 第 14 行是 if 敘述的後續敘述，使用 U.swap(1,2) 在量子線路 U 索引值為 1 及 2 的位元建立一個 SWAP 閘。

- 第 15 行是 if 敘述的後續敘述，使用 U.swap(0,1) 在量子線路 U 索引值為 0 及 1 的位元建立一個 SWAP 閘。

- 第 16 行是 for 迴圈中的敘述，使用 if 敘述檢查整數 a 在串列 [4,11] 中的條件是否滿足，若條件滿足則繼續執行後續的敘述。

- 第 17 行是 if 敘述的後續敘述，使用 U.swap(1,3) 在量子線路 U 索引值為 1 及 3 的位元建立一個 SWAP 閘。

- 第 18 行是 if 敘述的後續敘述，使用 U.swap(0,2) 在量子線路 U 索引值為 0 及 2 的位元建立一個 SWAP 閘。

- 第 19 行是 for 迴圈中的敘述，使用 if 敘述檢查整數 a 在串列 [7,11,13] 中的條件是否滿足，若條件滿足則繼續執行後續的敘述。

- 第 20 行是 if 敘述的後續敘述，使用內層 for 迴圈敘述針對 range(4) 對應的每一個數值 j 進行迴圈迭代，每次迭代中 j 分別為 0,1,2,3。

- 第 21 行是內層 for 迴圈中的敘述，使用 U.x(j) 在量子線路 U 索引值為 j 的位元建立 X 閘。

- 第 22 行是 if 敘述，檢查 show 是否為 True，若是的話則執行後續敘述。

- 第 23 行是 if 敘述後續敘述，使用 print 函數顯示 'Below is the circuit of U of '+f"{a}^{power} mod 15":' 訊息，其中 "+" 代表兩個字串的串接（concatenation），由 f 帶頭的字串為格式化字串常數（formatted string literal）或稱為 f-string，可以在大括號中列入計算式或變數而直接將計算式或變數的值替換填入字串中。具體的說，f-string 字串中 {a} 會代入變數 a 的值，{power} 會代入變數 power 的值。

- 第 24 行是 if 敘述後續敘述，使用 display(U.draw('mpl')) 透過 Jupyter Notebook 提供的 display 函數顯示 QuantumCircuit 類別 draw 方法關於量子線路 U 的執行結果，draw 方法帶入的參數為 'mpl'，代表透過 matplotlib 套件顯示量子線路。

- 第 25 行使用 QuantumCircuit 類別 to_gate 方法將整個量子線路 U 轉換為量子閘，同樣也儲存回變數 U 中，此時變數 U 為屬於 Gate 類別的物件。

- 第 26 行使用 U.name = f'{a}^{power} mod 15' 將量子閘 U 物件的 name 屬性設定為字串 f'{a}^{power} mod 15'，字串中 {a} 會代入變數 a 的值，{power} 會代入變數 power 的值。存於 name 屬性的字串在量子閘 U 併入量子線路時會顯示在量子閘 U 對應的位置中。

- 第 27 行使用 Gate 類別的 control 方法將屬於 Gate 類別的量子閘物件 U 轉換為受控閘的版本，儲存於變數 C_U 中。

- 第 28 行使用 return C_U 敘述回傳受控量子閘 C_U 並結束 qc_mod15 函數的執行。

- 第 29 行開始測試呼叫 qc_mod15 函數的結果，先設定呼叫 qc_mod15 函數用的參數 power_arg 值為 2。

- 第 30 行是 for 迴圈的開頭，針對串列 [2,4,7,8,11,13] 中的每一個整數 a_arg 進行迴圈迭代，每次迭代中 a_arg 分別為 2、4、7、8、11、13。

- 第 31 行是 for 迴圈中的敘述，使用 qrc=QuantumRegister(1,'control') 建構一個包含 1 個量子位元的量子暫存器物件，設定顯示標籤為 'control'，儲存於 qrc 變數中，這 1 個位元在 qrc 的區域索引值為 0，全域索引值也為 0。

- 第 32 行是 for 迴圈中的敘述，使用 qrt=QuantumRegister(4,'target') 建構一個包含 4 個量子位元的量子暫存器物件，設定顯示標籤為 'target'，儲存於 qrt 變數中，這 4 個位元在 qrt 的區域索引值為 0、1、2、3，全域索引值也為 1、2、3、4。

- 第 33 行是 for 迴圈中的敘述，使用 qc = QuantumCircuit(qrc,qrt) 敘述建構一個量子線路物件，儲存於 qc 變數中。這個量子線路物件包含量子暫存器物件 qrc 的 1 個量子位元以及量子暫存器物件 qrt 的 4 個量子位元。

- 第 34 行是 for 迴圈中的敘述，使用 qc.append(qc_mod15(a_arg, power_arg, show=True),[0,1,2,3,4]) 敘述先呼叫 qc_mod15 函數，帶入參數 a_arg、2（對應 power_arg）以及 show=True，得到一個受控量子閘，然後呼叫 QuantumCircuit 類別的 append 方法將這個受控量子閘附加到索引值為 0、1、2、3、4 的量子位元。請注意，因為設定 show=True，因此呼叫 qc_mod15 函數時會另外顯示受控量子閘中么正變換 U 對應的量子線路，這是因為受控量子閘類別沒有對應的顯示內部量子線路的方法，因此在 qc_mod15 函數內部增加可以顯示量子閘內部么正變換線路的選項。

- 第 35 行 使 用 print 函 數 顯 示 'Below is the circuit of controlled U of '+f"{a_arg}^{power_arg} mod 15":' 訊息,字串中 {a_arg} 會代入變數 a_arg 的值,{power_arg} 會代入變數 power_arg 的值。

- 第 36 行使用 display(qc.draw('mpl')) 透過 Jupyter Notebook 提供的 display 函數顯示 QuantumCircuit 類別 draw 方法對應量子線路 qc 物件的執行結果,draw 方法帶入的參數為 'mpl',代表透過 matplotlib 套件顯示量子線路。

以上的範例程式定義 qc_mod15 函數,可以回傳么正變換 U 的受控 U 閘,其中 $U|x\rangle = a^x \pmod{N}, N = 15, a = 2, 4, 7, 8, 11, 13$。為簡單起見,這個範例程式僅使用連續重複線路的方式但並未使用平方求冪的方式來建構受控 U 閘量子線路。

以 下 的 範 例 程 式 定 義 qpf15(quantum period finding for 15) 函 數, 呼 叫 剛 剛 定 義 的 qc_mod15 函 數 取 得 對 應 么 正 變 換 U 的 受 控 量 子 閘,其 中 $U|x\rangle = a^x \pmod{N}, N = 15, a = 2, 4, 7, 8, 11, 13$。這個受控量子閘可作為建構相位估測線路之用,最後再呼叫函數 iqft 取得逆量子傅立葉變換線路,以便能夠測量量子位元狀態並計算出與 U 本徵值對應的相位。

In [10]:

```
1 #Program 7.10: Define quantum period finding function with N=15
2 from qiskit import QuantumRegister,ClassicalRegister,QuantumCircuit
3 def qpf15(count_no,a):
4   qrc = QuantumRegister(count_no,'count')
5   qry = QuantumRegister(4,'y') #for input of qc_mod15 gate
6   clr = ClassicalRegister(count_no,'c')
7   qc = QuantumCircuit(qrc, qry, clr)
8   for cbit in range(count_no):
9     qc.h(cbit)
10  qc.x(qry[0]) #Set the input of qc_mod15 as |1> with y0 as LSB
11   for cbit in range(count_no):    #Add controlled-qc_mod15 gates
12     qc.append(qc_mod15(a, 2**cbit), [cbit] + list(range(count_no, count_no+4)))
13   qc.append(iqft(count_no).to_gate(label='IQFT'), range(count_no))
14   qc.measure(range(count_no), range(count_no))
15   return qc
16 display(qpf15(count_no=3,a=13).draw('mpl'))
```

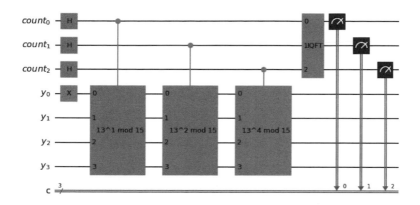

上列的程式碼說明如下：

- 第 1 行為程式編號及註解。

- 第 2 行使用 import 敘述引入 qiskit 套件中的 QuantumRegister、ClassicalRegister 以及 QuantumCircuit 類別。

- 第 3 行使用 def 敘述定義一個帶有參數 count_no 及 a 的函數 qpf15，用以建構並回傳對應 a^{power} mod 15 的週期尋找量子線路。

- 第 4 行使用 qrc = QuantumRegister(count_no,'count') 建構一個包含 count_no 個量子位元的量子暫存器物件，儲存於 qrc 變數中，其顯示標籤為 'count' 代表作為計數之用。這 count_no 個位元在 qrc 的區域索引值為 0、1、...、count_no-1，全域索引值為 0、1、...、count_no-1。

- 第 5 行使用 qry = QuantumRegister(4,'y') 建構一個包含 4 個量子位元的量子暫存器物件，儲存於 qry 變數中，其顯示標籤為 'y' 代表作為么正變換 U 的輸入。qry 採用 4 個量子位元的原因是 N=15 需要 4 個位元儲存，這 4 個位元在 qry 的區域索引值為 0、1、2、3，全域索引值為 count_no、count_no+1、count_no+2、count_no+3。

- 第 6 行使用 clr=ClassicalRegister(count_no,'c') 建構一個包含 count_no 個位元的古典暫存器物件，設定顯示標籤為 'c'，儲存於 clr 變數中，這 count_no 個位元在 clr 變數的區域索引值為 0、1、...、count_no-1，全域索引值為 0、1、...、count_no-1。

- 第 7 行使用 qc=QuantumCircuit(qrc,qry,clr) 建構一個包含量子暫存器物件 qrc 的 count_no 個量子位元、量子暫存器物件 qry 的 4 個量子位元以及古典暫存器物件 clr 的 count_no 個古典位元，儲存於 qc 變數中。

- 第 8 行是 for 迴圈的開頭，針對 range(count_no) 對應的每一個數值 cbit 進行迴圈迭代，每次迭代中 cbit 分別為 0、1、...、count_no-1。

- 第 9 行是 for 迴圈中的敘述，使用使用 qc.h(cbit) 在量子線路 qc 索引值為 cbit 的位元建立 H 閘。

- 第 10 行使用 qc.x(qry[0]) 在量子線路 qc 之 qry 區域索引值為 0 的位元建立 X 閘，這可將量子暫存器 qry 的量子狀態設為 |1⟩。

- 第 11 行是 for 迴圈的開頭，針對 range(count_no) 對應的每一個數值 cbit 進行迴圈迭代，每次迭代中 cbit 分別為 0、1、...、count_no-1。

- 第 12 行是 for 迴圈中的敘述，使用 qc.append(qc_mod15(a, 2**cbit), [cbit] + list(range(count_no, count_no+4))) 敘述在量子線路 qc 中索引值為 cbit 以及 count_no、count_no+1、count_no+2、count_no+3 的 5 個量子位元附加一個受控量子閘，其中以索引值為 cbit 的位元為控制位元，而控制的目標為呼叫 qc_mod15(a, 2**cbit) 函數所建立的量子閘。這個量子閘是對應 $a^{2**cbit}$ mod 15 的量子閘，以索引值為 count_no、count_no+1、count_no+2、count_no+3 的 4 個量子位元為輸入。

- 第 13 行使用 qc.append(iqft(count_no).to_gate(label='IQFT'), range(count_no)) 敘述在量子線路 qc 中索引值為 0、1、...、count_no-1 的 count_no 個量子位元附加一個逆量子傅立葉變換量子閘，這個量子閘為呼叫 iqft(count_no) 函數所建立的量子閘。以索引值為 0、1、count_no-1 的量子位元為輸入，其顯示標籤設定為 'IQFT'。

- 第 14 行使用 QuantumCircuit 類別的 measure 方法在量子線路中加入測量單元，傳入的兩個參數都是 range(count_no)，代表測量索引值為 0、1、...、count_no-1 的量子位元，並分別將測量結果儲存於索引值為 0、1、...、count_no-1 的古典位元中。

- 第 15 行以 return qc 敘述回傳 qc 量子線路並結束 qpf15 函數的執行。

- 第 16 行使用 display(qpf15(count_no=3,a=13).draw('mpl')) 先呼叫 qpf15(count_no=3,a=13) 取得對應 3 個計數位元及 4 個其他位元的 a^{power} mod 15 的週期尋找量子線路，然後透過 Jupyter Notebook 提供的 display 函數顯示 QuantumCircuit 類別 draw 方法顯示 qpf15 函數回傳量子線路的結果，draw 方法帶入的參數為 'mpl'，代表透過 matplotlib 套件顯示量子線路。

以下的範例程式呼叫 qpf15 函數，建構對應 a^x (mod N) 么正變換的量子相位估測線路，其中 $N = 15, a = 13$，並使用量子電腦模擬器執行量子線路，得到 count 量子位元測量結果，以求出對應的相位：

In [11]:

```
1  #Program 7.11 Run quantum period finding function with N=15
2  from qiskit import execute
3  from qiskit.providers.aer import AerSimulator
4  from qiskit.visualization import plot_histogram
5  from fractions import Fraction
6  sim = AerSimulator()
7  count_no=3
8  cir = qpf15(count_no=count_no,a=13)
9  job=execute(cir, backend=sim, shots=1000)
10 result = job.result()
11 counts = result.get_counts(cir)
12 display(plot_histogram(counts))
13 print('Total counts for qubit states are:',counts,'\n')
14 print('%10s %10s %10s %10s %10s' %
   ('Binary','Decimal','Phase','Fraction','Period'))
15 for akey in counts.keys():
16     dec=int(akey,base=2)
17     phase=dec/(2**count_no)
18     frac=Fraction(phase).limit_denominator(15)
19     period=frac.denominator
20     print('%10s %10d %10f %10s %10d' % (akey,dec,phase,frac,period))
```

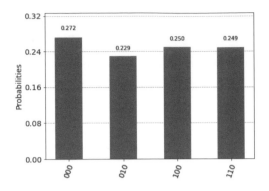

```
Total counts for qubit states are: {'100': 250, '010': 229, '000': 272, '110':
249}
```

Binary	Decimal	Phase	Fraction	Period
100	4	0.500000	1/2	2
010	2	0.250000	1/4	4
000	0	0.000000	0	1
110	6	0.750000	3/4	4

上列的程式碼說明如下:

- 第 1 行為程式編號及註解。

- 第 2 行使用 import 敘述引入 qiskit 套件中的 execute 函數。

- 第 3 行使用 import 敘述引入 qiskit.providers.aer 中的 AerSimulator 類別。

- 第 4 行使用 import 敘述引入 qiskit.visualization 中的 plot_histogram 函數。

- 第 5 行使用 import 敘述引入 fraction 中的 Fraction 類別。

- 第 6 行使用 AerSimulator() 建構量子電腦模擬器物件,儲存於 sim 變數中。

- 第 7 行設定變數 count_no 的值為 3。請注意,count_no 代表量子計數位元的個數。

- 第 8 行使用 cir=qpf15(count_no=count_no,a=13) 呼叫 qpf15 函數,並傳入參數 count_no=count_no(等號左方 count_no 為函數參數;而等號右方 count_no 為主程式變數)及 a=13,以取得對應 count_no=3 個計數位元的 13^{power} mod 15 的週期尋找量子線路,這個量子線路將儲存於 cir 變數中。

- 第 9 行呼叫 execute 函數建立一個工作，儲存於 job 變數中，其中傳入參數 cir 表示要執行 cir 所對應的量子線路，backend=sim 設定在後端使用 sim 物件所指定的量子電腦模擬器，shots=1000 設定在後端量子電腦模擬器上執行量子線路 1000 次，而每次執行都測量量子位元並將測量結果儲存於古典位元中保存下來。

- 第 10 行使用 job 物件的 result 方法取得 job 物件的執行相關資訊，儲存於物件變數 result 中。執行相關資訊除了執行環境之外，也包括執行結果，也就是量子線路在量子電腦模擬器上的執行結果。

- 第 11 行使用 result 物件的 get_counts(cir) 方法取出有關量子線路各種測量結果的計數（counts），並以字典（dict）型別儲存於變數 counts 中。

- 第 12 行使用 display(plot_histogram(counts)) 透過 Jupyter Notebook 提供的 display 函數顯示呼叫 plot_histogram(counts) 函數的結果。plot_histogram(counts) 將字典型別變數 counts 中所有鍵出現的機率繪製為直方圖（histogram）。可以看出 counts 有 4 個鍵值，分別為 '000'、'010'、'100' 及 '110'，而其對應的機率都大約為 1/4=0.25 左右。

- 第 13 行使用 print 函數顯示 'Total counts for qubit states are:' 字串及字典型別變數 counts 的值，在這個程式中 counts 變數的值為 {'100': 250, '010': 229, '000': 272, '110': 249}，也就是 3 個量子位元的測量結果共有 4 種，就是 '100'（十進位 4）、'010'（十進位 2）、'000'（十進位 0）及 '110'（十進位 6）。

- 第 14 行使用 print('%10s %10s %10s %10s %10s' % ('Binary','Decimal','Phase','Fraction','Period')) 函數顯示格式化字串，其中每個欄位都是 10 個單位寬度的字串（%10s），而每個欄位中間以一個空白隔開。

- 第 15 行是 for 迴圈的開頭，針對 counts.keys() 中的每一個鍵 akey 進行迴圈迭代。因為 counts 是 dict 型別的變數，所以 keys() 方法會回傳 counts 中的所有鍵，因此迴圈會進行 4 次迭代，每次迭代中 akey 分別為字串 '100'、'010'、'000' 及 '110'。

- 第 16 行使用 dec=int(akey,base=2) 透過 int 函數將 akey 字串轉為 10 進位整數，而轉換時設定其基底為 2(base=2)，並將轉換結果儲存於整數變數 dec 中。

- 第 17 行使用 phase=dec/(2**count_no) 計算整數 dec 除以浮點數 2^{count_no} 的值，並儲存於浮點數變數 phase 中，這個值實際上就是相位。

- 第 18 行使用 frac=Fraction(phase).limit_denominator(15) 依照 phase 的浮點數數值建構屬於分數 Fraction 類別的物件，儲存於 frac 變數中。由浮點數 phase 建構的 Fraction 物件具有分子（numerator）與分母（denominator）屬性，使用連分數展開（continued fraction expansion）的計算方式使得分數 $\dfrac{numerator}{denominator}$ 是不可再進行約分（reduction）的真分數（proper fraction），而且這個分數的值等於 phase 或非常接近 phase。在建構物件時透過 Fraction 類別的 limit_denominator 方法將分母的最大值設定為 15。藉由 Fraction 類別的建構，可以將求出 phase=0.25 對應分數 1/4，phase=0.5 對應分數 1/2，phase=0.75 對應分數 3/4，phase=0.0 對應分數 0/1。

- 第 19 行使用 period=frac.denominator 將分數 Fraction 物件的分母 denominator 屬性儲存於 period 變數中，作為週期的預測。因此，可能的預測的週期為 4、2、4 及 1。

- 第 20 行使用 print('%10s %10d %10f %10s %10d' % (akey,dec,phase,frac,period)) 函數顯示格式化字串，其中每個欄位都是 10 個單位寬度的字串（%10s）、整數（%10d）或浮點數（%10f），分別代入 akey、dec、phase、frac 以及 period 的值，而每個欄位中間以一個空白隔開。

上列範例程式使用 3 個量子計數位元估計輸入位元的相位，而量子計數位元的狀態測量結果為 '000'、'010'、'100' 及 '110'，分別為 10 進位的 0、2、4 及 6，其出現機率幾乎相同，大約都是 0.25，因此都列入考慮，希望能藉以找出週期 r。因為 3 個量子計數位元的值介於 0 到 7，總共有 8 個值，因此 4 個測量結果對應的相位的浮點數數值分別為 0/8=0.0、2/8=0.25、4/8=0.5 及 6/8=0.75。事實上，n 個計數位元中記錄的值 c 除以 2^n 之後得到的值，是對應輸入量子位元某一個本徵態的相位 λ。若么正變換的週期為 r，則輸入量子位元一共有 r 個本徵態，它們的相位為 $s/r, 0 \le s \le r-1$。也就是說，$c/2^n = \lambda = s/r, 0 \le s \le r-1$。因此，若能夠將 $c/2^n = \lambda$ 透過連分數展開約分為最簡分數 s/r，就可以求出週期 r 可能的值。例如，以本範例程式考慮的 $13^y \bmod 15$ 函數為例，經過量子相位估測的結果，測量到的相位為 0/1、1/4、1/2 以及 3/4，因此可以推論這個函數可能的週期為 1、4、2 及 4，確實能夠以很高的機率找出正確的週期。

7.4 結語

本章介紹一個解決大整數質因數分解問題的量子演算法——秀爾演算法，這是由美國麻省理工學院（Massachusetts Institute of Technology, MIT）教授彼得·秀爾（Peter Shor）於 1994 年提出的演算法。秀爾演算法將一個正整數 N 進行質因數分解的時間複雜度為 $O((\log N)^2 (\log \log N)(\log \log \log N))$，這是一個多項式時間複雜度。目前最快的大因數分解古典演算法為一般數域篩選（general number field sieve, GNFS），其時間複雜度為 $O(e^{1.9(\log N)^{1/3}(\log \log N)^{2/3}})$。秀爾演算法相較於一般數域篩選演算法具有指數量級的加速。

秀爾演算法先透過古典計算方式將大整數因數分解問題變轉為模冪函數週期尋找問題，並以量子計算方式找出週期，最後再透過古典計算方式針對週期進行檢查以找出大整數的兩個質因數。因為秀爾演算法使用到量子傅立葉變換（及逆量子傅立葉變換）以及量子相位估測，因此本章也特別說明這些技術。量子傅立葉變換由 Don Coppersmith 在 1994 年於論文「An approximate Fourier transform useful in quantum factoring」中發表，除了用於秀爾演算法解決大整數因數分解問題之外，也可用於解決隱子群（hidden subgroup）問題，離散對數（discrete logarithm）問題、圖同構（graph isomorphism）問題及最短向量（shortest vector) 等問題。量子相位估測由 Alexei Kitaev 在 1995 於論文「Quantum measurements and the Abelian stabilizer problem」中發表，除了用於秀爾演算法之外，也用於 HHL 演算法，這是 Aram Harrow、Avinatan Hassidim 及 Seth Lloyd 三人在 2009 年於論文「Quantum algorithm for linear systems of equations」中提出的量子演算法，可用於解決線性方程系統（linear systems of equations）問題，與量子機器學習（quantum machine learning）有密切的關聯。

不論在古典計算方面或是在量子計算方面，秀爾演算法都具有多項式時間複雜度。因此，只要量子電腦的位元數夠多且錯誤率夠低，則秀爾演算法可以在短時間內完成大整數因數分解而破解目前使用最廣的 RSA 密碼系統；因而人們日常生活使用 RSA 加解密機制的系統，如網路金融、電子商務、行動支付、電子合約、數位簽章、公開金鑰基礎建設甚或區塊鏈等系統也將隨之瓦解。很明顯的，秀爾演算法是影響人類生活至深，可以顛覆世界的一個重要演算法。

練習

練習 7.1

設計量子程式將 5 個量子位元初始狀態設定為 '11011'，先以布洛赫球面顯示量子位元狀態，然後加入量子傅立葉變換線路後，再以布洛赫球面顯示量子位元經過量子傅立葉變換之後的狀態，最後再加入逆量子傅立葉變換線路，而且同樣以布洛赫球面顯示量子位元狀態。在程式的最後必須顯示整體量子線路，程式可以直接呼叫本章提供的 qft 及 iqft 函數建構量子傅立葉變換線路及逆量子傅立葉變換線路，並且以量子閘的形式加入量子線路中。請注意，程式無須加入定義 qft 及 iqft 函數的細節，但是在呼叫這 2 個函數之前要先執行定義這 2 個函數的程式。

練習 7.2

設計量子程式透過量子相位估測，以 3 個計數位元的測量結果推導出么正變換 T 閘本徵值對應的相位。程式必須顯示整體量子線路，計數位元的測量結果直方圖，以及由測量結果推導出的相位。程式可以直接呼叫本章提供的 iqft 函數建構逆量子傅立葉變換線路，並且以量子閘的形式加入量子線路中。請注意，程式無須加入定義 iqft 函數的細節，但是在呼叫 iqft 函數之前要先執行定義 iqft 函數的程式。

練習 7.3

設計量子程式透過量子相位估測，以 6 個計數位元的測量結果推導出帶 $\pi/3$ 參數么正變換 P 閘本徵值對應的相位。程式只需要顯示計數位元的測量結果直方圖，以及由測量結果推導出的相位。程式可以直接呼叫本章提供的 iqft 函數建構逆量子傅立葉變換線路，並且以量子閘的形式加入量子線路中。請注意，程式無須加入定義 iqft 函數的細節，但是在呼叫 iqft 函數之前要先執行定義 iqft 函數的程式。

練習 7.4

設計量子程式建構使用 2 個量子計數位元,對應 $f(x) = 11^x \pmod{15}$ 的量子相位估測線路,並使用量子電腦模擬器執行量子線路,獲得量子計數位元的測量結果,以求出 $f(x)$ 的週期。程式可以直接呼叫本章提供的 qc_mod15 及 iqft 函數建構量子模冪線路及逆量子傅立葉變換線路,並且以量子閘的形式加入量子線路中。程式的最後必須顯示整體量子線路,並顯示量子計數位元的測量結果以及根據測量結果得到的週期估測值。請注意,程式無須加入定義 qc_mod15 及 idft 函數的細節,但是在呼叫這 2 個函數之前要先執行定義這 2 個函數的程式。

練習 7.5

設計量子程式建構使用 4 個量子計數位元,對應 $f(x) = 7^x \pmod{15}$ 的量子相位估測線路,並使用量子電腦模擬器執行量子線路,獲得量子計數位元的測量結果,以求出 $f(x)$ 的週期。程式可以直接呼叫本章提供的 qc_mod15 及 iqft 函數建構量子模冪線路及逆量子傅立葉變換線路,並且以量子閘的形式加入量子線路中。程式的最後必須顯示整體量子線路,並顯示量子計數位元的測量結果以及根據測量結果得到的週期估測值。請注意,程式無須加入定義 qc_mod15 及 idft 函數的細節,但是在呼叫這 2 個函數之前要先執行定義這 2 個函數的程式。

Python 程式語言簡介

A

Python 程式語言由荷蘭電腦程式設計師，也稱為 Python 語言之父的吉多·范羅蘇姆（Guido van Rossum）於 1991 年發表。Python 語言已經與 C、C++ 及 Java 語言並列，成為使用最廣泛的程式語言之

Python 是一個透過解譯器（interpreter）執行的語言，在解譯器環境中直接編輯 Python 語言指令或敘述，就可以直接執行並看到執行結果。相對的，其他透過編譯器（compiler）執行的語言，如 C、C++ 或 Java 語言而言，必須經過編輯、存檔、編譯及執行步驟才能夠看到執行結果。因此，開發解譯式的 Python 程式相較於開發編譯式的 Java 或 C 語言程式是件容易得多的工作。

Python 語言於 2000 年公開 Python 2，其最後的版本為 Python 2.7.18 版，但已於 2020 年停止維護。Python 語言於 2008 年公開 Python 3，為目前 Python 語言的主流版本，也是本書使用的版本。

本附錄透過最小的篇幅介紹 Python 3 語言最核心的部分，包括輸出輸入、變數與運算子、流程控制、函數、類別與物件。

A.1 輸出輸入

Python 語言透過呼叫 print 函數輸出內容。例如，以下是簡單的範例程式碼：

In [1]:

```
1  #Below are examples of using print function
2  print('The name of the language is',"Python")
3  print("The radius of the circle is", 3, '\nIts area is', 3.14159*3**2)
```

The name of the language is Python

```
The radius of the circle is 3
Its area is 28.27431
```

在上列的範例程式碼中，第一行程式碼由 # 開頭，代表這整行是註解。第二行程式碼呼叫 print 函數，並傳入兩個字串當作參數或引數（argument），參數之間以逗號隔開。第一個參數 'The name of the language is' 使用一對單引號來包含一串字元，形成一個字串。第二個參數 "Python" 使用一對雙引號來包含一串字元，形成另一個字串。print 函數將所有的參數顯示出來，中間預設以一個空白隔開參數，而顯示所有參數之後則預設插入一個跳行控制。

第三行程式碼也呼叫 print 函數，並傳入一字串、一個整數、另一個字串及一個數學計算式當作參數，而同樣的，參數之間以逗號隔開。第一個參數 'The radius of the circle is' 使用一對單引號來包含一串字元，形成一個字串；第二個參數 3 是一個整數，第三個參數 "\nIt's area is" 使用一對雙引號來包含一串字元，形成另一個字串，其中 \n 代表跳行的控制字元；第四個參數 3.14159*3**2 是一個數學計算式，代表圓的面積，而它的浮點數數值會被顯示出來。同樣的，print 函數將所有的參數內容顯示出來，中間預設以一個空白字元隔開參數，而顯示所有參數之後則預設插入一個跳行控制字元。

呼叫 print 函數時，若希望參數之間以空白字元以外的字元或字串隔開，可以在 print 函數中以

sep="分隔字元或字串"

　　指定特定的分隔字元或字串。

另外，在 print 函數顯示所有參數之後若希望插入跳行控制字元以外的字元或字串，則可以在 print 函數中以

end="結束字元或字串"

　　指定特定的結束字元或字串。

In [2]:
```
1  #Below are examples of using print function
2  print('The name of the language is',"Python",end=". ")
3  print('Its version is',"3.x",sep="....")
4  print("The radius of the circle is", 3)
```

```
5 print("The area of the circle is", 3.14159*3**2)
```

```
The name of the language is Python. Its version is....3.x
The radius of the circle: 3
The area of the circle: 28.27431
```

Python 語言透過呼叫 input 函數輸入內容。例如,以下是簡單的範例程式碼:

In [3]:

```
1 r=input('Please enter the radius of the circle:')
2 print('The radius of the circle:', r)
```

```
Please enter the radius of the circle: 3
The radius of the circle: 3
```

以上的範例程式順利的讓使用者進行輸入儲存於變數 r,並正確顯示這個變數。但是要注意的是,這個輸入的型別是字串,因此必須先轉換為整數 int 型別或浮點數 float 型別才能進行算術運算。我們稍後會詳細介紹變數與型別,在這裡讀者只要先知道我們可以使用 int() 函數將變數的型別轉為整數,而可以使用 float() 函數將變數的型別轉為浮點數即可。以下為使用 int() 函數及 float() 函數轉換字串型別變數的範例程式:

In [4]:

```
1 r=input('Please enter the radius of the circle:')
2 ri=int(r)
3 rf=float(r)
4 print('The radius of the circle:', ri)
5 print("The area of the circle:", 3.14159*rf**2)
```

```
Please enter the radius of the circle: 3

The radius of the circle: 3
The area of the circle: 28.27431
```

A.2　變數與運算子

Python 語言是一個弱型別(weakly typed)語言,因此它的變數不需要事先宣告型別就可以直接使用,而且在使用的過程中可以隨時用於儲存任意型別的資料。相對的,Java 以及 C 語言是強型別(strongly typed)語言,必須事先宣告型別才能使用,而且在使用的過程中不可以變更儲存資料的型別。這使得 Python 語言的變數使用非常方便，但是這也會導致在編寫程式時會有比較高的機會產出不易察覺的錯誤，因此讀者在編寫 Python 程式時要自己多留意。

Python 語言的變數名稱的命名規則相當簡單，說明如下：

1. 變數名稱必須以大寫或小寫英文字母、中文或是底線符號（"_"）開頭。

2. 變數的其他部分可以是大寫或小寫英文字母、數字、中文或是底線符號。

3. 大寫與小寫字母視為不相同。

4. 變數名稱不能為 Python 保留字。Python 語言的保留字包括 False、None、True、and、as、assert、async、await、break、class、continue、def、del、elif、else、except、finally、for、from、global、if、import、in、is、lambda、nonlocal、not、or、pass、raise、return、try、while、with、yield。

以下是符合語法的 Python 程式碼，變數 a、b、c、d、e、f、g、h、i 都不需要宣告就可以直接設定初始值：

In [5]:

```
1 a=123;b=123.456;c=False;d=123+456j;e="123";f=[1,2,3];g=(1,2,3);
  h={1,2,3};i={1:'x',2:'y',3:'z'}
2 print(type(a),type(b),type(c),type(d),type(e),type(f),type(g),
  type(h),type(i))
```

<class 'int'> <class 'float'> <class 'bool'> <class 'complex'> <class 'str'>
<class 'list'> <class 'tuple'> <class 'set'> <class 'dict'>

上列的範例程式碼的第 1 行中，變數 a、b、c、d、e、f、g、h、i 分別設定為具有整數、浮點數、布林、複數、字串、串列、元組、集合及字典型別的初始值。範例程式碼的第 2 行使用 type 函數回傳變數的型別，它們分別為 int、float、bool、complex、str、list、tuple、set、dict，以下我們說明這些型別的基本用法。

a. 整數（int）型別

Python 語言使用可變長度的方式處理整數（int）型別變數，因此在 Python 語言中整數型別變數是沒有最大與最小值限制的。以下為 int 型別的範例：3、7、-37、0x37、0o37、0b01，其中 0x、0o、0b 分別代表十六進制、八進制、二進制數值。

整數型別的變數或數值可以透過 "+"、"-"、"*"、"/"、"//"、"%"、"**" 等運算子進行加法、減法、乘法、除法、整數除法、模數（整數除法求餘數）及指數運算等整數運算。請注意，運算子之間有先指數，後乘除及模，最後加減的優先順序。若相鄰的運算子的優先順序相同，則由左而右進行運算，我們可以使用括號來改變運算子的優先順序。

以下是整數運算的範例：

In [6]:

```
 1  a=3;b=8
 2  print(a+b)  #11
 3  print(a-b)  #-5
 4  print(a*b)  #24
 5  print(a/b)  #0.375
 6  print(a//b) #0
 7  print(a%b)  #3
 8  print(a**b) #6561
 9  print(a+b//a**b)    #3
10  print((a+b)//a**b)  #0
```

```
11
-5
24
0.375
0
3
6561
3
0
```

b. 浮點數（float）型別

Python 語言使用 IEEE 754 標準的 64 位元倍精準度浮點數的方式儲存浮點數（float）型別變數，使用 52 位儲存有效數字，11 位儲存指數，1 位儲存正負號。因此，在 Python 語言中浮點數型別變數 f 的最大與最小值限制如下所示：

$$-1.7976931348623157e+308 \le f \le 1.7976931348623157e+308$$

上式中 -1.7976931348623157e+308 表示 $-1.7976931348623157 \times 10^{308}$，而 1.7976931348623157e+308 表示 $1.7976931348623157 \times 10^{308}$

與整數型別變數或數值相同，浮點數型別的變數或數值可以透過 "+"、"-"、"*"、"/"、"//"、"%"、"**" 等運算子進行加法、減法、乘法、除法、整數除法、模數（整數除法求餘數）及指數運算浮點數運算，只是浮點數運算會回傳浮點數型別的結果，而整數運算則會回傳整數型別的結果。請注意，若運算子中出現浮點數，則所有的運算子會先轉為浮點數，然後整個運算會以浮點數的方式進行。同樣的，運算子之間有先指數，後乘除及模，最後加減的優先順序。若相鄰的運算子的優先順序相同，則由左而右進行運算，我們可以使用括號來改變運算子的優先順序。

以下是浮點數運算的範例：

In [7]:

```
 1  a=3.0;b=8.0;c=8
 2  print(a+b)   #11.0
 3  print(a-b)   #-5.0
 4  print(a*b)   #24.0
 5  print(a/b)   #0.375
 6  print(a//b)  #0.0
 7  print(a%b)   #3.0
 8  print(a**b)  #6561.0
 9  print(a+c)   #11.0
10  print(a+b//a**b)    #3.0
11  print((a+b)//a**b)  #0.0
```

```
11.0
-5.0
24.0
0.375
0.0
3.0
6561.0
11.0
3.0
0.0
```

c. 布林（bool）型別

Python 語言布林型別變數只有兩種值：True 以及 False，分別代表布林邏輯中的「真」以及「假」，可以進行「且」、「或」以及「非」的運算。但是在某些運算中，True 也可以當成整數 1 使用，而 False 可以當成整數 0 使用。

與布林型別相關的運算子有 "=="、"!="、">"、"<"、">="、"<=" 等關係運算子及 "and"、"or"、"not" 等布林運算子，可以進行等於、不等於、大於、小於、大於等於、小於等於、布林且、布林或以及布林非運算。請注意，這些運算子之間也有不同的優先順序：先關係運算子，再布林非，再布林且，最後為布林或運算。若相鄰的運算子的優先順序相同，則由左而右進行運算，我們可以使用括號來改變運算子的優先順序。

以下是關係運算子及布林運算子的使用範例：

In [8]:

```
 1  a=3.0;b=8.0;c=8
 2  print(a==b)    #False
 3  print(a!=b)    #True
 4  print(a>b)     #False
 5  print(a<b)     #True
 6  print(a>=b)    #False
 7  print(a<=b)    #True
 8  print(not (a==b)) #True
 9  print(a==b or a!=b and a>b)        #False
10  print(a==b and a>b or a!=b)        #True
11  print(a==b and a>b or not (a!=b)) #False
```

```
False
True
False
True
False
True
True
False
True
False
```

d. 複數（complex）型別

Python 語言的複數型別變數的值寫為 a+bj 或者 complex(a,b)，其中 a 以及 b 都是浮點數，a 代表複數的實部，而 b 代表複數的虛部。

以下為 complex 型別的範例：3+7j、3-7j、-7j、3.14e7+8j、-7.38e24j。

複數型別的變數或數值可以透過 "+"、"-"、"*"、"/" 等運算子進行加法、減法、乘法、除法的複數運算，而運算子之間有先乘除後加減的優先順序。若相鄰的運算子的優先順序相同，則由左而右進行運算，我們可以使用括號來改變運算子的優先順序。

關於複數除法運算說明如下：

```
complex(a,b)/complex(c,d)
=(complex(a,b)*complex(c,-d)) / (complex(c,d)*complex(c,-d))
=complex(ac+bd, bc-ad)/(c**2+d**2)
```

另外，一個複數變數或值可以使用 .real 取得實部值，用 .imag 取得虛部值，用 conjugate() 函數取得共軛，複數用 abs() 函數取得其絕對值。其中，一個複數 a+bj，其共軛複數為 a-bj, 其絕對值為 $\sqrt{a^2 + b^2}$。

以下是複數運算的範例：

In [9]:

```
 1  a=2+4j;b=3-8j
 2  print(a+b)   #(5-4j)
 3  print(a-b)   #(-1+12j)
 4  print(a*b)   #(38-4j)
 5  print(a/b)   #(-0.3561643835616438+0.3835616438356164j)
 6  print(a+b/a)    #(0.7+2.6j)
 7  print((a+b)/a)  #(-0.3-1.4j)
 8  print(a.real)   #2.0
 9  print(a.imag)   #4.0
10  print(a.conjugate()) #(2-4j)
11  print(abs(a))   #4.47213595499958
```

(5-4j)
(-1+12j)
(38-4j)

```
(-0.3561643835616438+0.3835616438356164j)
(0.7+2.6j)
(-0.3-1.4j)
2.0
4.0
(2-4j)
4.47213595499958
```

e. str（字串）型別

Python 語言在一串字元的前後加上一對單引號或雙引號來代表字串。以下為 str 型別字串的範例："" 、 '' 、 "I am happy." 、 "Bob's book"，其中前兩個代表空字串，第一個用連續兩個雙引號代表空字串，而第二個用連續兩個單引號代表空字串。

我們可以使用 "+" 運算子串聯（concatenate）兩個字串，也可以使用 "*" 運算子加上某個整數代表字串重複次數，而且也適用先乘後加的運算優先順序。例如，

　　"I am"+"~"*3+"Bob." 代表

　　"I am~~~Bob."

len() 函數可以回傳字串的長度，例如若 s="abcdefg"，則

　　len(s) 的值為 7。

字串型別資料可以使用中括號搭配整數索引值（由 0 開始）可以取出字串中的字元，例如若 s="abcdefg"，則

　　s[0] 的值為 "a"，s[6] 的值為 "g"。

中括號裡也可以使用切片（slicing）的方式取出子字串，切片的格式為

　　from_index:to_index:step

以冒號隔開起始索引、終止索引以及跳躍值，其中取出的子字串不包含終止索引對應的字元。

例如若 s="abcdefg"，則

　　s[0:3] 的值為 "abc"，s[:3] 的值為 "abc"，s[3:6] 的值為 "def"，s[3:] 的值為 "defg"。以上的範例中 from_index 省略則代表最小索引值，而 to_index 省略則代表最大索引加 1。

s[-1] 的值為 "g"，s[-2] 的值為 "f"，s[-7] 的值為 "a"，s[-7:-4] 的值為 "abc"。以上的範例中的負值代表倒數，也就是由最後一個字元開始往前數。明確的說，就是 -1 代表倒數第一個，-2 則代表倒數第二個。

s[5:4]、s[5:5]、s[-4:-5] 以及 s[-5:-5] 的值都是空字串，這是因為 from_index 必須小於 to_index，否則就會取出空字串。

s[::2] 的值為 "acef"，s[1:5] 的值為 "bcde"，s[1:5:2] 的值為 "bd"，這是因為 step 的值若省略則代表 step 的值為預設的值 1。

f. list（串列）型別

Python 語言使用 list（串列）型別來儲存一連串有順序性的項目或元素，所有項目前後則加上左右中括號，項目之間以逗點隔開，而項目可以是任何型別而且可以隨時改變。

以下為 list 型別的範例：

["a","b","c"]、[1,2,3]、[1.2, 3]、[1+2j, 1-2j, 3, 4.5]、[1, 2, [1, 2, 3]]

串列項目的值可以隨時改變，例如：

x=["a","b","c"]
x[0]=5

則變數 x 的值為 [5,"b","c"]

與字串一樣，搭配中括號與整數索引值可以取出串列的項目，而在中括號裡也可以使用切片的方式取出子串列。

g. tuple（元組）型別

Python 語言使用 tuple（元組）型別來儲存一連串有順序性的項目，所有項目前後則加上左右小括號，項目之間以逗點隔開，而項目可以是任何型別但是其值不可變（immutable）。

以下為 tuple 型別的範例：

("a","b","c")、(1,2,3)、(1.2, 3)、(1+2j, 1-2j, 3, 4.5)、(1, 2, [1, 2, 3], (1, 2, 3))

元組項目的值不可以改變，例如：

x=("a","b","c")

x[0]=5

則出現錯誤訊息：

TypeError: 'tuple' object does not support item assignment

與字串及串列一樣，搭配中括號與整數索引值可以取出元組的項目，而在中括號裡也可以使用切片的方式取出子元組。

h. set（集合）型別

Python 語言使用 set（集合）型別來儲存一連串無順序且不重複的項目，所有項目前後則加上左右大括號，項目之間以逗點隔開，而項目可以是任何型別。

以下為 set 型別的範例：

set()、{"a","b","c"}、{1,2,3}、{1.2, 3}、{1+2j, 1-2j, 3, 4.5}、

{1, 2, [1, 2, 3], (1, 2, 3), {1, 2, 3}}

其中 set() 代表空集合。

集合中項目的值不會重複，例如：

{"a","b","c","a"}

與

{"a","b","c"}

代表的是相同的集合型別的值。

集合型別的資料可以使用 add() 函數加入項目，使用 remove() 或 discard() 函數移除項目，其中若與移除的項目不存集合中，則 remove() 函數會產生錯誤但是 discard() 函數不會；另外，可以使用 "in" 或 "not in" 運算子判斷一個項目是否在或不在一個集合中。例如：

若 a={1,3,5};b={2,4,6}，則 3 in a 的運算結果為 True

執行 a.remove(3) 之後再執行 3 in a 的運算結果為 False

3 in b 的運算結果為 False

執行 b.add(3) 之後再執行 3 in a 的運算結果為 True

其他的運算子包括 "|"、"&"、"-"、"^"，分別代表聯集、交集、差集與對稱差集運
算，也可以使用 union()、intersection()、difference() 與 symmetric_difference() 函
數來達成相同運算結果。

以下是集合運算的範例：

In [10]:

```
1  a={1,2,3};b={2,4,6}
2  print(a|b)              #{1, 2, 3, 4, 6}
3  print(a.union(b))  #{1, 2, 3, 4, 6}
4  print(a&b)                 #{2}
5  print(a.intersection(b)) #{2}
6  print(a-b)                 #{1,3}
7  print(a.difference(b))    #{1,3}
8  print(a^b)                        #{1,3,4,6}
9  print(a.symmetric_difference(b))  #{1,3,4,6}
```

```
{1, 2, 3, 4, 6}
{1, 2, 3, 4, 6}
{2}
{2}
{1, 3}
{1, 3}
{1, 3, 4, 6}
{1, 3, 4, 6}
```

i. dict（字典）型別

Python 語言使用 dict（字典）型別來儲存一連串鍵值對（key-value pair），其中鍵
（key）必須為不可變（immutable）型別，如字串、數值或是元組，且不可重複，
但是值（value）則可以是任何型別。鍵與值之間加上冒號形成鍵值對，鍵值對之間
以逗點隔開，而所有鍵值對則加上左右大括號圍起。dict 型別變數可以使用在中括
號配對中間列入 " 鍵 " 的方式取出對應的 " 值 "。但是，當嘗試使用前述方法取出 "
鍵 " 的對應的 " 值 " 時，若 " 鍵 " 不存在，則會產生錯誤。此時可以使用 get(" 鍵 ")
函數取得 " 鍵 " 的對應值，若 " 鍵 " 不存在時回傳 None。dict 型別變數也可以使用
del 指令刪除 " 鍵 " 所對應的鍵值對。

dict 型別變數可以使用在中括號配對中間列入新的 " 鍵 "，並設定其對應 " 值 " 的方式新增一組鍵值對。"in" 以及 "not in" 運算子也可以使用於 dict 型別資料來判斷 " 鍵 " 是否在此資料中。

另外，使用 keys() 方法，可以取得 dict 型別變數的所有 " 鍵 " 所形成的串列；而使用 values() 方法，可以取得 dict 型別變數的所有 " 值 " 所形成的串列。

以下為 dict 型別資料相關的範例：

ex = {"a":1, "b":2, "c":3, 1: "integer", 2.3: "float", 4+5j: "complex", (6,7): "tuple"}

執行 print(ex["a"],ex["b"],ex["c"],ex[1],ex[2.3],ex[4+5j],ex[(6,7)])

則會顯現

1 2 3 integer float complex tuple

執行 ex["a"]=100，則會將鍵值對 "a":1 改變為 "a":100。

執行 ex["d"]=4，則會增加一對鍵值對 "d":4。

執行 del ex["d"] 則會刪除新增的鍵值對 "d":4。

執行 print(ex["e"]) 會產生錯誤，但是若執行 ex.get("e") 則會顯示 None

執行 print("e" in ex) 會顯示 False

執行 print("e" not in ex) 會顯示 True

執行 print(ex.keys()) 會顯示 dict_keys(['a', 'b', 'c', 1, 2.3, (4+5j), (6, 7)])

執行 print(ex.values()) 會顯示 dict_values([100, 2, 3, 'integer', 'float', 'complex', 'tuple'])

In [11]:

```
1 ex = {"a":1, "b":2, "c":3, 1: "integer", 2.3: "float", 4+5j: "complex",
  (6,7): "tuple"}
2 print(ex["a"],ex["b"],ex["c"],ex[1],ex[2.3],ex[4+5j],ex[(6,7)])
3 ex["a"]=100
4 print(ex["a"])
5 print(len(ex))
```

```
 6  ex["d"]=4
 7  print(ex.get("d"))
 8  del ex["d"]
 9  print(ex.get("d"))
10  print("e" in ex)
11  print("e" not in ex)
12  print(ex.keys())
13  print(ex.values())
```

```
1 2 3 integer float complex tuple
100
7
4
None
False
True
dict_keys(['a', 'b', 'c', 1, 2.3, (4+5j), (6, 7)])
dict_values([100, 2, 3, 'integer', 'float', 'complex', 'tuple'])
```

j. 運算子的優先順序

以下我們再額外介紹 Python 語言的指定運算子（assignment operator），然後說明所有介紹過的運算子的運算優先順序（precedence）。

指定運算子為 "=", "+=", "-=", "*=", "/=", "//=", "%=", "**="，可以將運算子右方運算式的值算出之後，與指定運算子左方的變數進行特定的運算之後，再將運算的結果存入指定運算子左方的變數中。

以下為指定運算子的範例：

In [12]:

```
 1  a=5
 2  a+=3   #a=a+3   (a=8)
 3  a-=3   #a=a-3   (a=5)
 4  a*=3   #a=a*3   (a=15)
 5  a%=8   #a=a%8   (a=7)
 6  a//=3  #a=a//3  (a=2)
 7  a/=3   #a=a/3   (a=0.6666666666666666)
 8  a**=3  #a=a**3  (a=0.2962962962962962)
 9  print(a)
```

```
0.2962962962962962
```

到目前為止，除了位元運算子（">>"、"<<"、"&"、"~"、"^"、"|"）之外，其他運算子都已經介紹過了，但是為了簡化起見，暫不介紹位元運算子。以下透過一個表格由上而下列出所有運算子的優先順序（precedence），其中具有最高優先順序的運算子為 "**"，指定運算子則是最低優先順序的運算子。

運算子	說明
**	指數運算（最高優先順序）
~,+,-	按位反轉、正號和負號
*,/,//,%	乘、除、整數除法、模（餘數）
+,-	加法、減法
>>,<<	右移、左移運算子
&	位元運算子的「AND」
^,|	位元運算子的「XOR」、「OR」
in, not in, is, is not, >, <, >=, <=, !=, ==	各種關係運算子
not	布林運算子「NOT」
and	布林運算子「AND」
or	布林運算子「OR」
=,%=,/=,//=,+=,-=,*=,**=	指定運算子（最低優先順序）

A.3 流程控制

以下我們介紹 Python 語言的流程控制敘述，包括 "if"、"elif"、"else"、"for"、"while"、"break"、"continue" 等敘述。

- "if" 敘述可以控制一個區塊執行或不執行，以下為 "if" 的用法：

```
if 布林條件式：
    敘述區塊
```

其中 " 敘述區塊 " 在 " 布林條件式 " 成立時才執行

- "if ... else" 敘述可以在二個敘述區塊中選擇一個執行，以下為其用法：

```
if 布林條件式：
    敘述區塊 1
else:
    敘述區塊 2
```

其中 " 敘述區塊 1" 在 " 布林條件式 " 成立時執行，而 " 敘述區塊 2" 則在 " 布林條件式 " 不成立時執行。

- "if ... elif ... else" 敘述可以在多個（或是說 k 個，k＞2）敘述區塊中選擇一個執行，以下為其用法：

```
if 布林條件式 1:
    敘述區塊 1
elif 布林條件式 2:
    敘述區塊 2
...
elif 布林條件式 (k-1):
    敘述區塊 (k-1)
else:
    敘述區塊 k
```

其中 " 敘述區塊 1" 在 " 布林條件式 1" 成立時執行；" 敘述區塊 2" 在 " 布林條件式 1" 不成立但是 " 布林條件式 2" 成立時執行；...;" 敘述區塊 k" 則在 " 布林條件式 1"... 與 " 布林條件式 (k-1) 均不成立時才執行。

以下為 "if"、"if ... else"、"if ... elif ... else" 的範例程式：

In [13]:

```
1  score=90
2  if score >=60:
3    print("PASS")
```

PASS

In [14]:

```
1  score=90
2  if score >=60:
3    print("PASS")
4  else:
5    print("FAIL")
```

PASS

In [15]:

```
 1 score=90
 2 if score >=90:
 3   print("A")
 4 elif score >= 80:
 5   print("B")
 6 elif score >= 70:
 7   print("C")
 8 elif score >= 60:
 9   print("D")
10 else:
11   print("F")
```

A

- "while ..." 敘述可以不斷重複執行敘述區塊，構成迴圈（loop）。以下為其
  用法：

  > while 布林條件式：
  >   敘述區塊

  當 " 布林條件式 " 成立，" 敘述區塊 " 會不斷執行。

- "while ... else ..." 敘述可以不斷重複執行敘述區塊，構成迴圈（loop）。以下為
  其用法：

  > while 布林條件式：
  >   敘述區塊 1
  > else:
  >   敘述區塊 2

  當 " 布林條件式 " 成立，" 敘述區塊 1" 會不斷執行，但是當 " 布林條件式 " 不
  成立時，則 " 敘述區塊 2" 會執行一次。

以下為 "while ..." 敘述以及 "while ... else" 敘述範例程式：

In [16]:

```
 1 i=0
 2 while i<5:
 3   i+=1
 4   print(i,end="")
```

12345

In [17]:

```
1  i=0
2  while i<5:
3      i+=1
4      print(i,end="")
5  else:
6      print("#")
```

12345#

- "for ... in" 敘述可以不斷重複敘述區塊，構成迴圈（loop）。以下為其用法：

    for 變數 in 可迭代資料：
        敘述區塊

    所謂 " 可迭代資料 " 指的是可以一次列舉一個成員的資料，直到所有成員均列舉完畢為止。例如字串 str 型別資料、串列 list 型別資料、元組 tuple 型別資料、集合 set 型別資料、字典 dict 型別資料等。每次列舉的成員會儲存在 " 變數 " 中，然後執行 " 敘述區塊 " 直到所有成員列舉完畢為止。

- "for ... in ... else" 敘述可以不斷重複敘述區塊，構成迴圈（loop）。以下為其用法：

    for 變數 in 可迭代資料：
        敘述區塊 1
    else:
        敘述區塊 2

    每次列舉的成員會儲存在 " 變數 " 中，然後執行 " 敘述區塊 1" 直到所有成員列舉完畢為止。當所有成員列舉完畢時會執行 " 敘述區塊 2" 一次。

以下為 "for ... in" 敘述以及 "for ... in ... else" 敘述範例程式：

In [18]:

```
1  for i in [1,2,3,4,5]:
2      print(i,end="")
```

12345

In [19]:

```
1 for i in [1,2,3,4,5]:
2    print(i,end="")
3 else:
4    print("#")
```

12345#

關於可迭代資料，有一個方便而且常用的函數 range，可以產生指定的可迭代資料。它是一個屬於 range 類別的序列（sequence），每次可以回傳一個整數成員，其用法如下所述：

range(start, stop, step)

range 函數包含 3 個整數參數，可以為負數，其中 start 為起始值，stop 為最終值的下一個整數，而 step 為間隔值。

start 預設值為 0，可以省略；stop 不能省略；step 預設值為 1，可以省略。以下是一些簡單用法的說明：

range(5): 會回傳 0、1、2、3、4

range(2,5): 會回傳 2、3、4

range(0,5,2): 會回傳 0、2、4

range(5,0,-1): 會回傳 5、4、3、2、1

range(5,0): 是一個空序列

In [20]:

```
1 print(list(range(5)))        #range(5)會回傳0、1、2、3、4
2 print(list(range(2,5)))      #range(2,5)會回傳2、3、4
3 print(list(range(0,5,2)))    #range(0,2,5)會回傳0、2、4
4 print(list(range(5,0,-1)))   #range(5,0,-1)會回傳5、4、3、2、1
5 print(list(range(5,0)))      #range(5,0)是一個空序列
```

```
[0, 1, 2, 3, 4]
[2, 3, 4]
[0, 2, 4]
[5, 4, 3, 2, 1]
[]
```

- "break" 可以立即中斷目前的迴圈，跳至迴圈的下一個敘述。

以下直接透過範例程式說明其用法：

In [21]:

```
1  i=0
2  while i<5:
3    i+=1
4    if i==3:
5      break
6    print(i,end="")
```

12

In [22]:

```
1  for i in range(1,6):
2    if i==3:
3      break
4    print(i,end="")
```

12

- "continue" 敘述可以強迫進入迴圈的下一次迭代中。

以下直接透過範例程式說明其用法：

In [23]:

```
1  i=0
2  while i<5:
3    i+=1
4    if i==3:
5      continue
6    print(i,end="")
```

1245

In [24]:

```
1  for i in range(1,6):
2    if i==3:
3      continue
4    print(i,end="")
```

1245

A.4 函數

在以下我們介紹如何在 Python 語言中透過關鍵字 "def" 定義函數，以下為定義函數的方式：

> def 函數名稱（參數）：
>   """ 描述函數的說明文件字串（docstring）"""
>   函數敘述
>   return 回傳值

以上定義函數的用法中，說明文件字串（docstring）經常被省略。說明文件字串可以使用三個雙引號對或三個單引號對括住單行或多行的字串，用來描述函數執行的動作與回傳的值，通常用在大規模軟體程式中產生函數說明文件。雖然為函數加上說明文件字串是好的習慣，若讀者目的只是為了練習與熟悉 Python 語言的用法，則略去說明文件字串也沒有關係。

以下是一個函數定義的範例：

In [25]:

```
1 def odd_check(n):
2   """Check if n is odd (return True) or not (return False)."""
3   if n%2==0:
4     return False
5   else:
6     return True
7 print(odd_check(5))
8 print(odd_check(10))
```

```
True
False
```

在以上的函數定義範例中定義了一個 odd_check 函數，帶有一個參數 n。這個函數執行的動作為檢查 n 是不是奇數，其作法為檢查 n 除以 2 的餘數（n%2）是否為 0，若餘數是 0 的話代表 n 不是奇數，函數會回傳 False；反之，代表 n 是奇數，函數會回傳 True。

以下說明函數回傳值的用法。若函數沒有指定回傳值，則預設回傳值為 None。另外，若函數回傳 1 個以上的回傳值，則所有回傳值會以單一元組（tuple）的方式回傳，而在進行函數呼叫時，再透過指定元組索引值的方式取出個別的回傳值。

以下說明函數定義中參數的用法。在定義函數時可以指定 0 個、1 個或 1 個以上的參數，若有 1 個以上的參數，則它們中間使用逗點隔開。

在定義函數時，可以為參數指定預設值（default value），當函數被呼叫時，若沒有傳入該參數，就會使用參數預設值取代該參數。設定參數預設值的方法如下：

> def 函數名稱（參數＝預設值）：

請注意，設定參數預設值必須置於所有參數的最後，否則在函數呼叫時會產生錯誤。以下為指定多個參數以及多個參數預設值的範例程式：

In [26]:

```
1 def test(aa,bb,cc=123,dd='abc'):
2   return aa,bb,cc,dd
3 print(test(1,2,3,4))
4 print(test(1,2,3))
5 print(test(1,2,dd='edf'))
6 print(test(1,2))
```

```
(1, 2, 3, 4)
(1, 2, 3, 'abc')
(1, 2, 123, 'edf')
(1, 2, 123, 'abc')
```

在定義函數時也可以指定可變數量的參數，當函數被呼叫時，所有的參數會以元組的方式傳入函數中。定義可變參數函數的方法如下：

> def 函數名稱（＊參數）：

以下為指定可變參數數量函數定義的範例程式：

In [27]:

```
1 def adding(*num):
2   sum=0
3   for n in num:
4     sum+=n
5   return sum
6 print(adding(1,2,3,4,5))
```

15

Python 語言還有一個定義匿名函數（anonymous function）的方式，可以定義一個不需要命名，而且函數僅包含一個運算式的函數，這種函數稱為 lambda 表達式（lambda expression）或是 lambda 函數。這種函數通常可以傳入其他函數當作參數使用，例如傳入內建的 map 函數當參數，我們稍後將會介紹一些 Python 語言的內建函數，包括 map 函數。

定義 lambda 函數的方法如下：

> [函數名稱 =] lambda 參數 : 表達式

在定義 lambda 匿名函數時，可以省略函數名稱也可以不省略函數名稱。，以下為定義 lambda 函數的範例程式：

In [28]:

```
1  adding = lambda x,y: x+y
2  print(adding(3,8))            #顯示11
3  print((lambda x,y: x+y)(3,8)) #顯示11
4  lista=[1,3,5,7,9]
5  #以下將lambda函數當作map函數的參數
6  listb=list(map(lambda x:x+8, lista))
7  print(listb)
```

11
11
[9, 11, 13, 15, 17]

Python 語言具有許多內建函數（built-in function），如下所列：

abs(), all(), any(), ascii(), bin(), bool(), bytearray(), bytes(), chr(), classmethod(), compile(), complex(), delattr(), dict(), dir(), divmod(), enumerate(), eval(), exec(), filter(), float(), format(), frozenset(), getattr(), globals(), hasattr(), hash(), help(), hex(), id(), input(), int(), isinstance(), issubclass(), iter(), len(), list(), locals(), map(), max(), memoryview(), min(), next(), object(), oct(), open(), ord(), pow(), print(), property(), range(), repr(), reversed(), round(), set(), setattr(), slice(), sorted(), staticmethod(), str(), sum(), super(), tuple(), type(), vars(), zip()

以下我們介紹常用的內建函數：

- abs(x)：回傳參數 x 的絕對值或範（norm），x 可以是整數、浮點數或是複數。若 x 是整數或浮點數則回傳 x 的絕對值；若 x 是複數則回傳 x 的範（norm），一個複數 a+bj 的範為 $\sqrt{a^2+b^2}$。

  例如，abs(-3.4) 回傳 3.4；abs(3-4j) 回傳 5.0。

- divmod(a, b)：回傳參數 a 除以參數 b 的商以及餘數，其中參數 a 以及參數 b 可以為整數或浮點數。

  例如，divmod(7, 2) 回傳 (3,1)；divmod(7.5, 2) 及 divmod(7.5, 2.0) 都回傳 (3.0, 1.5)。

- len(s)：回傳參數 s 的長度，其中參數 s 可能是字串、串列、元組、字典、集合等物件。

  例如，len('12345') 回傳 5；len({1:'a',2:'b',3:'c'}) 回傳 3。

- map(function, iterable, ...)：將 function 函數作用在 iterable 可迭代物件中的每一個項目上，其中可迭代物件可以為 1 個或 1 個以上，這必須與 function 函數需要輸入的參數個數相同。為簡潔起見，function 函數常常使用 lambda 函數來定義。map 函數會回傳 1 個 map 物件，這個 map 物件實際上也是一個 iterable 物件，包含 function 函數分別作用在 iterable 可迭代物件中的每一個項目之後的結果。

  例如，若 list1=[1,2,3]；list2=[4,5,6]，則 map(lambda x,y:x+y, list1, list2) 會回傳 1 個 map 物件，這個 map 物件實際上也是一個 iterable 物件，若將其轉為串列則其內容為 [5,7,9]，也就是 list(map(lambda x,y:x+y, list1, list2)) 為 [5,7,9]。

- max(iterable[, args...])：回傳參數 iterable 中的最大值，其中參數 iterable 是可迭代物件，包括字串、串列、元組、字典、集合等物件。或是回傳 2 個或 2 個以上參數中的最大值。

  例如，max('12345') 回傳 5；max({1:'a',2:'b',3:'c'}) 回傳 3；max(1,2,3,4,5) 回傳 5。

- min(iterable[, args...])：回傳參數 iterable 中的最小值，其中參數 iterable 是可迭代物件，包括字串、串列、元組、字典、集合等物件。或是回傳 2 個或 2 個以上參數中的最小值。

  例如，max('12345') 回傳 1；max({1:'a',2:'b',3:'c'}) 回傳 1；max(1,2,3,4,5) 回傳 1。

- pow(x, y[, z])：回傳 x 的 y 次方，其中參數 x 與參數 y 為整數或浮點數。若兩個參數都是整數，則計算結果為整數；若參數中有一個為浮點數，則計算結果為浮點數。

  例如，pow(2,8) 回傳 256，pow(2.0,8)、pow(2,8.0) 以及 pow(2.0,8.0) 都回傳 256.0。

  另外，參數 z 是可以省略的參數。若 z 參數未省略則代表回傳的值要進行模（餘數）z 運算，請注意，這個參數只有在參數 x、參數 y 與參數 z 都是整數的情況下使用。

  例如，pow(2,8,3) 回傳 1。

- sorted(iterable[, key][, reverse])：回傳參數 iterable 物件依照項目的值由小而大的順序排好的串列物件。若是參數中的 reverse 參數設定為 True，則會依照項目的值由大而小的順序排列。另外，參數 key 的預設值為 None，表示採用原來的 iterable 項目進行排序。在呼叫 sorted 函數時，參數 key 也可以設定為一個特定的函數，則所有的項目會先經過這個函數運算之後才根據運算結果進行原來項目的排序。

  例如，若 tuple1=(1,5,3)；list1=['acd','ab','aaaa'];string1='153'，則 sorted(tuple1) 回傳 [1,3,5]；sorted(list1) 回傳 ['aaaa','ab','acd']；sorted(string1) 回傳 ['1','3','5']。sorted(list1,key=len) 則回傳 ['ab', 'acd', 'aaaa']，這是因為所有 list1 中的項目會經過 len 函數運算之後才根據運算結果進行排序，len('ab') 為 2，len('acd') 為 3，len('aaaa') 為 4，因此排序結果為 'ab'、'acd'、'aaaa']。

- sum(iterable[, start])：回傳參數 iterable 物件中所有項目的總和。這個函數包含 1 個可以省略的參數 start，若這個參數未省略，則這個參數的值會加入項目的總和中。

  例如，sum([1,3,5.8]) 回傳 9.8；sum([1,3,5.8],2) 回傳 11.8。

A.5　類別與物件

以下我們介紹如何在 Python 語言中透過關鍵字 "class" 定義類別，以下為定義類別的方式：

```
class 類別名稱：
    [ 屬性名稱 = 初始值 ]
    [def 方法名稱 (self, 參數 )：
    方法敘述 ]
```

依照命名慣例，類別名稱一般使用每個單字字首大寫的方式命名，而單字之間通常不使用空白或底線分隔。例如，Book、MyBook、MyFavoriteBook 等都是符合類別命名慣例的類別名稱。

類別中的敘述用來定義變數或函數，定義在類別中的變數是類別的屬性（attribute），而定義在類別中的函數則是類別的方法（method）。請注意，所有類別方法定義中的第一個參數都是 self，這個參數代表物件本身。當物件呼叫方法時不需要設定這個參數，因為系統會自動將這個參數設定為物件本身。

類別方法中有一個稱為 __init__ 的特別方法，與其他的方法一樣，這個方法的第一個參數也是 self，其定義方式如下所示：

```
def __init__(self, 參數 )：
    敘述
```

__init__ 方法是類別建構方法（constructor），在類別用來建構物件（object）或類別實例（instance）的時候會自動執行。透過 " 類別名稱 (參數傳入值)" 的方式可以呼叫類別的 __init__ 方法以建構對應的物件。使用定義好的類別來建構物件是物件導向程式設計（object-oriented programming）的基本概念，同一個類別定義可以建構許多物件，而這些物件可以設定不同的屬性。

以下是一個類別的定義與使用這個類別定義建立物件的範例：

In [29]:

```
1 class Rectangle:
2     length=0
```

```
 3    width=0
 4    def __init__(self,length,width):
 5      self.length=length
 6      self.width=width
 7    def area(self):
 8      return self.length*self.width
 9    def perimeter(self):
10      return 2*(self.length+self.width)
11 rect1=Rectangle(3,8)
12 rect2=Rectangle(2,4)
13 print('rect1:',rect1.length,rect1.width,rect1.area(),rect1.perimeter())
14 print('rect2:',rect2.length,rect2.width,rect2.area(),rect2.perimeter())
```

```
rect1: 3 8 24 22
rect2: 2 4 8 12
```

以下我們介紹 Python 語言的類別繼承（inheritance）概念，也就是一個類別直接
使用或繼承（inherit）其他類別定義好的屬性及方法，並且再加以修改或延伸。被
繼承的類別稱為父母類別（parent class）或超類別（superclass），而繼承其他類別
的類別則稱為子類別（child class）。一個類別可以有許多超類別，也就是說一個
類別可以直接使用許多其他類別的定義的屬性及方法，這稱為多重繼承（multiple
inheritance）。以下為定義類別繼承的方式：

> class 子類別名稱 (超類別名稱 1[, 超類別名稱 2,...]):
>   敘述

以下是一個類別繼承的範例程式。這個範例程式定義 NamedRectangle 類別，讓它
繼承 Rectangle 類別，因此它具有 length 以及 width 屬性，以及 area 以及 perimeter
方法。這個範例程式並且另外定義屬性 name 以及新增 show_name 方法，並重新
定義建構子 __init__ 方法。重新定義建構子時，利用 super().__init__ 的方式呼叫
超類別的建構子，然後再修改並延伸這個方法。

In [30]:

```
1 class NamedRectangle(Rectangle):
2   name=''
3   def __init__(self,length,width,name):
4     super().__init__(length,width)
5     self.name=name
6   def show_name(self):
```

```
 7       print(self.name)
 8 rect1=NamedRectangle(3,8,'rectangle1')
 9 rect2=NamedRectangle(2,4,'rectangle2')
10 print('rect1:',rect1.length,rect1.width,rect1.area(),rect1.perimeter())
11 print('rect2:',rect2.length,rect2.width,rect2.area(),rect2.perimeter())
12 rect1.show_name()
13 rect2.show_name()
```

```
rect1: 3 8 24 22
rect2: 2 4 8 12
rectangle1
rectangle2
```

練習解答

第 1 章練習解答

練習 1.1

請寫出量子程式用以建構並顯示一個包含 5 個量子位元及 5 個古典位元的量子線路物件，其中每個量子位元均進行測量並儲存於古典位元中。

練習 1.1 解答

In [ ]

```
1 #Exercise 1.1
2 from qiskit import QuantumCircuit
3 qc = QuantumCircuit(5, 5)
4 qc.measure(range(5),range(5))
5 qc.draw('mpl')
```

Out[ ]:

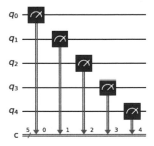

練習 1.2

請寫出量子程式用以建構並顯示一個包含 3 個量子位元及 3 個古典位元的量子線路物件。其中量子位元顯示標籤分別為 qx、qy、qz，而古典位元顯示標籤分別為 cx、cy、cz；量子位元 qx、qy 與 qz 均進行測量並儲存於古典位元 cx、cy、cz 中。

練習 1.2 解答

In [ ]

```
1  #Exercise 1.2
2  from qiskit import QuantumRegister,ClassicalRegister,QuantumCircuit
3  qrx = QuantumRegister(1,'qx')
4  qry = QuantumRegister(1,'qy')
5  qrz = QuantumRegister(1,'qz')
6  crx = ClassicalRegister(1,'cx')
7  cry = ClassicalRegister(1,'cy')
8  crz = ClassicalRegister(1,'cz')
9  qc = QuantumCircuit(qrx,qry,qrz,crx,cry,crz)
10 qc.measure(range(3),range(3))
11 qc.draw('mpl')
```

Out[ ]:

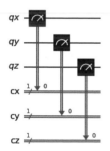

練習 1.3

請寫出量子程式用以建構並顯示一個包含 10 個量子位元及 10 個古典位元的量子線路物件。其中量子位元顯示標籤分別為 $qr_0, ..., qr_9$，而古典位元顯示標籤分別為 $even_0, ..., even_4, odd_0, ..., odd_4$。量子位元均進行測量，其中具偶數索引值量子位元之測量結果儲存於 $even_0, ..., even_4$，而具奇數索引值量子位元之測量結果則儲存於 $odd_0, ..., odd_4$。

練習 1.3 解答

In [ ]

```
1  #Exercise 1.3
2  from qiskit import QuantumRegister,ClassicalRegister,QuantumCircuit
3  qr = QuantumRegister(10,'qr')
4  ceven = ClassicalRegister(5,'even')
5  codd = ClassicalRegister(5,'odd')
6  qc = QuantumCircuit(qr, ceven, codd)
7  qc.measure(range(0,10,2),ceven)
8  qc.measure(range(1,10,2),codd)
9  qc.draw('mpl')
```

Out[ ]

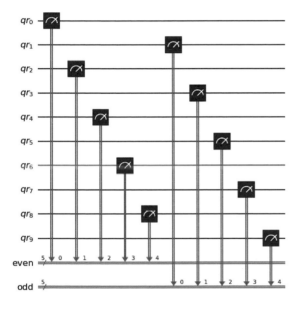

練習 1.4

請寫出量子程式用以建構一個包含 3 個量子位元及 3 個古典位元的量子線路物件，其中量子位元均進行測量並儲存於古典位元中。以文字模式顯示量子線路，然後使用量子電腦模擬器執行這個量子線路 1000 次，最後顯示所有量子位元測量出的量子狀態的計數次數。

291

練習 **1.4** 解答

In [ ]

```
 1  #Exercise 1.4
 2  from qiskit import QuantumCircuit, execute
 3  from qiskit.providers.aer import AerSimulator
 4  sim = AerSimulator()
 5  qc = QuantumCircuit(3, 3)
 6  qc.measure([0,1,2], [0,1,2])
 7  print(qc)
 8  job=execute(qc, backend=sim, shots=1000)
 9  result = job.result()
10  counts = result.get_counts(qc)
11  print("Total counts for qubit states are:",counts)
```

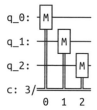

```
Total counts for qubit states are: {'000': 1000}
```

練習 **1.5**

請寫出量子程式用以建構一個包含 3 個量子位元及 3 個古典位元的量子線路物件，其中量子位元均進行測量並儲存於古典位元中。以文字模式顯示量子線路，然後任意選擇一部 IBM Q 量子電腦執行這個量子線路 1000 次，最後顯示所有量子位元測量出的量子狀態的計數次數。

練習 **1.5** 解答

In [ ]

```
 1  #Exercise 1.5
 2  from qiskit import QuantumCircuit, IBMQ, execute
 3  from qiskit.providers.ibmq import least_busy
 4  from qiskit.tools.monitor import job_monitor
 5  qc = QuantumCircuit(3, 3)
 6  qc.measure([0,1,2], [0,1,2])
```

```
 7  print(qc)
 8  #IBMQ.save_account('Put token here.',overwrite=True）
 9  IBMQ.load_account()
10  print("Below is the list of all available backends for your account.")
11  print([backend.name() for backend in IBMQ.providers()[0].backends()])
12  print("Check web page https://quantum-computing.ibm.com/
    services?services=systems&view=table.")
13  print("And choose the least busy backend with enough qubits to run the
    program.")
14  provider=IBMQ.get_provider(hub='ibm-q',group='open',project='main')
15  qcomp=provider.get_backend('ibmq_lima')
16  job=execute(qc, backend=qcomp, shots=1000)
17  job_monitor(job)
18  result = job.result()
19  counts = result.get_counts(qc)
20  print("Total counts for qubit states are:",counts)
21  <p style="page-break-after:always"></p>
```

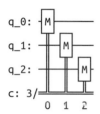

ibmqfactory.load_account:WARNING:2022-06-13 03:06:05,393: Credentials are already in use. The existing account in the session will be replaced.

Below is the list of all available backends for your account.
['ibmq_qasm_simulator', 'ibmq_armonk', 'ibmq_santiago', 'ibmq_bogota', 'ibmq_lima', 'ibmq_belem', 'ibmq_quito', 'simulator_statevector', 'simulator_mps', 'simulator_extended_stabilizer', 'simulator_stabilizer', 'ibmq_manila']
Check web page
https://quantum-computing.ibm.com/services?services=systems&view=table. (https://quantum-computing.ibm.com/services?services=systems&view=table.)
And choose the least busy backend with enough qubits to run the program.
Job Status: job has successfully run
Total counts for qubit states are: {'000': 989, '001': 7, '010': 4}

第 2 章練習解答

練習 2.1

考慮一個包含 4 個量子位元的量子線路，假設其量子位元的初始狀態為 $|\psi\rangle = |+-\circlearrowleft\circlearrowright\rangle$。請寫出量子程式以文字模式顯示量子線路，然後以布洛赫球面顯示量子線路中 4 個量子位元的狀態。

練習 2.1 解答

In [ ]:

```
 1  #Exercise 2.1
 2  from qiskit import QuantumCircuit
 3  from qiskit.quantum_info import Statevector
 4  import math
 5  qc = QuantumCircuit(4)
 6  qc.initialize([1/math.sqrt(2), 1/math.sqrt(2)],0)
 7  qc.initialize([1/math.sqrt(2), -1/math.sqrt(2)],1)
 8  qc.initialize([1/math.sqrt(2), 1j/math.sqrt(2)],2)
 9  qc.initialize([1/math.sqrt(2), -1j/math.sqrt(2)],3)
10  print(qc)
11  state = Statevector.from_instruction(qc)
12  state.draw('bloch')
```

練習 2.2

考慮一個包含 4 個量子位元的量子線路，假設其量子位元初始狀態為 $|\psi_1\psi_2\psi_3\psi_4\rangle$，其中 $|\psi_1\rangle = \begin{pmatrix} -\frac{1}{2} \\ -\frac{\sqrt{3}}{2}i \end{pmatrix}$、$|\psi_2\rangle = \begin{pmatrix} \frac{2}{3}i \\ \frac{\sqrt{5}}{3} \end{pmatrix}$、$|\psi_3\rangle = \begin{pmatrix} \frac{1}{4} \\ -\frac{\sqrt{15}}{4} \end{pmatrix}$、$|\psi_4\rangle = \begin{pmatrix} -\frac{3}{4}i \\ \frac{\sqrt{7}}{4}i \end{pmatrix}$。請寫出量子程式以文字模式顯示量子線路，然後以布洛赫球面顯示量子線路中 4 個量子位元的狀態。

練習 2.2 解答

In [ ]:

```
 1  #Exercise 2.2
 2  from qiskit import QuantumCircuit
 3  from qiskit.quantum_info import Statevector
 4  import math
 5  qc = QuantumCircuit(4)
 6  qc.initialize([complex(-1/2,0),complex(0,-math.sqrt(3)/2)],0)
 7  qc.initialize([complex(0,2/3),complex(math.sqrt(5)/3,0)],1)
 8  qc.initialize([complex(1/4,0),complex(0,-math.sqrt(15)/4)],2)
 9  qc.initialize([complex(0,-3/4),complex(0,math.sqrt(7)/4)],3)
10  print(qc)
11  state = Statevector.from_instruction(qc)
12  state.draw('bloch')
```

練習 2.3

考慮一個包含 2 個量子位元的量子線路，假設其量子位元的初始狀態為 $|\psi_1\psi_2\rangle$，其中 $|\psi_1\rangle = \begin{pmatrix} \frac{1}{3} + \frac{2}{3}i \\ \frac{\sqrt{3}}{3} + \frac{1}{3}i \end{pmatrix}$，$|\psi_2\rangle = \begin{pmatrix} \frac{1}{5} - \frac{2}{5}i \\ \frac{-2}{5} - \frac{4}{5}i \end{pmatrix}$。請寫出量子程式以文字模式顯示量子線路，然後以布洛赫球面顯示量子線路中 2 個量子位元的狀態。

練習 2.3 解答

In [ ]:

```
 1  #Exercise 2.3
 2  from qiskit import QuantumCircuit
 3  from qiskit.quantum_info import Statevector
 4  import math
 5  qc = QuantumCircuit(2)
 6  qc.initialize([complex(1/3,2/3),complex(math.sqrt(3)/3,1/3)],0)
 7  qc.initialize([complex(-1/5,-2/5),complex(2/5,-4/5)],1)
 8  print(qc)
 9  state = Statevector.from_instruction(qc)
10  state.draw('bloch')
```

練習 2.4

考慮一個包含 1 個量子位元及 1 個古典位元的量子線路，假設其量子位元的初始

狀態為 $|\psi\rangle = \begin{pmatrix} \frac{1}{3} + \frac{2}{3}i \\ \frac{\sqrt{3}}{3} + \frac{1}{3}i \end{pmatrix}$。請寫出量子程式測量量子位元的狀態儲存於古典位元，以

文字模式顯示量子線路，然後以量子電腦模擬器執行量子線路 1000 次，最後顯示

量子位元狀態出現的次數。請仔細觀察出現狀態 $|0\rangle$ 的機率是否接近 $\frac{5}{9}$，而出現狀

態 $|1\rangle$ 的機率是否接近 $\frac{4}{9}$。

練習 2.4 解答

In [ ]:

```
 1 #Exercise 2.4
 2 from qiskit import QuantumCircuit,execute
 3 from qiskit.providers.aer import AerSimulator
 4 from qiskit.visualization import plot_histogram
 5 import math
 6 qc = QuantumCircuit(1,1)
 7 qc.initialize([complex(1/3,2/3),complex(math.sqrt(3)/3,1/3)],0)
 8 qc.measure([0],[0])
 9 print(qc)
10 sim=AerSimulator()
11 job=execute(qc, backend=sim, shots=1000)
12 result=job.result()
13 counts=result.get_counts(qc)
14 print("Counts:",counts)
15 plot_histogram(counts)
```

練習 2.5

考慮一個包含 1 個量子位元及 1 個古典位元的量子線路，假設其量子位元的初始狀

態為 $|\psi\rangle = \begin{pmatrix} \frac{1}{3} + \frac{2}{3}i \\ \frac{\sqrt{3}}{3} + \frac{1}{3}i \end{pmatrix}$。請寫出量子程式測量量子位元的狀態儲存於古典位元，以文

字模式顯示量子線路，然後任意選擇一部 IBM Q 量子電腦執行這個量子線路 1000

次，最後顯示量子位元狀態出現的次數。請仔細觀察出現狀態 $|0\rangle$ 的機率是否接近

$\frac{5}{9}$，而出現狀態$|1\rangle$的機率是否接近 $\frac{4}{9}$。

練習 2.5 解答

In [ ]:

```
 1  #Exercise 2.5
 2  from qiskit import QuantumCircuit, IBMQ, execute
 3  from qiskit.tools.monitor import job_monitor
 4  import math
 5  qc = QuantumCircuit(1,1)
 6  qc.initialize([complex(1/3,2/3),complex(math.sqrt(3)/3,1/3)],0)
 7  qc.measure([0],[0])
 8  print(qc)
 9  #IBMQ.save_account('Put your token here and load it below for the first time
    of running.')
10  #IBMQ.load_account()
11  provider=IBMQ.get_provider('ibm-q')
12  qcomp=provider.get_backend('ibmq_manila')
13  job=execute(qc, backend=qcomp, shots=1000)
14  job_monitor(job)
15  result = job.result()
16  counts = result.get_counts(qc)
17  print("Total counts for qubit states are:",counts)
18  <p style="page-break-after:always"></p>
```

第 3 章練習解答

練習 3.1

針對一個包含 4 個量子位元的量子線路，假設其量子位元的初始狀態為 $|\psi\rangle = |0000\rangle$，請寫出量子程式使用量子閘將量子位元的狀態轉變為 $|\psi\rangle = |+-\smile\smile\rangle$，顯示量子線路並以布洛赫球面顯示量子線路中 4 個量子位元的狀態。

練習 3.1 解答

In [ ]:

```
 1  #Exercise 3.1
 2  from qiskit import QuantumCircuit
 3  from qiskit.quantum_info import Statevector
 4  import math
 5  qc = QuantumCircuit(4)
 6  qc.initialize([1,0],0)
 7  qc.initialize([1,0],1)
 8  qc.initialize([1,0],2)
 9  qc.initialize([1,0],3)
10  qc.h(0)
11  qc.x(1)
12  qc.h(1)
13  qc.h(2)
14  qc.s(2)
15  qc.h(3)
16  qc.z(3)
17  qc.s(3)
18  display(qc.draw('mpl'))
19  state = Statevector.from_instruction(qc)
20  display(state.draw('bloch'))
```

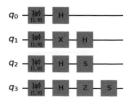

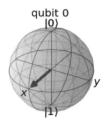 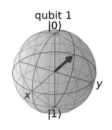 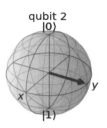 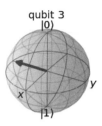

練習 3.2

請寫出量子程式設計並顯示出以下的量子線路：

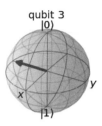

練習 3.2 解答

In [ ]:

```
1  #Exercise 3.2
2  from qiskit import QuantumCircuit
3  import math
4  qc = QuantumCircuit(6)
5  qc.rx(math.pi/2, [0,2,4])
6  qc.p(math.pi/4, [1,3,5])
7  qc.x(0)
8  qc.y(1)
9  qc.z(2)
10 qc.s(3)
11 qc.t(4)
12 qc.h(5)
13 qc.u1(math.pi,3)
14 qc.u2(math.pi, math.pi/2,4)
15 qc.u3(math.pi, math.pi/2,math.pi/4,5)
16 qc.h(5)
17 qc.draw('mpl')
```

```
/tmp/ipykernel_264/172119888.py:13: DeprecationWarning: The QuantumCircuit.u1
method is deprecated as of 0.16.0. It will be removed no earlier than 3 months
after the release date. You should use the QuantumCircuit.p method instead, which
acts identically.
  qc.u1(math.pi,3)
/tmp/ipykernel_264/172119888.py:14: DeprecationWarning: The QuantumCircuit.u2
method is deprecated as of 0.16.0. It will be removed no earlier than 3 months
after the release date. You can use the general 1-qubit gate QuantumCircuit.u
instead: u2(φ,λ) = u(π/2, φ, λ). Alternatively, you can decompose it interms of
QuantumCircuit.p and QuantumCircuit.sx: u2(φ,λ) = p(π/2+φ) sx p(λ-π/2) (1 pulse on
hardware).
  qc.u2(math.pi, math.pi/2,4)
/tmp/ipykernel_264/172119888.py:15: DeprecationWarning: The QuantumCircuit.u3
method is deprecated as of 0.16.0. It will be removed no earlier than 3 months
after the release date. You should use QuantumCircuit.u instead, which acts
identically. Alternatively, you can decompose u3 in terms of QuantumCircuit.p and
QuantumCircuit.sx: u3(θ,φ,λ) = p(φ+π) sx p(θ+π) sx p(λ) (2 pulses on hardware).
  qc.u3(math.pi, math.pi/2,math.pi/4,5)
```

Out[ ]:

練習 3.3

X 閘（或稱為 NOT 閘）的么正矩陣為 $X = \begin{pmatrix} 0 & 1 \\ 1 & 0 \end{pmatrix}$，請使用矩陣的運算方式說明 X

閘如何將 $|0\rangle = \begin{pmatrix} 1 \\ 0 \end{pmatrix}$ 轉換為 $|1\rangle = \begin{pmatrix} 0 \\ 1 \end{pmatrix}$，以及如何將 $|1\rangle = \begin{pmatrix} 0 \\ 1 \end{pmatrix}$ 轉換為 $|0\rangle = \begin{pmatrix} 1 \\ 0 \end{pmatrix}$。

練習 3.3 解答

$$X|0\rangle = \begin{pmatrix} 0 & 1 \\ 1 & 0 \end{pmatrix}\begin{pmatrix} 1 \\ 0 \end{pmatrix} = \begin{pmatrix} 0 \\ 1 \end{pmatrix}$$

$$X|1\rangle = \begin{pmatrix} 0 & 1 \\ 1 & 0 \end{pmatrix}\begin{pmatrix} 0 \\ 1 \end{pmatrix} = \begin{pmatrix} 1 \\ 0 \end{pmatrix}$$

練習 3.4

H 閘（或稱為 Hadamard 閘）的么正矩陣為 $X = \dfrac{1}{\sqrt{2}}\begin{pmatrix} 1 & 1 \\ 1 & -1 \end{pmatrix}$，請使用矩陣的運算

方式說明 H 閘如何將 $|0\rangle = \begin{pmatrix} 1 \\ 0 \end{pmatrix}$ 轉換為 $|+\rangle = \dfrac{1}{\sqrt{2}}\begin{pmatrix} 1 \\ 1 \end{pmatrix}$，以及如何將 $|1\rangle = \begin{pmatrix} 0 \\ 1 \end{pmatrix}$ 轉換為

$|-\rangle = \dfrac{1}{\sqrt{2}}\begin{pmatrix} 1 \\ -1 \end{pmatrix}$。

練習 3.4 解答

$$H|0\rangle = \frac{1}{\sqrt{2}}\begin{pmatrix} 1 & 1 \\ 1 & -1 \end{pmatrix}\begin{pmatrix} 1 \\ 0 \end{pmatrix} = \frac{1}{\sqrt{2}}\begin{pmatrix} 1 \\ 1 \end{pmatrix} = |+\rangle$$

$$H|1\rangle = \frac{1}{\sqrt{2}}\begin{pmatrix} 1 & 1 \\ 1 & -1 \end{pmatrix}\begin{pmatrix} 0 \\ 1 \end{pmatrix} = \frac{1}{\sqrt{2}}\begin{pmatrix} 1 \\ -1 \end{pmatrix} = |-\rangle$$

練習 3.5

S 閘也稱為 $\sqrt{Z}$ 閘，因為執行兩次 S 閘運算相當於一個 Z 閘運算。實際上，S 閘運算相當於將量子位元向量針對布洛赫球面 Z 軸旋轉 $\pi/2$ 弳，而 Z 閘則相當於將量子位元向量針對布洛赫球面 Z 軸旋轉 π 弳。分別寫出 S 閘與 Z 閘對應的么正矩陣，並使用矩陣的運算方式說明執行兩次 S 閘運算相當於一個 Z 閘運算。

練習 3.5 解答

$$Z = \begin{pmatrix} 1 & 0 \\ 0 & -1 \end{pmatrix}$$

$$S = \begin{pmatrix} 1 & 0 \\ 0 & i \end{pmatrix}$$

$$SS|0\rangle = \begin{pmatrix} 1 & 0 \\ 0 & i \end{pmatrix}\begin{pmatrix} 1 & 0 \\ 0 & i \end{pmatrix}|0\rangle = \begin{pmatrix} 1 & 0 \\ 0 & i^2 \end{pmatrix}|0\rangle = \begin{pmatrix} 1 & 0 \\ 0 & -1 \end{pmatrix}|0\rangle = Z|0\rangle$$

第 4 章練習解答

練習 4.1

給定以下的量子線路，若量子位元的初始狀態為 |01101100⟩，請回答當我們針對量子位元測量時，什麼量子狀態具有最高的測出機率？請說明原因，並請設計量子程式建構這個量子線路，再以量子電腦模擬器執行這個量子線路並測量執行結果以驗證你的回答。

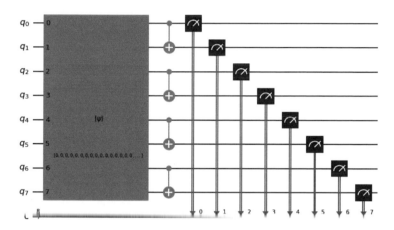

練習 4.1 解答

量子位元的初始狀態為 |01101100⟩ 表示 $|q_7q_6q_5q_4q_3q_2q_1q_0⟩$ = |01101100⟩。因為量子線路中加入 4 個 CNOT 閘，分別以 $q_0(= 0)$、$q_2(= 1)$、$q_4(= 0)$、$q_6(= 1)$ 為控制位元，並以 q_1、q_3、q_5、q_7 為目標位元，所以只有 q_3 及 q_7 被反轉，而其他的位元則保持不變，故最後的量子位元狀態為 $|q_7q_6q_5q_4q_3q_2q_1q_0⟩$ = |11100100⟩。

以下為對應的量子程式，其執行結果確實為測量出 |11100100⟩ 的機率最高。

In [ ]:

```
1  #Exercise 4.1
2  from qiskit import QuantumCircuit, execute
3  from qiskit.providers.aer import AerSimulator
4  from qiskit.visualization import plot_histogram
5  qc = QuantumCircuit(8,8)
6  sv = Statevector.from_label('01101100')
```

```
 7  qc.initialize(sv,range(8))
 8  qc.cx(0, 1)
 9  qc.cx(2, 3)
10  qc.cx(4, 5)
11  qc.cx(6, 7)
12  qc.measure(range(8), range(8))
13  display(qc.draw('mpl'))
14  sim = AerSimulator()
15  job=execute(qc, backend=sim, shots=1000)
16  result = job.result()
17  counts = result.get_counts(qc)
18  print("Counts:",counts)
19  display(plot_histogram(counts))
```

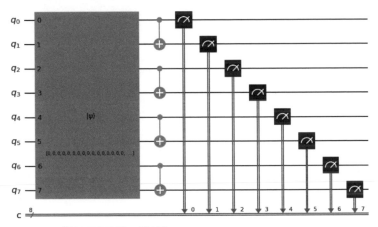

Counts: {'11100100': 1000}

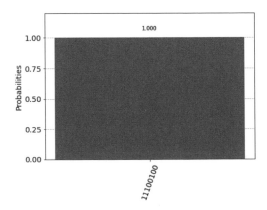

練習 4.2

IBM Qiskit 套件的 QuantumCircuit 類別提供 mcx 方法，可以建立多重控制位元與單一目標位元的量子閘。其用法為 mcx(control_qubits, target_qubit, ancilla_qubits=None, mode='noancilla')，其中 control_qubits 為控制位元索引串列，target_qubit 為目標位元索引值，ancilla_qubits 為輔助位元索引串列，預設值為 None，而 mode 的預設值為 'noancilla'，表示量子閘的建構預設不使用輔助位元。請寫出量子程式使用 mcx 方法建構並顯示 5 個控制位元作用在 1 個目標位元，而且不使用輔助位元的量子線路。

練習 4.2 解答

In [ ]:

```
1  #Exercise 4.5
2  from qiskit import QuantumCircuit
3  import math
4  qc = QuantumCircuit(6)
5  qc.mcx([0,1,2,3,4], 5, mode='noancilla')
6  qc.draw('mpl')
```

Out[ ]:

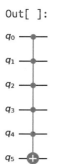

練習 4.3

設計量子程式建構下列的量子線路,以量子電腦模擬器執行這個線路,以文字模式顯示測量的量子位元狀態出現的次數,並以繪圖模式顯示其直方圖。

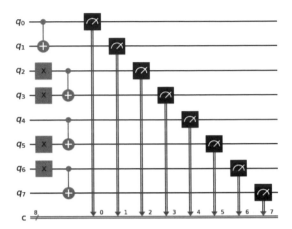

練習 4.3 解答

In [ ]:

```
1  #Exercise 4.2
2  from qiskit import QuantumCircuit,execute
3  from qiskit.providers.aer import AerSimulator
4  from qiskit.visualization import plot_histogram
5  qc = QuantumCircuit(8,8)
6  qc.x([2,3,5,6])
7  qc.cx(0,1)
8  qc.cx(2,3)
9  qc.cx(4,5)
10 qc.cx(6,7)
11 qc.measure(range(8),range(8))
12 sim=AerSimulator()
13 job=execute(qc, backend=sim, shots=1000)
14 result=job.result()
15 counts=result.get_counts(qc)
16 print("Counts:",counts)
17 plot_histogram(counts)
```

練習 4.4

請寫出量子程式使用 H 閘、X 閘及 CX 閘建構一個包含 2 個處於貝爾態量子位元的量子線路物件並顯示這個量子線路。此 2 個量子位元可能的雙位元量子態為 $|\Phi^+\rangle$、$|\Phi^-\rangle$、$|\Psi^+\rangle$、$|\Psi^-\rangle$，請以 H 閘、X 閘及 CX 閘的么正矩陣運算說明這 4 個雙位元量子態是由什麼量子位元的初始狀態推導而得？

練習 4.4 解答

In [ ]:

```
1  #Exercise 4.3
2  from qiskit import QuantumCircuit
3  qc = QuantumCircuit(2,2)
4  qc.h(0)
5  qc.cx(0,1)
6  qc.measure([0,1],[0,1])
7  qc.draw('mpl')
```

Out[ ]:

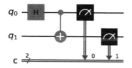

上列為產生 2 個處於貝爾態量子位元的量子線路物件。如以下的推導所示，2 個處於貝爾態量子位元可能的雙位元量子態為 $|\Phi^+\rangle$ 由 $|00\rangle$ 的初始狀態而得、$|\Psi^+\rangle$ 由 $|01\rangle$ 的初始狀態而得、$|\Phi^-\rangle$ 由 $|10\rangle$ 的初始狀態而得、$|\Psi^-\rangle$ 由 $|11\rangle$ 的初始狀態而得。

$$H(|00\rangle) = \frac{1}{\sqrt{2}}\begin{pmatrix} 1 & 1 \\ 1 & -1 \end{pmatrix}\begin{pmatrix} 1 \\ 0 \end{pmatrix} \otimes \begin{pmatrix} 1 \\ 0 \end{pmatrix} = \frac{1}{\sqrt{2}}\begin{pmatrix} 1 \\ 0 \\ 1 \\ 0 \end{pmatrix}$$

$$|\Phi^+\rangle = CNOT\frac{1}{\sqrt{2}}\begin{pmatrix} 1 \\ 0 \\ 1 \\ 0 \end{pmatrix} = \begin{pmatrix} 1 & 0 & 0 & 0 \\ 0 & 1 & 0 & 0 \\ 0 & 0 & 0 & 1 \\ 0 & 0 & 1 & 0 \end{pmatrix}\frac{1}{\sqrt{2}}\begin{pmatrix} 1 \\ 0 \\ 1 \\ 0 \end{pmatrix} = \frac{1}{\sqrt{2}}\begin{pmatrix} 1 \\ 0 \\ 0 \\ 1 \end{pmatrix} = \frac{1}{\sqrt{2}}(|00\rangle + |11\rangle)$$

$$H(|01\rangle) = \frac{1}{\sqrt{2}}\begin{pmatrix} 1 & 1 \\ 1 & -1 \end{pmatrix}\begin{pmatrix} 1 \\ 0 \end{pmatrix} \otimes \begin{pmatrix} 0 \\ 1 \end{pmatrix} = \frac{1}{\sqrt{2}}\begin{pmatrix} 0 \\ 1 \\ 0 \\ 1 \end{pmatrix}$$

$$|\Psi^+\rangle = CNOT\frac{1}{\sqrt{2}}\begin{pmatrix} 0 \\ 1 \\ 0 \\ 1 \end{pmatrix} = \begin{pmatrix} 1 & 0 & 0 & 0 \\ 0 & 1 & 0 & 0 \\ 0 & 0 & 0 & 1 \\ 0 & 0 & 1 & 0 \end{pmatrix}\frac{1}{\sqrt{2}}\begin{pmatrix} 0 \\ 1 \\ 0 \\ 1 \end{pmatrix} = \frac{1}{\sqrt{2}}\begin{pmatrix} 0 \\ 1 \\ 1 \\ 0 \end{pmatrix} = \frac{1}{\sqrt{2}}(|01\rangle + |10\rangle)$$

$$H|10\rangle = \frac{1}{\sqrt{2}}\begin{pmatrix} 1 & 1 \\ 1 & -1 \end{pmatrix}\begin{pmatrix} 0 \\ 1 \end{pmatrix} \otimes \begin{pmatrix} 1 \\ 0 \end{pmatrix} = \frac{1}{\sqrt{2}}\begin{pmatrix} 1 \\ 0 \\ -1 \\ 0 \end{pmatrix}$$

$$|\Phi^-\rangle = CNOT\frac{1}{\sqrt{2}}\begin{pmatrix} 1 \\ 0 \\ -1 \\ 0 \end{pmatrix} = \begin{pmatrix} 1 & 0 & 0 & 0 \\ 0 & 1 & 0 & 0 \\ 0 & 0 & 0 & 1 \\ 0 & 0 & 1 & 0 \end{pmatrix}\frac{1}{\sqrt{2}}\begin{pmatrix} 1 \\ 0 \\ -1 \\ 0 \end{pmatrix} = \frac{1}{\sqrt{2}}\begin{pmatrix} 1 \\ 0 \\ 0 \\ -1 \end{pmatrix} = \frac{1}{\sqrt{2}}(|00\rangle - |11\rangle)$$

$$H(|11\rangle) = \frac{1}{\sqrt{2}}\begin{pmatrix} 1 & 1 \\ 1 & -1 \end{pmatrix}\begin{pmatrix} 0 \\ 1 \end{pmatrix} \otimes \begin{pmatrix} 0 \\ 1 \end{pmatrix} = \frac{1}{\sqrt{2}}\begin{pmatrix} 0 \\ 1 \\ 0 \\ -1 \end{pmatrix}$$

$$|\Psi^-\rangle = CNOT\frac{1}{\sqrt{2}}\begin{pmatrix} 0 \\ 1 \\ 0 \\ -1 \end{pmatrix} = \begin{pmatrix} 1 & 0 & 0 & 0 \\ 0 & 1 & 0 & 0 \\ 0 & 0 & 0 & 1 \\ 0 & 0 & 1 & 0 \end{pmatrix}\frac{1}{\sqrt{2}}\begin{pmatrix} 0 \\ 1 \\ 0 \\ -1 \end{pmatrix} = \frac{1}{\sqrt{2}}\begin{pmatrix} 0 \\ 1 \\ -1 \\ 0 \end{pmatrix} = \frac{1}{\sqrt{2}}(|01\rangle - |10\rangle)$$

練習 **4.5**

請寫出量子程式建構以下的量子線路，並以真值表說明這個線路的 8 種量子位元輸入所對應的輸出為？

練習 **4.5** 解答

In [ ]:

```
1  #Exercise 4.4
2  from qiskit import QuantumCircuit
3  qc = QuantumCircuit(3)
4  qc.ccx(0,1,2)
5  qc.draw('mpl')
```

Inputs			*Outputs*		
$q0$	$q1$	$q2$	$q0$	$q1$	$q2$
0	0	0	0	0	0
0	0	1	0	0	1
0	1	0	0	1	0
0	1	1	0	1	1
1	0	0	1	0	0
1	0	1	1	0	1
1	1	0	1	1	1
1	1	1	1	1	0

第 5 章練習解答

練習 5.1

基於下列常數 - 平衡函數判斷問題的黑箱函數 f，設計量子程式建構並顯示對應的 Deutsch-Jozsa 演算法量子線路，並在量子電腦模擬器上執行量子線路 1000 次，顯示其量子位元測量結果各種不同量子態被測量出的次數及其對應的直方圖，最後並說明為何測量結果代表黑箱函數 f 為常數函數。

$f : \{0, 1\}^4 \to \{0, 1\}$
$y = f(x) = 1$

練習 5.1 解答

In [ ]:

```
 1  #Exercise 5.1
 2  from qiskit import QuantumCircuit, Aer, execute
 3  from qiskit.visualization import plot_histogram
 4  qc = QuantumCircuit(5, 4)
 5  qc.x(4)
 6  qc.h(range(5))
 7  qc.barrier()
 8  qc.x(4)
 9  qc.barrier()
10  qc.h(range(5))
11  qc.measure(range(4), range(4))
12  display(qc.draw('mpl'))
13  sim = Aer.get_backend('aer_simulator')
14  job = execute(qc, sim, shots=1000)
15  result = job.result()
16  counts = result.get_counts()
17  print("Counts:",counts)
18  display(plot_histogram(counts))
```

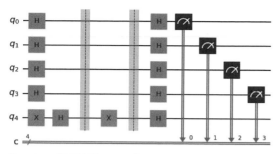

Counts: {'0000': 1000}

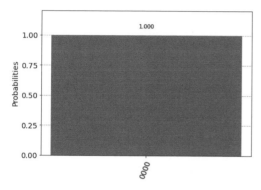

以上量子程式中量子線路測量結果為 '000' 出現的機率為 100%，代表黑箱函數為常數函數。

練習 5.2

基於下列常數 - 平衡函數判斷問題的黑箱函數 f，設計量子程式建構並顯示對應的 Deutsch-Jozsa 演算法量子線路，並在實際量子電腦上執行量子線路 1000 次，顯示其量子位元測量結果各種不同量子態被測量出的次數及其對應的直方圖，最後並說明為何測量結果代表黑箱函數 f 為常數函數。

$f : \{0, 1\}^4 \rightarrow \{0, 1\}$
$y = f(x) = 1$

練習 5.2 解答

In [ ]:

```
 1 #Exercise 5.2
 2 from qiskit import QuantumCircuit, IBMQ, execute
 3 from qiskit.visualization import plot_histogram
 4 from qiskit.providers.ibmq import least_busy
 5 from qiskit.tools.monitor import job_monitor
 6 qc = QuantumCircuit(5, 4)
 7 qc.x(4)
 8 qc.h(range(5))
 9 qc.barrier()
10 qc.x(4)
11 qc.barrier()
12 qc.h(range(5))
13 qc.measure(range(4), range(4))
14 display(qc.draw('mpl'))
15 #IBMQ.save_account('Put your token here.')
16 IBMQ.load_account()
17 provider = IBMQ.get_provider(group='open')
18 least_busy_device = least_busy(provider.backends(simulator=False))
19 print("The least busy device is:",least_busy_device)
20 job = execute(qc, least_busy_device, shots=1000)
21 job_monitor(job)
22 result = job.result()
23 counts = result.get_counts(qc)
24 print("Counts:",counts)
25 display(plot_histogram(counts))
```

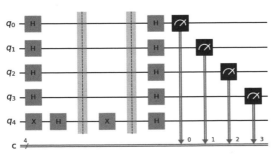

```
ibmqfactory.load_account:WARNING:2022-06-11 07:59:15,545: Credentials are already
in use. The existing account in the session will be replaced.

The least busy device is: ibmq_lima
Job Status: job has successfully run
```

Counts: {'0000': 967, '0001': 3, '0010': 6, '0011': 1, '0100': 3, '1000': 15, '1001': 1, '1010': 1, '1100': 3}

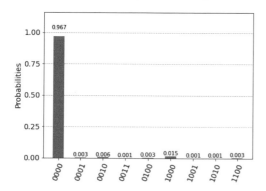

以上量子程式中量子線路測量結果為 '000' 出現的機率為 96.7%，因為實際量子電腦還是受到雜訊干擾而有些許誤差，因此量測到 '000' 的機率不是 100% 而是接近 100% 的 96.7%，而其他量子態量測到的機率都接近 0%。撇開實際量子電腦的誤差，量子程式的執行結果代表黑箱函數為常數函數。

練習 5.3

基於下列常數 - 平衡函數判斷問題的黑箱函數 f，設計量子程式建構並顯示對應的 Deutsch-Jozsa 演算法量子線路，並在量子電腦模擬器上執行量子線路 1000 次，顯示其量子位元測量結果各種不同量子態被測量出的次數及其對應的直方圖，最後並說明為何測量結果代表黑箱函數 f 為平衡函數。

$$f : \{0, 1\}^3 \rightarrow \{0, 1\}$$

$$y = f(x_2x_1x_0) = \begin{cases} 1 & \text{if } x_0 = 1 \\ 0 & \text{if } x_0 \neq 1 \end{cases}$$

練習 5.3 解答

In [ ]:

```
1 #Exercise 5.3
2 from qiskit import QuantumCircuit, Aer, execute
3 from qiskit.visualization import plot_histogram
4 qc = QuantumCircuit(4, 3)
```

```
 5  qc.x(3)
 6  qc.h(range(4))
 7  qc.barrier()
 8  qc.cx(0,3)
 9  qc.barrier()
10  qc.h(range(4))
11  qc.measure(range(3), range(3))
12  display(qc.draw('mpl'))
13  sim = Aer.get_backend('aer_simulator')
14  job = execute(qc, sim, shots=1000)
15  result = job.result()
16  counts = result.get_counts()
17  print("Counts:",counts)
18  display(plot_histogram(counts))
```

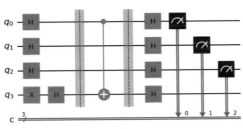

Counts: {'001': 1000}

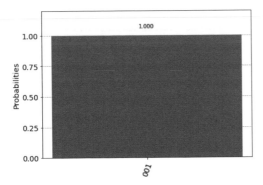

以上量子程式中量子線路測量結果為 '000' 出現的機率為 0%，代表黑箱函數為平衡函數。

練習 5.4

設計量子程式建構以下量子線路，重新顯示這個量子線路，並以布洛赫球面顯示第一條壁疊線的量子位元狀態及第二條壁疊線的量子位元狀態。

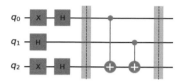

練習 5.4 解答

In [ ]:

```
 1 #Exercise 5.4
 2 from qiskit import QuantumRegister, QuantumCircuit
 3 from qiskit.quantum_info import Statevector
 4 qc = QuantumCircuit(3)
 5 qc.x([0,2])
 6 qc.h(range(3))
 7 qc.barrier()
 8 state1 = Statevector.from_instruction(qc)
 9 qc.cx(0,2)
10 qc.cx(1,2)
11 qc.barrier()
12 state2 = Statevector.from_instruction(qc)
13 display(qc.draw('mpl'))
14 print("The Bloch sphere of the state on the first barrier")
15 display(state1.draw('bloch'))
16 print("The Bloch sphere of the state on the second barrier")
17 display(state2.draw('bloch'))
```

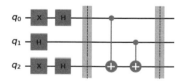

The Bloch sphere of the state on the first barrier

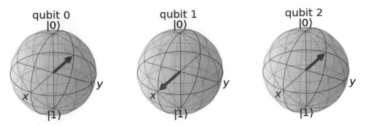

The Bloch sphere of the state on the second barrier

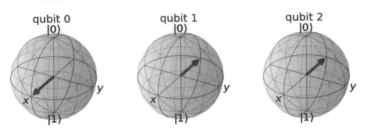

練習 5.5

Deutsch 演算法可以視為 Deutsch-Jozsa 演算法的簡化版,二個演算法都是解決常數 - 平衡函數判斷問題。但是 Deutsch 演算法所解決問題的輸入為 1 個位元;而 Deutsch-Jozsa 演算法所解決問題的輸入為 n 個位元,其中 $n > 1$。Deutsch 演算法所解決問題的定義如下:

給定一個黑箱函數(blackbox function)或神諭(oracle)f:

$f : \{0, 1\} \rightarrow \{0, 1\}$

判斷函數 f 是常數(constant)函數或是平衡(balanced)函數。其中,一個函數 $f, f : \{0, 1\} \rightarrow \{0, 1\}$ 是常數函數,若且唯若針對任何的輸入 $x, x \in \{0, 1\}$ 都得到 $f(x) = 0$ 或 $f(x) = 1$。而一個函數 $f, f : \{0, 1\} \rightarrow \{0, 1\}$ 是平衡函數,若且唯若針對任何的輸入 $x, x \in \{0, 1\}, f(x)$ 輸出 0 和 1 的次數相同。

Deutsch 問題一共有 4 種可能的黑箱函數,設計一個量子程式建構量子線路,可以針對所有 4 種可能的黑箱函數判斷其為常數函數或是平衡函數。這個量子線路具有 2 個量子位元 $q_0 = x$ 以及 $q_1 = y = f(x)$,若 f 是常數函數,則 q_0 測量結果為 $|0\rangle$ 的機率為 100%(或在實體量子電腦上測量結果非常接近 100%);反之,若 f 是平衡函數,則 q_0 測量結果為 $|1\rangle$ 的機率為 100%(或在實體量子電腦上測量結果非常

接近 100%）。請以量子電腦模擬器或是真實量子電腦執行量子程式，並以直方圖
顯示 q_0 的測量結果。

練習 5.5 解答

In [ ]:

```
1  #Exercise 5.5
2  from qiskit import QuantumCircuit, Aer, execute
3  from qiskit.visualization import plot_histogram
4  def Oracle(qc,oracle_type):
5    if oracle_type == 0: #Constant-0 oracle
6      qc.id(1)
7    elif oracle_type == 1: #Constant-1 oracle
8      qc.x(1)
9    elif oracle_type == 2: #Identity oracle
10     qc.cx(0,1)
11   else: #oracle_type == 3: #Not oracle
12     qc.x(0)
13     qc.cx(0, 1)
14     qc.x(0)
15
16 o_type=['constant-0','constant-1','identity','not']
17 for i in range(4):
18   qc = QuantumCircuit(2, 1)
19   qc.x(1)
20   qc.h([0,1])
21   qc.barrier()
22   Oracle(qc, oracle_type=i)
23   qc.barrier()
24   qc.h(0)
25   qc.measure(0, 0)
26   print('='*65)
27   print("The Deutsch algorithm quantum circuit for",o_type[i],'oracle')
28   display(qc.draw('mpl'))
29   sim = Aer.get_backend('aer_simulator')
30   job = execute(qc, sim, shots=1000)
31   result = job.result()
32   counts = result.get_counts()
33   print("Counts:",counts)
34   display(plot_histogram(counts))
```

==

The Deutsch algorithm quantum circuit for constant-0 oracle

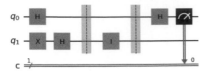

Counts: {'0': 1000}

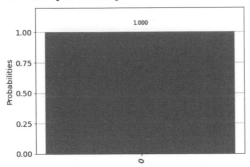

==
The Deutsch algorithm quantum circuit for constant-1 oracle

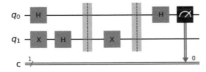

Counts: {'0': 1000}

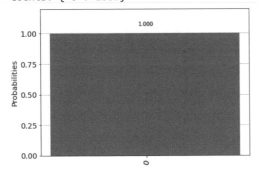

==
The Deutsch algorithm quantum circuit for identity oracle

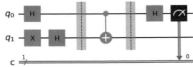

Counts: {'1': 1000}

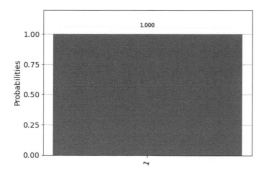

```
================================================================
```
The Deutsch algorithm quantum circuit for not oracle

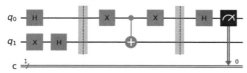

Counts: {'1': 1000}

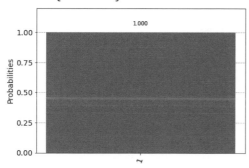

第 6 章練習解答

練習 6.1

基於下列非結構搜尋問題的黑箱函數 f，設計量子程式建構並顯示 Grover 演算法量子線路，並呈現執行結果中各種量子狀態出現次數的直方圖。

$$f : \{0, 1\}^2 \rightarrow \{0, 1\}$$

$$y = f(x_1 x_0) = \begin{cases} 1 & \text{if } x_1 x_0 = 00 \\ 0 & \text{if } x_0 x_0 \neq 00 \end{cases}$$

練習 6.1 解答

In [ ]:

```
 1  #Exercise 6.1
 2  from qiskit import QuantumCircuit,execute
 3  from qiskit.providers.aer import AerSimulator
 4  from qiskit.visualization import plot_histogram
 5  qc = QuantumCircuit(2,2)
 6  qc.h([0,1])
 7  qc.barrier()
 8  qc.x([0,1])
 9  qc.cz(1,0)
10  qc.x([0,1])
11  qc.barrier()
12  qc.h([0,1])
13  qc.x([0,1])
14  qc.cz(0,1)
15  qc.x([0,1])
16  qc.h([0,1])
17  qc.barrier()
18  qc.measure([0,1],[0,1])
19  print("The quantum circuit of Grover's algorithm for input solution='00':")
20  display(qc.draw('mpl'))
21  sim = AerSimulator()
22  job=execute(qc, backend=sim, shots=1000)
23  result = job.result()
24  counts = result.get_counts(qc)
25  display(plot_histogram(counts))
```

```
26 #to obtain the key with the max value
27 max_value_key=max(counts, key=counts.get)
28 print("The solution input is '"+max_value_key+"'.")
```

The quantum circuit of Grover's algorithm for input solution='00':

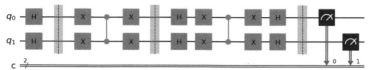

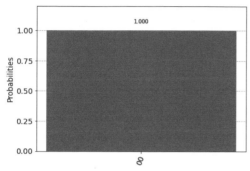

The solution input is '00'.

練習 6.2

基於下列非結構搜尋問題的黑箱函數 f，設計量子程式建構並顯示 Grover 演算法量子線路，並呈現執行結果中各種量子狀態出現次數的直方圖。

$$f : \{0, 1\}^2 \rightarrow \{0, 1\}$$

$$y = f(x_1 x_0) = \begin{cases} 1 & \text{if } x_1 x_0 = 01 \\ 0 & \text{if } x_0 x_0 \neq 01 \end{cases}$$

練習 6.2 解答

In [ ]:

```
1 #Exercise 6.2
2 from qiskit import QuantumCircuit,execute
3 from qiskit.providers.aer import AerSimulator
4 from qiskit.visualization import plot_histogram
5 qc = QuantumCircuit(2,2)
```

```
 6  qc.h([0,1])
 7  qc.barrier()
 8  qc.x(1)
 9  qc.cz(1,0)
10  qc.x(1)
11  qc.barrier()
12  qc.h([0,1])
13  qc.x([0,1])
14  qc.cz(0,1)
15  qc.x([0,1])
16  qc.h([0,1])
17  qc.barrier()
18  qc.measure([0,1],[0,1])
19  print("The quantum circuit of Grover's algorithm for input solution='01':")
20  display(qc.draw('mpl'))
21  sim = AerSimulator()
22  job=execute(qc, backend=sim, shots=1000)
23  result = job.result()
24  counts = result.get_counts(qc)
25  display(plot_histogram(counts))
26  #to obtain the key with the max value
27  max_value_key=max(counts, key=counts.get)
28  print("The solution input is '"+max_value_key+"'.")
```

The quantum circuit of Grover's algorithm for input solution='01':

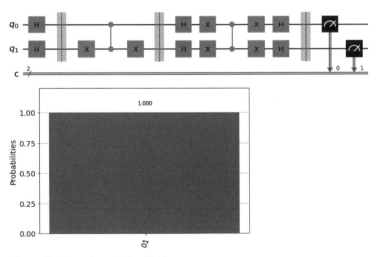

The solution input is '01'.

練習 6.3

基於下列非結構搜尋問題的黑箱函數 f，設計量子程式建構並顯示 Grover 演算法量子線路，並呈現執行結果中各種量子狀態出現次數的直方圖。

$$f : \{0,1\}^3 \rightarrow \{0,1\}$$

$$y = f(x_2 x_1 x_0) = \begin{cases} 1 & \text{if } x_2 x_1 x_0 = 111 \\ 0 & \text{if } x_2 x_1 x_0 \neq 111 \end{cases}$$

練習 6.3 解答

In [ ]:

```
1  #Exercise 6.3
2  from qiskit import QuantumCircuit,execute
3  from qiskit.providers.aer import AerSimulator
4  from qiskit.visualization import plot_histogram
5  from math import pi
6  qc = QuantumCircuit(3,3)
7  qc.h([0,1,2])
8  qc.barrier()
9  for repeat in range(2):
10   qc.mcp(pi,[0,1],2)
11   qc.barrier()
12   qc.h([0,1,2])
13   qc.x([0,1,2])
14   qc.mcp(pi,[0,1],2)
15   qc.x([0,1,2])
16   qc.h([0,1,2])
17   qc.barrier()
18 qc.measure([0,1,2],[0,1,2])
19 print("The quantum circuit of Grover's algorithm for input solution='111':")
20 display(qc.draw('mpl'))
21 sim = AerSimulator()
22 job=execute(qc, backend=sim, shots=1000)
23 result = job.result()
24 counts = result.get_counts(qc)
25 display(plot_histogram(counts))
26 #to obtain the key with the max value
27 max_value_key=max(counts, key=counts.get)
28 print("The solution input is '"+max_value_key+"'.")
```

The quantum circuit of Grover's algorithm for input solution='111':

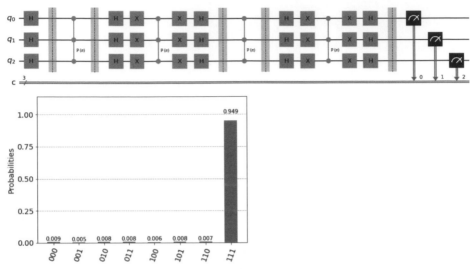

The solution input is '111'.

練習 6.4

基於下列非結構搜尋問題的黑箱函數 f，設計量子程式建構並顯示 Grover 演算法量子線路，並呈現執行結果中各種量子狀態出現次數的直方圖。

$$f : \{0, 1\}^4 \rightarrow \{0, 1\}$$

$$y = f(x_3 x_2 x_1 x_0) = \begin{cases} 1 & \text{if } x_3 x_2 x_1 x_0 = 1001 \\ 0 & \text{if } x_3 x_2 x_1 x_0 \neq 1001 \end{cases}$$

練習 6.4 解答

In [ ]:

```
1  #Exercise 6.4
2  from qiskit import QuantumCircuit,execute
3  from qiskit.providers.aer import AerSimulator
4  from qiskit.visualization import plot_histogram
5  from math import pi
6  qc = QuantumCircuit(4,4)
7  qc.h([0,1,2,3])
8  qc.barrier()
```

```
 9 for repeat in range(3):
10   qc.x([1,2])
11   qc.mcp(pi,[0,1,2],3)
12   qc.x([1,2])
13   qc.barrier()
14   qc.h([0,1,2,3])
15   qc.x([0,1,2,3])
16   qc.mcp(pi,[0,1,2],3)
17   qc.x([0,1,2,3])
18   qc.h([0,1,2,3])
19   qc.barrier()
20 qc.measure([0,1,2,3],[0,1,2,3])
21 print("The quantum circuit of Grover's algorithm for input solution='1001':")
22 display(qc.draw('mpl'))
23 sim = AerSimulator()
24 job=execute(qc, backend=sim, shots=1000)
25 result = job.result()
26 counts = result.get_counts(qc)
27 display(plot_histogram(counts))
28 #to obtain the key with the max value
29 max_value_key=max(counts, key=counts.get)
30 print("The solution input is '"+max_value_key+"'.")
```

The quantum circuit of Grover's algorithm for input solution='1001':

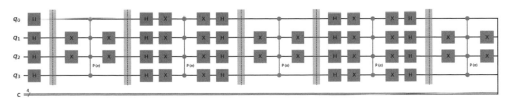

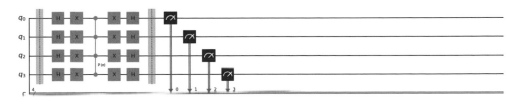

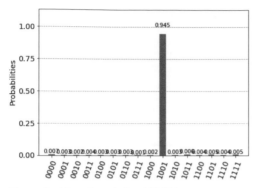

```
The solution input is '1001'.
```

練習 6.5

設計量子程式建構並顯示 Grover 演算法量子線路，以解決以下給定具 5 個節點及 10 個邊的完全圖（complete graph）的漢米爾頓循環（Hamiltonian cycle）問題。請注意，給定的完全圖將 5 個點標示為 n_0、...、n_4，10 個邊則標示為 e_0、...、e_9。以下也給出這個完全圖的所有漢米爾頓循環，包括對應的循環中節點序列（node sequence in cycle）、循環中邊序列（edge sequence in cycle）以及對應每個邊量子位元的值。具體的說，可以使用 10 個量子位元 q_0、...、q_9 分別對應邊 q_0、...、q_9，若量子位元 q_i 最後測量為 1，則代表邊 e_i 是漢米爾頓循環中的一個邊，其中 $0 \le i \le 9$。

#	node sequence in cycle	edge sequence in cycle	q_9	q_8	q_7	q_6	q_5	q_4	q_3	q_2	q_1	q_0
1	$n_0 \to n_1 \to n_2 \to n_3 \to n_4$	$e_0 \to e_1 \to e_2 \to e_3 \to e_4$	0	0	0	0	0	1	1	1	1	1
2	$n_0 \to n_1 \to n_2 \to n_4 \to n_3$	$e_0 \to e_1 \to e_9 \to e_3 \to e_6$	1	0	0	1	0	0	1	0	1	1
3	$n_0 \to n_1 \to n_3 \to n_2 \to n_4$	$e_0 \to e_8 \to e_2 \to e_9 \to e_4$	1	1	0	0	0	1	0	1	0	1
4	$n_0 \to n_1 \to n_3 \to n_4 \to n_2$	$e_0 \to e_8 \to e_3 \to e_9 \to e_5$	1	1	0	0	1	0	1	0	0	1
5	$n_0 \to n_1 \to n_4 \to n_2 \to n_3$	$e_0 \to e_7 \to e_9 \to e_2 \to e_6$	1	0	1	1	0	0	0	1	0	1
6	$n_0 \to n_1 \to n_4 \to n_3 \to n_2$	$e_0 \to e_7 \to e_3 \to e_2 \to e_5$	0	0	1	0	1	0	1	1	0	1
7	$n_0 \to n_2 \to n_1 \to n_3 \to n_4$	$e_5 \to e_1 \to e_8 \to e_3 \to e_4$	0	1	0	0	1	1	1	0	1	0
8	$n_0 \to n_2 \to n_1 \to n_4 \to n_3$	$e_5 \to e_1 \to e_7 \to e_3 \to e_6$	0	0	1	1	1	0	1	0	1	0
9	$n_0 \to n_2 \to n_3 \to n_1 \to n_4$	$e_5 \to e_2 \to e_8 \to e_7 \to e_0$	0	1	1	0	1	0	0	1	0	1
10	$n_0 \to n_3 \to n_1 \to n_2 \to n_4$	$e_6 \to e_8 \to e_1 \to e_9 \to e_5$	1	1	0	1	1	0	0	0	1	0
11	$n_0 \to n_3 \to n_1 \to n_4 \to n_2$	$e_6 \to e_8 \to e_7 \to e_9 \to e_4$	1	1	1	1	0	1	0	0	0	0
12	$n_0 \to n_3 \to n_4 \to n_1 \to n_2$	$e_6 \to e_3 \to e_8 \to e_1 \to e_5$	0	1	0	1	1	0	1	0	1	0

具 5 個節點及 10 個邊的完全圖（complete graph）及對應的漢米爾頓循環
（Hamiltonian cycle）資訊。

練習 6.5 解答

In [ ]:

```
 1  #Exercise 6.5
 2  from qiskit import QuantumCircuit,execute
 3  from qiskit.providers.aer import AerSimulator
 4  from qiskit.visualization import plot_histogram
 5  from math import pi
 6  qc = QuantumCircuit(10,10)
 7  qc.h(range(10))
 8  for repeat in range(7):
 9    qc.x([5,6,7,8,9])
10    qc.mcp(pi,list(range(9)),9)
11    qc.x([5,6,7,8,9])
12    qc.x([2,4,5,7,8])
13    qc.mcp(pi,list(range(9)),9)
14    qc.x([2,4,5,7,8])
15    qc.x([1,3,5,6,7])
16    qc.mcp(pi,list(range(9)),9)
17    qc.x([1,3,5,6,7])
18    qc.x([1,2,4,6,7])
19    qc.mcp(pi,list(range(9)),9)
20    qc.x([1,2,4,6,7])
21    qc.x([1,3,4,5,8])
22    qc.mcp(pi,list(range(9)),9)
23    qc.x([1,3,4,5,8])
24    qc.x([1,4,6,8,9])
25    qc.mcp(pi,list(range(9)),9)
26    qc.x([1,4,6,8,9])
27    qc.x([0,2,6,7,9])
28    qc.mcp(pi,list(range(9)),9)
29    qc.x([0,2,6,7,9])
30    qc.x([0,2,4,8,9])
31    qc.mcp(pi,list(range(9)),9)
32    qc.x([0,2,4,8,9])
33    qc.x([1,3,4,6,9])
34    qc.mcp(pi,list(range(9)),9)
35    qc.x([1,3,4,6,9])
36    qc.x([0,2,3,4,7])
```

```
37    qc.mcp(pi,list(range(9)),9)
38    qc.x([0,2,3,4,7])
39    qc.x([0,1,2,3,5])
40    qc.mcp(pi,list(range(9)),9)
41    qc.x([0,1,2,3,5])
42    qc.x([0,2,4,7,9])
43    qc.mcp(pi,list(range(9)),9)
44    qc.x([0,2,4,7,9])
45    qc.h(range(10))
46    qc.x(range(10))
47    qc.mcp(pi,list(range(9)),9)
48    qc.x(range(10))
49    qc.h(range(10))
50  qc.measure(range(10),range(10))
51  sim = AerSimulator()
52  job=execute(qc, backend=sim, shots=1000)
53  result = job.result()
54  counts = result.get_counts(qc)
55  print("Total counts for qubit states are:",counts)
56  display(plot_histogram(counts))
57  sorted_counts=sorted(counts.items(),key=lambda x:x[1], reverse=True)
58  print('The solutions to the Hamiltonia cycle problem are:')
59  find_all_ones=lambda s:[x for x in range(len(s)) if s[x]=='1']
60  for i in range(12):   #It is konw there are (5-1)!/2=12 solutions
61    scstr=sorted_counts[i][0] #scstr: string in sorted_counts
62    print(scstr,end=' (')
63    reverse_scstr=scstr[::-1] #reverse scstr for LSB at the right
64    all_ones=find_all_ones(reverse_scstr)
65    for one in all_ones[0:-1]:
66      print('e'+str(one)+'->',end='')
67    print('e'+str(all_ones[-1])+')')
```

Total counts for qubit states are: {'0011011110': 1, '0101101010': 74, '1100101001': 84, '0011101010': 80, '0101001100': 1, '0110100101': 103, '0010101101': 74, '1011000101': 81, '0100111010': 85, '1110110011': 1, '1100010101': 80, '1101100010': 74, '0111011100': 1, '1001001011': 102, '0000011111': 77, '1111010000': 82}

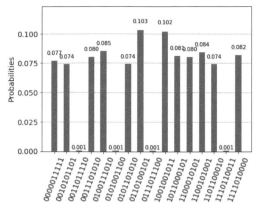

```
The solutions to the Hamiltonia cycle problem are:
0110100101 (e0->e2->e5->e7->e8)
1001001011 (e0->e1->e3->e6->e9)
0100111010 (e1->e3->e4->e5->e8)
1100101001 (e0->e3->e5->e8->e9)
1111010000 (e4->e6->e7->e8->e9)
1011000101 (e0->e2->e6->e7->e9)
0011101010 (e1->e3->e5->e6->e7)
1100010101 (e0->e2->e4->e8->e9)
0000011111 (e0->e1->e2->e3->e4)
0101101010 (e1->e3->e5->e6->e8)
0010101101 (e0->e2->e3->e5->e7)
1101100010 (e1->e5->e6->e8->e9)
```

第 7 章練習解答

以下先列出第七章練習解答中使用到的函數：

In [ ]:

```
1  #Program 7.4 Define funciton to build n-qubit QFT quantum circuit
2  from qiskit import QuantumRegister, QuantumCircuit
3  from math import pi
4  def qft(n):
5    ar = QuantumRegister(n,'a')
6    qc = QuantumCircuit(ar)
7    for hbit in range(n-1,-1,-1):
8      qc.h(hbit)
9      for cbit in range(hbit):
10       qc.cp(pi/2**(hbit-cbit), cbit, hbit)
11   for bit in range(n//2):
12     qc.swap(bit,n-bit-1)
13   return qc
```

In [ ]:

```
1  #Program 7.5 Define function to build n-qubit IQFT quantum circuit
2  from qiskit import QuantumRegister, QuantumCircuit
3  from math import pi
4  def iqft(n):
5    br = QuantumRegister(n,'b')
6    qc = QuantumCircuit(br)
7    for sbit in range(n//2):        #sbit: for swap qubit
8      qc.swap(sbit,n-sbit-1)
9    for hbit in range(0,n,1):       #hbit: for h-gate qubit
10     for cbit in range(hbit-1,-1,-1):   #cbit: for count qubit
11       qc.cp(-pi/2**(hbit-cbit), cbit, hbit)
12     qc.h(hbit)
13   qc.name = "IQFT"
14   return qc
```

In [ ]:

```
1  #Program 7.9 Define function to build modular exponentiation quantum circuit
2  from qiskit import QuantumRegister, QuantumCircuit
3  def qc_mod15(a, power, show=False):
4    assert a in [2,4,7,8,11,13], 'Invalid value of argument a:'+str(a)
5    qrt = QuantumRegister(4,'target')
6    U = QuantumCircuit(qrt)
```

```
 7   for i in range(power):
 8     if a in [2,13]:
 9       U.swap(0,1)
10       U.swap(1,2)
11       U.swap(2,3)
12     if a in [7,8]:
13       U.swap(2,3)
14       U.swap(1,2)
15       U.swap(0,1)
16     if a in [4, 11]:
17       U.swap(1,3)
18       U.swap(0,2)
19     if a in [7,11,13]:
20       for j in range(4):
21         U.x(j)
22   if show:
23     print('Below is the circuit of U of '+f'"{a}^{power} mod 15":')
24     display(U.draw('mpl'))
25   U = U.to_gate()
26   U.name = f'{a}^{power} mod 15'
27   C_U = U.control()
28   return C_U
```

練習 7.1

設計量子程式將 5 個量子位元初始狀態設定為 '11011'，先以布洛赫球面顯示量子位元狀態，然後加入量子傅立葉變換線路後，再以布洛赫球面顯示量子位元經過量子傅立葉變換之後的狀態，最後再加入逆量子傅立葉變換線路，而且同樣以布洛赫球面顯示量子位元狀態。在程式的最後必須顯示整體量子線路，程式可以直接呼叫本章提供的 qft 及 iqft 函數建構量子傅立葉變換線路及逆量子傅立葉變換線路，並且以量子閘的形式加入量子線路中。請注意，程式無須加入定義 qft 及 iqft 函數的細節，但是在呼叫這 2 個函數之前要先執行定義這 2 個函數的程式。

練習 7.1 解答

In [ ]:

```
1 #Exercise 7.1
2 from qiskit import QuantumCircuit
3 from qiskit.quantum_info import Statevector
```

```
 4  qc = QuantumCircuit(5)
 5  qc.initialize('11011',range(5))
 6  state0 = Statevector.from_instruction(qc)
 7  qc.append(qft(5).to_gate(label='QFT'),range(5))
 8  state1 = Statevector.from_instruction(qc)
 9  qc.append(iqft(5).to_gate(label='IQFT'),range(5))
10  state2 = Statevector.from_instruction(qc)
11  print('Statevector before QFT:')
12  display(state0.draw('bloch'))
13  print('Statevector after QFT:')
14  display(state1.draw('bloch'))
15  print('Statevector after IQFT:')
16  display(state2.draw('bloch'))
17  display(qc.draw('mpl'))
```

Statevector before QFT:

Statevector after QFT:

Statevector after IQFT:

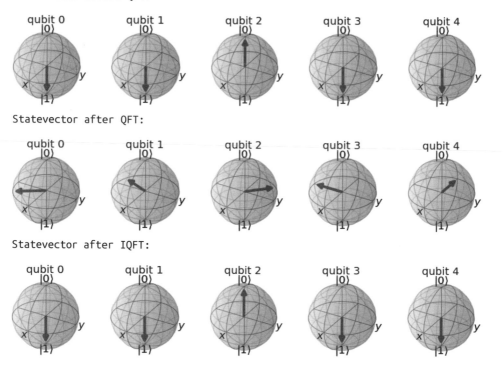

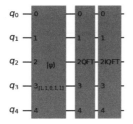

練習 7.2

設計量子程式透過量子相位估測，以 3 個計數位元的測量結果推導出么正變換 T 閘本徵值對應的相位。程式必須顯示整體量子線路，計數位元的測量結果直方圖，以及由測量結果推導出的相位。程式可以直接呼叫本章提供的 iqft 函數建構逆量子傅立葉變換線路，並且以量子閘的形式加入量子線路中。請注意，程式無須加入定義 iqft 函數的細節，但是在呼叫 iqft 函數之前要先執行定義 iqft 函數的程式。

練習 7.2 解答

In [ ]:

```
 1 #Exercise 7.2
 2 from qiskit import QuantumRegister, QuantumCircuit, ClassicalRegister,
   execute
 3 from qiskit.providers.aer import AerSimulator
 4 from qiskit.visualization import plot_histogram
 5 from math import pi
 6 count_no = 3 #the number of count qubits
 7 countreg = QuantumRegister(count_no,'count')
 8 psireg = QuantumRegister(1,'psi')
 9 creg = ClassicalRegister(count_no,'c')
10 qc = QuantumCircuit(countreg,psireg,creg)
11 for countbit in range(count_no):
12   qc.h(countbit)
13 qc.x(psireg)
14 repeat = 1
15 for countbit in range(count_no):
16   for r in range(repeat):
17     qc.cp(pi/4,countbit,psireg) #for CT gate
18   repeat *= 2
19 qc.append(iqft(count_no).to_gate(label='IQFT'),range(count_no))
20 qc.measure(range(count_no),range(count_no))
```

```
21  display(qc.draw())
22  sim = AerSimulator()
23  job=execute(qc, backend=sim, shots=1000)
24  result = job.result()
25  counts = result.get_counts(qc)
26  print("Total counts for qubit states are:",counts)
27  plot_histogram(counts)
28  max_value_key=max(counts, key=counts.get) #to obtain the key with the max
    value
29  phase=int(max_value_key,base=2)/2**count_no
30  print("The estimated phase is:",phase)
```

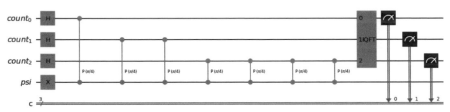

```
Total counts for qubit states are: {'001': 1000}
The estimated phase is: 0.125
```

練習 7.3

設計量子程式透過量子相位估測，以 6 個計數位元的測量結果推導出帶 $\pi/3$ 參數么正變換 P 閘本徵值對應的相位。程式只需要顯示計數位元的測量結果直方圖，以及由測量結果推導出的相位。程式可以直接呼叫本章提供的 iqft 函數建構逆量子傅立葉變換線路，並且以量子閘的形式加入量子線路中。請注意，程式無須加入定義 iqft 函數的細節，但是在呼叫 iqft 函數之前要先執行定義 iqft 函數的程式。

練習 7.3 解答

In [ ]:

```
1  #Exercise 7.3
2  from qiskit import QuantumRegister, QuantumCircuit, ClassicalRegister,
   execute
3  from qiskit.providers.aer import AerSimulator
4  from qiskit.visualization import plot_histogram
5  from math import pi
6  count_no = 6 #the number of count qubits
```

```
 7  countreg = QuantumRegister(count_no,'count')
 8  psireg = QuantumRegister(1,'psi')
 9  creg = ClassicalRegister(count_no,'c')
10  qc = QuantumCircuit(countreg,psireg,creg)
11  for countbit in range(count_no):
12    qc.h(countbit)
13  qc.x(psireg)
14  repeat = 1
15  for countbit in range(count_no):
16    for r in range(repeat):
17      qc.cp(pi/3,countbit,psireg) #for P gate with 1/6= phase
18    repeat *= 2
19  qc.append(iqft(count_no).to_gate(label='IQFT'),range(count_no))
20  qc.measure(range(count_no),range(count_no))
21  sim = AerSimulator()
22  job=execute(qc, backend=sim, shots=1000)
23  result = job.result()
24  counts = result.get_counts(qc)
25  print("Total counts for qubit states are:",counts)
26  display(plot_histogram(counts))
27  max_value_key=max(counts, key=counts.get) #to obtain the key with the max
    value
28  phase=int(max_value_key,base=2)/2**count_no
29  print("The estimated phase is:",phase)
```

```
Total counts for qubit states are: {'110000': 1, '011001': 1, '100111': 1,
'011011': 1, '111111': 1, '010010': 2, '011110': 2, '010100': 1, '010000': 3,
'001111': 3, '101010': 2, '101100': 1, '010001': 2, '001010': 175, '001100': 37,
'111100': 1, '001001': 34, '000101': 2, '001011': 688, '000110': 4, '000011': 1,
'000100': 2, '001000': 10, '001110': 2, '010111': 1, '000111': 7, '000010': 1,
'001101': 13, '000001': 1}
```

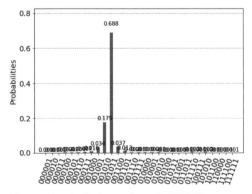

```
The estimated phase is: 0.171875
```

練習 7.4

設計量子程式建構使用 2 個量子計數位元，對應 $f(x) = 11^x$ (mod 15) 的量子相位估測線路，並使用量子電腦模擬器執行量子線路，獲得量子計數位元的測量結果，以求出 $f(x)$ 的週期。程式可以直接呼叫本章提供的 qc_mod15 及 iqft 函數建構量子模冪線路及逆量子傅立葉變換線路，並且以量子閘的形式加入量子線路中。程式的最後必須顯示整體量子線路，並顯示量子計數位元的測量結果以及根據測量結果得到的週期估測值。請注意，程式無須加入定義 qc_mod15 及 idft 函數的細節，但是在呼叫這 2 個函數之前要先執行定義這 2 個函數的程式。

練習 7.4 解答

In [ ]:

```
1  #Exercise 7.4
2  from qiskit import QuantumRegister,ClassicalRegister,QuantumCircuit
3  from qiskit.providers.aer import AerSimulator
4  from qiskit import execute
5  from qiskit.visualization import plot_histogram
6  from fractions import Fraction
7  count_no=2
8  a=11
9  qrc = QuantumRegister(count_no,'count')
10 qry = QuantumRegister(4,'y') #for cmod15 gate
11 clr = ClassicalRegister(count_no,'c')
12 qc = QuantumCircuit(qrc, qry, clr)
13 for cbit in range(count_no):
14   qc.h(cbit)
15 qc.x(qry[0]) # And auxiliary register in state |1>
16 for cbit in range(count_no):    # Do controlled-U operations
17   qc.append(qc_mod15(a, 2**cbit), [cbit] + list(range(count_no, count_no+4)))
18 qc.append(iqft(count_no).to_gate(label='IQFT'), range(count_no))
19 qc.measure(range(count_no), range(count_no))
20 display(qc.draw('mpl'))
21 sim = AerSimulator()
22 job=execute(qc, backend=sim, shots=1000)
23 result = job.result()
24 counts = result.get_counts(qc)
25 display(plot_histogram(counts))
26 print('Total counts for qubit states are:',counts,'\n')
27 print('%10s %10s %10s %10s %10s' %
```

```
     ('Binary','Decimal','Phase','Fraction','Period'))
28 for akey in counts.keys():
29   dec=int(akey,base=2)
30   phase=dec/(2**count_no)
31   frac=Fraction(phase).limit_denominator(15)
32   period=frac.denominator
33   print('%10s %10d %10f %10s %10d' % (akey,dec,phase,frac,period))
```

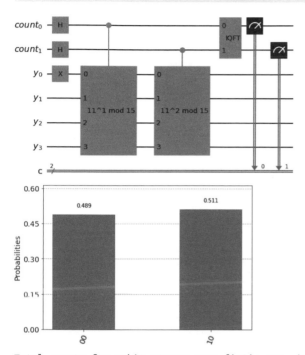

Total counts for qubit states are: {'10': 511, '00': 489}

Binary	Decimal	Phase	Fraction	Period
10	2	0.500000	1/2	2
00	0	0.000000	0	1

練習 7.5

設計量子程式建構使用 4 個量子計數位元，對應 $f(x) = 7^x \pmod{15}$ 的量子相位估測線路，並使用量子電腦模擬器執行量子線路，獲得量子計數位元的測量結果，以求出 $f(x)$ 的週期。程式可以直接呼叫本章提供的 qc_mod15 及 iqft 函數建構量子模冪線路及逆量子傅立葉變換線路，並且以量子閘的形式加入量子線路中。程式的最後必須顯示整體量子線路，並顯示量子計數位元的測量結果以及根據測量結果得到的週期估測值。請注意，程式無須加入定義 qc_mod15 及 idft 函數的細節，但是在呼叫這 2 個函數之前要先執行定義這 2 個函數的程式。

練習 7.5 解答

In [ ]:

```
1  #Exercise 7.5
2  from qiskit import QuantumRegister,ClassicalRegister,QuantumCircuit
3  from qiskit.providers.aer import AerSimulator
4  from qiskit import execute
5  from qiskit.visualization import plot_histogram
6  from fractions import Fraction
7  count_no=4
8  a=7
9  qrc = QuantumRegister(count_no,'count')
10 qry = QuantumRegister(4,'y') #for cmod15 gate
11 clr = ClassicalRegister(count_no,'c')
12 qc = QuantumCircuit(qrc, qry, clr)
13 for cbit in range(count_no):
14    qc.h(cbit)
15 qc.x(qry[0]) # And auxiliary register in state |1>
16 for cbit in range(count_no):    # Do controlled-U operations
17    qc.append(qc_mod15(a, 2**cbit), [cbit] + list(range(count_no, count_no+4)))
18 qc.append(iqft(count_no).to_gate(label='IQFT'), range(count_no))
19 qc.measure(range(count_no), range(count_no))
20 display(qc.draw('mpl'))
21 sim = AerSimulator()
22 job=execute(qc, backend=sim, shots=1000)
23 result = job.result()
24 counts = result.get_counts(qc)
25 display(plot_histogram(counts))
26 print('Total counts for qubit states are:',counts,'\n')
27 print('%10s %10s %10s %10s %10s' %
   ('Binary','Decimal','Phase','Fraction','Period'))
28 for akey in counts.keys():
29    dec=int(akey,base=2)
30    phase=dec/(2**count_no)
31    frac=Fraction(phase).limit_denominator(15)
32    period=frac.denominator
33    print('%10s %10d %10f %10s %10d' % (akey,dec,phase,frac,period))
```

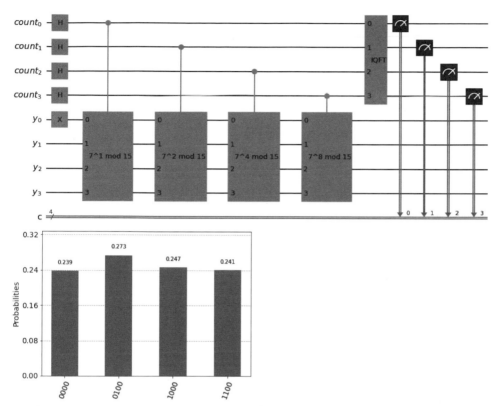

Total counts for qubit states are: {'0100': 273, '1000': 247, '0000': 239, '1100': 241}

Binary	Decimal	Phase	Fraction	Period
0100	4	0.250000	1/4	4
1000	8	0.500000	1/2	2
0000	0	0.000000	0	1
1100	12	0.750000	3/4	4

輕鬆學量子程式設計｜從量子位元到量子演算法

作　　者：江振瑞
企劃編輯：蔡彤孟
文字編輯：江雅鈴
設計裝幀：張寶莉
發 行 人：廖文良

發 行 所：碁峰資訊股份有限公司
地　　址：台北市南港區三重路 66 號 7 樓之 6
電　　話：(02)2788-2408
傳　　真：(02)8192-4433
網　　站：www.gotop.com.tw
書　　號：ACL063200
版　　次：2022 年 08 月初版
建議售價：NT$520

國家圖書館出版品預行編目資料

輕鬆學量子程式設計：從量子位元到量子演算法 / 江振瑞著. --
　　初版. -- 臺北市：碁峰資訊, 2022.08
　　面；　公分
　　ISBN 978-626-324-271-5(平裝)
　　1.CST：量子力學　2.CST：電腦程式設計
331.3　　　　　　　　　　　　　　　　　111012199

讀者服務

● 感謝您購買碁峰圖書，如果您對本書的內容或表達上有不清楚的地方或其他建議，請至碁峰網站：「聯絡我們」\「圖書問題」留下您所購買之書籍及問題。(請註明購買書籍之書號及書名，以及問題頁數，以便能儘快為您處理)
http://www.gotop.com.tw

● 售後服務僅限書籍本身內容，若是軟、硬體問題，請您直接與軟體廠商聯絡。

● 若於購買書籍後發現有破損、缺頁、裝訂錯誤之問題，請直接將書寄回更換，並註明您的姓名、連絡電話及地址，將有專人與您連絡補寄商品。